新时代 高等学校计算机类专业教材

计算机与
人工智能导论

袁 方 主编

清华大学出版社

北京

内 容 简 介

本书是一本学习计算机与人工智能知识的入门教材,包含计算机发展简史、计算机中的数据表示、计算机硬件基础、程序设计与计算机软件、计算机网络与网络安全、物联网与大数据、人工智能概述、人工智能的实现方法、人工智能应用、人工智能的未来发展等内容。通过本书的学习,读者可以了解计算机与人工智能发展史中的重要人物、机型/系统和事件,了解学习计算机与人工智能专业应掌握的知识体系和学习方法,从总体上了解计算机与人工智能的基本知识,了解计算机与人工智能的最新发展与发展趋势。本书旨在帮助学生尽早建立一个较完整的计算机与人工智能概念,构建一个初步的计算机与人工智能知识体系框架,激发其学习、探索计算机与人工智能奥秘的兴趣,为进一步深入学习计算机与人工智能专业知识,提高综合素质和能力奠定良好的基础。

本书既可作为高等学校计算机类专业、人工智能专业"计算机导论""计算机与人工智能导论"课程的教材,也可作为非计算机专业"大学计算机""人工智能通识课"课程的教材。

图书在版编目(CIP)数据

计算机与人工智能导论 / 袁方主编. -- 北京:清华大学出版社,2025.7.
(新时代高等学校计算机类专业教材). -- ISBN 978-7-302-69890-6

Ⅰ. TP3;TP18

中国国家版本馆 CIP 数据核字第 2025WF6095 号

责任编辑:袁勤勇　杨　枫
封面设计:常雪影
责任校对:韩天竹
责任印制:宋　林

出版发行:清华大学出版社
　　　网　　　址:https://www.tup.com.cn,https://www.wqxuetang.com
　　　地　　　址:北京清华大学学研大厦 A 座　　　邮　　　编:100084
　　　社 总 机:010-83470000　　　邮　　　购:010-62786544
　　　投稿与读者服务:010-62776969,c-service@tup.tsinghua.edu.cn
　　　质量反馈:010-62772015,zhiliang@tup.tsinghua.edu.cn
　　　课件下载:https://www.tup.com.cn,010-83470236
印 装 者:三河市天利华印刷装订有限公司
经　　　销:全国新华书店
开　　　本:185mm×260mm　　　印　　　张:16.5　　　字　　　数:412 千字
版　　　次:2025 年 7 月第 1 版　　　印　　　次:2025 年 7 月第 1 次印刷
定　　　价:49.00 元

产品编号:111529-01

前　言

为适应计算机技术与人工智能的快速发展和广泛应用,我们编写了本书,这是一本学习计算机与人工智能知识的入门教材,供"计算机导论""计算机与人工智能导论"等课程选用,也可供想了解计算机与人工智能基本知识的读者阅读。

全书共分为上、下两篇,共 10 章,各章主要内容如下。

第 1 章　计算机发展简史。系统介绍电子计算机的诞生,包括代表性机型、重要事件、重要人物等;介绍计算机的发展、分类、特点、应用领域等内容;简要介绍中国的计算机发展;介绍超级计算机、大型计算机、量子计算机、国产 CPU 芯片的发展等新内容。

第 2 章　计算机中的数据表示。对进位记数制、不同进制数据的相互转换、数值型数据的表示、字符型数据的编码表示、汉字的编码表示、图像与声音数据的采集与表示等内容进行系统介绍;对机器数的编码形式、浮点数的表示进行较为详细的介绍。

第 3 章　计算机硬件基础。简要介绍 CPU、内存、外存、输入设备、输出设备、主板、总线等内容;介绍 CPU 芯片的制作过程;比较详细地介绍 3D 扫描仪、3D 打印机、GPU、复杂指令集计算机(CISC)、精简指令集计算机(RISC)、流水线技术、并行处理技术、多核计算机、多处理器计算机、机群系统等内容。

第 4 章　程序设计与计算机软件。介绍程序设计语言由机器语言到汇编语言、高级语言,再到结构化程序设计语言、面向对象程序设计语言的发展历程;介绍近几年得到广泛应用的 Python 语言;介绍算法的作用、定义、特性、评价标准以及与程序设计的关系;介绍计算机软件的定义、分类以及常用软件开发方法;重点介绍操作系统的功能及几种常用的操作系统软件。

第 5 章　计算机网络与网络安全。系统介绍计算机网络的定义、功能、发展历程、分类、拓扑结构、传输介质、传输协议、连接设备等内容;介绍互联网的发展、IP 地址和域名、接入方式和互联网服务等内容;简要介绍目前计算机系统常见的安全威胁及常用的反病毒技术、反黑客技术、防火墙技术、数据加密技术、安全认证技术;介绍应严格遵守的网络安全法等相关法律法规与职业道德。

第 6 章　物联网与大数据。介绍物联网的体系结构和关键技术;以智能家居、智能物流和智慧场馆管理为例介绍物联网应用;介绍大数据的起源、概念、特征,大数据与物联网的关系;介绍大数据的采集和预处理、存储与管理、挖掘分析、可视化显示、处理框架 Hadoop 等大数据技术;以流行疾病预测、市场营销、电商数据处理为例介绍大数据的应用。

第 7 章　人工智能概述。介绍人工智能的定义与研究目标;介绍符号主义、联结主义、行为主义等人工智能研究的不同学派的各自特点及融合优势;介绍人工智能的 3 个快速发展阶段:推理期、知识期、学习期,展现了人工智能的创新驱动发展历程;介绍人工智能对数字社会建设的重要支撑作用。

第 8 章　人工智能的实现方法。简要介绍目前常用的命题逻辑、谓词逻辑、知识图谱等知识表示方法及基于知识表示的推理；介绍基于搜索的问题求解方法；分别以决策树方法和 k 均值方法、k 中心点方法为例介绍分类、聚类等机器学习方法；较详细地介绍功能强大且得到广泛应用的深度神经网络方法。

第 9 章　人工智能应用。通过计算机视觉、自然语言处理、智能机器人、生成式人工智能等几个主要场景展示人工智能应用。以手写数字识别为例介绍基于卷积神经网络的计算机视觉处理；介绍词嵌入技术、注意力机制在基于深度学习的自然语言处理中的应用；介绍智能机器人的发展以及对经济社会发展的支持；介绍生成式人工智能、基于案例的人工智能大模型应用及如何合理使用人工智能大模型。

第 10 章　人工智能的未来发展。介绍人工智能发展与应用对经济社会发展的强大推动作用以及带来的挑战；介绍保证人工智能健康、可控、安全发展的人工智能治理措施与人工智能伦理规范；介绍人工智能的未来发展趋势。

为便于教师和学生使用该书，我们制作了配套的电子课件。电子课件中配有大量的图片，使内容的介绍更为形象和生动。

本书由袁方主编并统稿，第 6 章由肖艳芹编写，9.1 节由牛齐明编写，9.2 节由李宁编写，其余章节由袁方编写。

本书的编写与修订参考了大量的书籍、报刊，并参考了互联网上部分有价值的材料。为此，我们向有关的作者、编者、译者和网站表示衷心的感谢。

由于涉及内容多及编者水平有限，书中难免有不妥之处，敬请读者批评指正。

编　者

2025 年 6 月

目　　录

上篇：计算机基础知识

第1章　计算机发展简史 ·············· 3

1.1　电子计算机的诞生 ·········· 3

　　1.1.1　早期的计算工具 ········ 3

　　1.1.2　机械计算机 ············ 4

　　1.1.3　机电计算机 ············ 7

　　1.1.4　电子计算机 ············ 8

1.2　电子计算机的发展 ········· 11

　　1.2.1　第一代计算机 ········· 11

　　1.2.2　第二代计算机 ········· 12

　　1.2.3　第三代计算机 ········· 13

　　1.2.4　第四代计算机 ········· 14

　　1.2.5　第五代计算机 ········· 16

　　1.2.6　电子计算机的

　　　　　发展趋势 ··········· 18

1.3　计算机的分类 ············· 18

　　1.3.1　超级计算机 ··········· 19

　　1.3.2　大型计算机 ··········· 20

　　1.3.3　微型计算机 ··········· 20

　　1.3.4　工作站 ············· 20

　　1.3.5　服务器 ············· 20

　　1.3.6　嵌入式计算机 ········· 21

1.4　计算机的特点与应用领域 ··· 21

　　1.4.1　计算机的特点 ········· 21

　　1.4.2　计算机的应用领域 ····· 22

1.5　量子计算机 ··············· 24

1.6　中国计算机发展简史 ······· 25

1.7　小结 ···················· 29

拓展阅读：计算机专业学生应具备

　　　　的能力和素质 ······· 29

习题1 ······················ 31

思考题1 ····················· 33

第2章　计算机中的数据表示 ·········· 34

2.1　计算机中的进制 ··········· 34

　　2.1.1　进位记数制 ··········· 34

　　2.1.2　不同进制数据

　　　　　的区分 ··········· 35

2.2　不同进制数据的相互转换 ··· 36

　　2.2.1　二进制数与十进制数

　　　　　的相互转换 ······· 36

　　2.2.2　二进制数与十六进制

　　　　　数的相互转换 ····· 36

　　2.2.3　二进制数与八进制

　　　　　数的相互转换 ····· 37

2.3　数值型数据的表示 ········· 38

　　3.3.1　机器数的符号 ········· 38

　　2.3.2　机器数的编码 ········· 38

　　2.3.3　机器数的表示范围 ····· 39

　　2.3.4　机器数中小数点

　　　　　的位置 ··········· 39

2.4　字符型数据的编码表示 ····· 41

　　2.4.1　ASCII 码 ··········· 41

　　2.4.2　EBCDIC 码 ·········· 42

2.5　汉字的编码表示 ··········· 43

　　2.5.1　汉字输入码 ··········· 43

　　2.5.2　汉字机内码 ··········· 44

　　2.5.3　汉字字形码 ··········· 45

2.6　图像与声音数据的

　　　采集与表示 ············· 46

　　2.6.1　图像数据的

　　　　　采集与表示 ······· 46

　　2.6.2　声音数据的

　　　　　采集与表示 ······· 47

2.7　小结 ···················· 48

拓展阅读：Intel 公司与 CPU ····· 48

习题 2 ……………………… 51
思考题 2 …………………… 51

第 3 章　计算机硬件基础 ……… 52

3.1　计算机的基本组成
　　　与工作原理 ……………… 52
　　3.1.1　计算机的基本组成 …… 52
　　3.1.2　计算机的基本
　　　　　 工作原理 …………… 53
3.2　中央处理器 ……………… 53
　　3.2.1　中央处理器的
　　　　　 基本组成 …………… 53
　　3.2.2　CPU 芯片的
　　　　　 制作过程 …………… 55
3.3　存储器 …………………… 56
　　3.3.1　内存 ………………… 56
　　3.3.2　外存 ………………… 58
3.4　输入输出设备 …………… 62
　　3.4.1　输入设备 …………… 62
　　3.4.2　输出设备 …………… 64
3.5　主板与总线 ……………… 66
　　3.5.1　主板 ………………… 66
　　3.5.2　总线 ………………… 68
3.6　计算机系统结构的发展 … 69
　　3.6.1　CISC 与 RISC ……… 69
　　3.6.2　流水线技术 ………… 70
　　3.6.3　并行处理技术 ……… 71
3.7　小结 ……………………… 73
拓展阅读：冯·诺依曼与冯·诺依曼
　　　　　 计算机 …………… 73
习题 3 ……………………… 75
思考题 3 …………………… 76

第 4 章　程序设计与计算机软件 … 77

4.1　程序设计语言 …………… 77
　　4.1.1　机器语言 …………… 77
　　4.1.2　汇编语言 …………… 78
　　4.1.3　高级语言 …………… 78
　　4.1.4　结构化程序
　　　　　 设计语言 …………… 79
　　4.1.5　面向对象程序

设计语言 …………… 80
4.2　Python 语言程序设计 …… 81
　　4.2.1　Python 语言的特点 … 81
　　4.2.2　Python 解释器
　　　　　 的安装 …………… 82
　　4.2.3　Python 程序的执行 … 84
　　4.2.4　Python 的基础语法 … 85
　　4.2.5　Python 的基本
　　　　　 数据类型 …………… 86
　　4.2.6　Python 的类型转换 … 90
　　4.2.7　顺序结构程序设计 … 91
　　4.2.8　分支结构程序设计 … 92
　　4.2.9　循环结构程序设计 … 93
　　4.2.10　Python 程序实例 … 96
4.3　算法与程序设计 ………… 98
　　4.3.1　算法的作用 ………… 98
　　4.3.2　算法的特性 ………… 99
　　4.3.3　算法的评价标准 …… 100
4.4　计算机软件概述 ………… 102
　　4.4.1　软件的定义 ………… 102
　　4.4.2　系统软件 …………… 102
　　4.4.3　应用软件 …………… 103
　　4.4.4　软件开发方法 ……… 104
4.5　操作系统 ………………… 107
　　4.5.1　操作系统概念 ……… 107
　　4.5.2　操作系统的功能 …… 107
　　4.5.3　操作系统实例 ……… 112
4.6　小结 ……………………… 115
拓展阅读：比尔·盖茨与微软
　　　　　 公司 …………… 115
习题 4 ……………………… 117
思考题 4 …………………… 119

第 5 章　计算机网络与网络安全 … 120

5.1　计算机网络的定义与功能 … 120
　　5.1.1　计算机网络的定义 … 120
　　5.1.2　计算机网络的功能 … 120
5.2　计算机网络的发展历程 …… 121
　　5.2.1　计算机网络的
　　　　　 萌芽阶段 …………… 121

5.2.2 计算机网络的
早期发展阶段········ 122

5.2.3 计算机网络的
标准化阶段········ 122

5.2.4 计算机网络的
快速发展阶段······ 122

5.3 计算机网络的分类 ········· 123

5.3.1 个人区域网········ 124

5.3.2 局域网········ 124

5.3.3 广域网与互联网···· 124

5.4 计算机网络的拓扑结构 ····· 125

5.4.1 星状结构········· 125

5.4.2 树状结构········· 125

5.4.3 网状结构········· 126

5.5 计算机网络的传输介质 ····· 126

5.5.1 双绞线········· 126

5.5.2 光纤········· 127

5.5.3 无线传输方式····· 127

5.6 计算机网络体系结构 ······· 128

5.6.1 开放系统互连
参考模型········ 128

5.6.2 TCP/IP 参考模型 ··· 130

5.7 常用的网络连接设备 ······· 131

5.8 互联网技术 ················ 132

5.8.1 互联网的发展······ 132

5.8.2 IP 地址和域名 ····· 133

5.8.3 互联网接入方式···· 135

5.8.4 互联网服务······· 137

5.9 网络安全概述 ············· 140

5.9.1 网络安全威胁····· 140

5.9.2 网络安全概念····· 141

5.10 网络安全技术 ············ 142

5.10.1 反病毒技术······ 142

5.10.2 反黑客技术······ 144

5.10.3 防火墙技术······ 146

5.10.4 数据加密技术···· 147

5.10.5 安全认证技术···· 149

5.11 计算机系统安全法律
法规与职业道德············ 150

5.12 小结 ···················· 151

拓展阅读：IBM 公司与计算机
制造 ················ 151

习题 5 ···················· 154

思考题 5 ·················· 155

第 6 章 物联网与大数据 ········· 156

6.1 物联网的起源与发展 ······· 156

6.2 物联网体系结构 ··········· 156

6.2.1 物联网体系结构···· 156

6.2.2 物联网关键技术···· 158

6.2.3 物联网的反馈
与控制········ 160

6.3 物联网应用 ··············· 161

6.3.1 基于物联网的
智能家居········ 161

6.3.2 基于物联网的
智能物流········ 161

6.3.3 基于物联网的
智慧场馆管理···· 162

6.4 大数据基础 ··············· 162

6.4.1 大数据的起源····· 162

6.4.2 大数据的概念
与特征········ 163

6.4.3 大数据与物联网···· 164

6.5 大数据技术 ··············· 164

6.5.1 数据的采集
和预处理········ 164

6.5.2 数据的存储
与管理········ 164

6.5.3 数据的挖掘分析···· 165

6.5.4 数据的可视化显示 ··· 165

6.5.5 大数据处理
框架 Hadoop ········ 166

6.6 大数据应用 ··············· 166

6.6.1 基于大数据的流行
疾病预测········ 166

6.6.2 基于大数据的
市场营销········ 167

6.6.3 基于大数据的

电商数据处理 ········ 168
6.7 小结 ·············· 168
拓展阅读：王选与激光照排 168
习题 6 ··············· 170
思考题 6 ············· 170

下篇：人工智能基础知识

第 7 章 人工智能概述 ······· 173
7.1 人工智能的定义 ······· 173
7.2 人工智能的研究目标 ····· 174
　7.2.1 专用人工智能 ····· 174
　7.2.2 通用人工智能 ····· 174
7.3 人工智能研究的不同学派 ·· 175
　7.3.1 符号主义学派 ····· 175
　7.3.2 联结主义学派 ····· 175
　7.3.3 行为主义学派 ····· 176
7.4 人工智能的发展历程 ····· 176
　7.4.1 推理期 ········· 176
　7.4.2 知识期 ········· 177
　7.4.3 学习期 ········· 177
7.5 人工智能与数字社会 ····· 178
7.6 小结 ·············· 181
拓展阅读：图灵与图灵奖 ····· 182
习题 7 ··············· 188
思考题 7 ············· 189

第 8 章 人工智能的实现方法 ··· 190
8.1 知识表示与推理 ········ 190
　8.1.1 知识表示方法 ···· 190
　8.1.2 命题逻辑与
　　　　谓词逻辑 ······ 191
　8.1.3 知识图谱 ······· 193
　8.1.4 逻辑推理 ······· 195
8.2 搜索与问题求解 ········ 196
8.3 机器学习 ··········· 198
　8.3.1 机器学习的定义 ··· 198
　8.3.2 分类方法 ······· 198
　8.3.3 聚类方法 ······· 201
8.4 人工神经网络方法 ······ 203
　8.4.1 最早的神经网络

——M-P 模型 ····· 204
　8.4.2 赫布学习规则 ····· 204
　8.4.3 感知机模型 ······ 205
　8.4.4 霍普菲尔德
　　　　神经网络 ······· 206
　8.4.5 BP 神经网络 ····· 206
8.5 深度神经网络 ········· 207
　8.5.1 深度学习方法 ····· 207
　8.5.2 深度神经网络
　　　　的发展 ········· 209
8.6 小结 ·············· 210
拓展阅读：吴文俊和定理自动
　　　　　证明 ········· 211
习题 8 ··············· 212
思考题 8 ············· 212

第 9 章 人工智能应用 ········ 213
9.1 计算机视觉 ·········· 213
　9.1.1 计算机视觉的任务 ·· 213
　9.1.2 卷积神经网络概述 ·· 214
　9.1.3 卷积神经网络的
　　　　基本结构 ······· 215
　9.1.4 典型的卷积神经
　　　　网络模型 ······· 217
　9.1.5 基于卷积神经网络
　　　　的手写数字识别 ··· 219
9.2 自然语言处理 ········· 224
　9.2.1 自然语言处理
　　　　的任务 ········· 224
　9.2.2 基于语法规则的自然
　　　　语言处理 ········ 225
　9.2.3 基于统计的自然
　　　　语言处理 ········ 225
　9.2.4 基于深度学习的自然
　　　　语言处理 ········ 226
　9.2.5 词嵌入 ········· 226
　9.2.6 注意力机制 ······ 227
9.3 智能机器人 ·········· 228
　9.3.1 机器人的发展 ····· 229
　9.3.2 机器人的分类 ······ 231

9.3.3 我国的机器人
产业规划 ……… 231
9.4 生成式人工智能与大模型
应用 ………………… 232
9.4.1 生成式人工智能 …… 232
9.4.2 人工智能大模型
应用 ……………… 233
9.5 小结 ………………… 238
拓展阅读：金怡濂与高性能
计算机 ……… 239
习题 9 ………………… 240
思考题 9 ………………… 241

第 10 章 人工智能的未来发展 ……… 242
10.1 人工智能与经济
社会发展 …………… 242
10.2 人工智能发展带来的挑战 … 244
10.3 人工智能伦理 ………… 246
10.4 人工智能的未来发展 …… 248
10.5 小结 ………………… 249
拓展阅读：全球人工智能治理
倡议 ……………… 250
习题 10 ………………… 251
思考题 10 ………………… 252
参考文献 ………………… 253

上篇：计算机基础知识

近十几年来，深度学习模型的实用化促进了人工智能的快速发展和广泛应用，训练出一个好的深度学习模型需要高性能计算机、高质量算法和大数据训练样本的有效支持，即算力、算法和数据是人工智能的基础。目前，世界上运算速度最快的计算机，其运算速度已超过每秒170亿亿次，互联网的广泛应用为收集大数据提供了基础，研究人员开发出了多种性能强大的深度学习算法。

从信息技术研究与应用的角度看，人工智能的研究与应用是在计算机、互联网的研究与应用基础上的自然升级。从1946年诞生通用电子计算机开始，早期的计算机应用主要是单机应用。单机应用不便于计算机之间的数据传输与多台计算机合作解决问题，从20世纪60年代末开始，人们开始探索计算机的联网应用。随着计算机网络技术的不断发展与完善，从20世纪90年代开始，计算机应用逐步过渡到以联网应用为主。计算机网络，特别是互联网的广泛应用既给人们的工作与生活带来了很大的便利，也给大量数据收集带来可能。人们不仅希望计算机(网络)能做计算、信息搜索、辅助设计之类的需要人操控的工作，更希望计算机能自主完成定理自动证明、人机对弈(下棋)、人机聊天、人脸识别、语音识别、机器翻译、文稿写作、自动驾驶之类的智能型工作，这些促成了人工智能学科在1956年的诞生。经过几十年的曲折发展，在21世纪初，深度学习算法研究取得重大突破，加上已经具备的高性能计算和大数据条件，开启了新一轮的人工智能快速发展，出现了一大批实用化的人工智能系统与产品，ChatGPT、DeepSeek等AI大模型的出现，快速且广泛地普及了人工智能应用。

欲了解人工智能，首先要了解人工智能的基础：算力、算法和数据。本书上篇介绍支撑人工智能发展的计算机基础知识，包括计算机发展简史、计算机中的数据表示、计算机硬件基础、程序(算法)设计与计算机软件、计算机网络与网络安全、物联网与大数据等内容。理解了这些内容，有助于更好地理解下篇介绍的人工智能知识。

第1章 计算机发展简史

虽然电子计算机诞生于 20 世纪 40 年代，但计算工具的发展历史却要漫长得多。众多的科学家、工程师和业界精英为计算工具及计算技术的发展进行了不懈的努力和创造性探索，在研究设计、制造开发、市场营销、企业管理等领域，既有成功的经验，也有失败的教训。学史使人明智，回顾、学习计算机发展历史，从经验与教训中获得启发，无论对于目前的学习，还是日后的学术研究、技术开发和经营管理都是非常有益的。

1.1 电子计算机的诞生

1.1.1 早期的计算工具

现在人们所说的计算机指通用电子数字计算机或称现代计算机，主要由电子器件和电子线路构成，存储和处理的是数字信息，在程序的控制下自动运行。其英文是 computer，在学术性较强的文献中翻译成计算机，在科普性读物中翻译成电脑。现在的计算机已经广泛深入地应用到经济建设、社会发展、科学技术及人类生活的各方面，但计算机最初只是作为一种计算工具出现的。

需要是发明之母，计算工具及计算技术是随着人类实践的需求逐步发展起来的。

在远古时代，由于生产力极其落后，人类主要以打猎为生，几乎没有什么剩余的东西，自然也就没有记数和计算的需求。随着生产力水平的缓慢提高，食物及日常用品开始有了剩余，这样就逐渐有了记数和计算的需要。算术逐渐成为人类生产和生活的一部分，人类开始逐步寻找简单、方便和实用的计算工具。

人类初期的计算主要是记数。人有两只手、十个手指，人的手指很自然地成为帮助人们记数（计算）的最早工具。十进制记数法成为人们最习惯的方式。用手指计算虽然方便，但只能完成一些最简单的计算，而且不能保存计算结果。在没有任何文字与数字符号的远古时代，人们慢慢学会了用石子记数、用在绳子上打结的方式来记事和记数。我国古书上有"事大，大结其绳；事小，小结其绳"和"结之多少，随物众寡"的记载。

人类漫长的发展历史中，最早使用的人造计算工具是算筹，我国古代劳动人民最先制作和使用了这种简易的计算工具。在先秦诸子的著作中，有不少关于"算""筹"的记载。算筹是用于计算的筹棍，如图 1.1 所示，有竹制的、木制的，还有骨制的。用算筹进行计算叫筹算，算筹在当时是一种方便、实用的计算工具，可以按照一定的规则灵活地布于地上或盘中。筹算时，一边计算一边不断地重新摆放筹棍，能够进行加、减、乘、除等运算。我国古代数学家使用算筹这种计算工具，使我国的计算数学在当时处于世界上遥遥领先的地位，创造出了非凡的数学成就。祖冲之（429—500，南北朝时期著名的数学家、天文学家和机械制造专家）就是用算筹计算出圆周率 π 的值为 3.141 592 6～3.141 592 7，这一结果比西方早了一千多年。我国古代精密的天文历法等也都是借助算筹计算出来的。常用的成语"运筹帷幄之中，决胜千里之外"中的"筹"指的就是算筹。

随着人类社会的不断发展和进步,对计算速度和计算能力的要求进一步提高,算筹不适应比较复杂计算需要的缺点越来越明显,算筹被更先进、计算能力更强、使用更方便的新一代计算工具——算盘取代了,这是计算工具发展史上第一次重大的升级换代。算盘有很多种样式,图1.2是一种最为常见的样式。

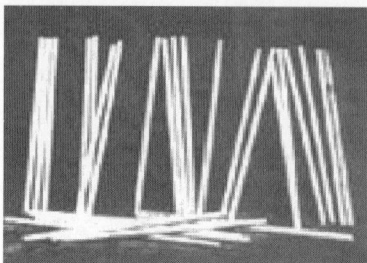

图 1.1　算筹

图 1.2　算盘

因算盘的主要组成部件是算盘珠,所以使用算盘作工具进行计算称为珠算。"珠算"一词最早出现于东汉数学家徐岳所著《数术记遗》(公元190年),距今已有1800多年了。算盘与算筹共存了一千多年,经过不断改进和完善,在元朝中后期取代算筹得到广泛应用,它是一种采用十进制的计算工具。在当时看来,算盘轻巧灵活,携带方便,应用极为广泛。在中世纪时期的世界各民族中,算盘是最为普及并和人们的工作、生活密切相关的计算工具。它不但对我国的经济发展和社会进步发挥过非常重要的作用,而且流传到周边的日本、朝鲜及东南亚国家,对世界文明做出了重要贡献。在英语中,算盘有两种拼法,一是单词 abacus,二是汉语拼音 suan pan。

现在人们广泛使用的简单计算工具是手掌大小的电子计算器,在这种小巧的现代计算器普及之前,我国广泛使用的日常计算工具就是算盘,一直持续到20世纪80—90年代,能够熟练使用算盘是各类商场商店的售货员、大大小小单位的会计等工作人员的基本功,这在一些反映当时生活的电影和电视剧中可以充分体现。像现在普遍开设计算机技术(信息技术)课程一样,相当长一段时间内,我国的中小学和大中专院校的相关专业开设不同层次的珠算课程,要求学生学习珠算技术,即如何使用算盘进行计算。珠算是我国古代的重大发明,被誉为"世界上最古老的计算机"。2013年12月4日,联合国教科文组织正式将中国珠算列入人类非物质文化遗产名录。

1.1.2　机械计算机

16世纪中叶之前,欧洲数学和计算工具的发展是缓慢的,落后于当时的中国、印度、埃及等国。进入17世纪,数学和计算工具的发展重心逐渐转移到了欧洲。在欧洲,由中世纪进入文艺复兴时期的社会大变革,极大地促进了自然科学技术的发展,人们长期被神权压抑的创造力得到极大释放,自由探讨学术问题的气氛空前高涨。其中制造一台能帮助人们进行数值计算的机器,就是自然科学技术发展的一个崇高目标。一位又一位富于智慧与创新精神的科学家、工程师为实现这一伟大目标进行了不懈的努力。虽然受当时自然科学技术总体水平的限制,很多设计方案没能成为现实,但为后来计算机的发展奠定了坚实的基础。

英国数学家约翰·纳皮尔(John Napier,1550—1617)以发明对数而闻名,1614年他发明了一种能简化乘除运算的骨质拼条,称为纳皮尔骨条。1620 年,英国数学家埃德蒙·冈特(Edmund Gunter,1581—1626)发明了对数计算尺,利用对数原理,把要计算的数字转换成度量尺的数码,然后对这些数码进行处理,得出计算结果。1624 年,英国数学家威廉·奥垂德(William Oughtred,1575—1660)也是根据对数原理发明了圆形滑动计算尺。17 世纪中叶以后,出现了带有游标与滑尺的现代型计算尺。当时,计算尺是很流行的计算工具。图 1.3 所示是早期的一种计算尺。

1623 年,德国人威尔赫姆·谢克哈特(Wilhelm Schickard,1592—1635)给出了一个能进行加、减、乘、除运算,并能通过铃声输出答案的计算机(称为“计算钟”)的设计方案,这是世界上第一台机械式计算设备,利用齿轮的转动来完成计算。可惜的是,一场大火烧毁了制作过程中的样机模型。

物理学中著名的帕斯卡定律的发现者,法国著名的物理学家、数学家和哲学家布莱士·帕斯卡(Blaise Pascal,1623—1662)为了帮助身为地方税务官的父亲算账,1642 年,在他年仅19 岁时发明了齿轮式能实现加减法运算的计算机,称为 Pascaline,如图 1.4 所示。为了纪念帕斯卡在计算机研制上的开创性工作,1971 年,瑞士计算机科学家尼克莱斯·沃思(Niklaus Wirth,1934—2024)将自己发明的一种程序设计语言命名为 Pascal 语言,这是一种很好的结构化程序设计语言,在 20 世纪 80—90 代初曾得到广泛学习和使用。

图 1.3　计算尺

图 1.4　帕斯卡计算机

戈特弗里德·威廉·莱布尼茨(Gottfried Wilhelm Leibniz,1646—1716)是德国伟大的数学家和哲学家,他和牛顿同时创立了微积分。1673 年,莱布尼茨建造了一台能进行加、减、乘、除四则运算的机械式计算机,如图 1.5 所示。莱布尼茨的这台计算机,在进行乘法运算时,采用进位-加(shift-add)的方法,这种方法后来演化为二进制算术运算规则,被电子计算机的设计者采用。

图 1.5　莱布尼茨计算机

1777 年,英国的查尔斯·马洪(Charls Mahon,1753—1816)发明了逻辑演示器。这是一个非常小巧的简单机器,能解决传统的演绎推理、概率以及逻辑形式的数值问题,被称为计算机决策与逻辑功能的先驱。

1804 年,法国人约瑟夫·雅各(Joseph M. Jacquard,1752—1834)发明了穿孔卡片织布机,该机器能够根据穿孔卡片上的“信息”自动编织出相应的图案,引起法国丝织工业的革命。雅各织布机虽然不是能进行计算的机器,但它对穿孔卡片输入输出装置的设计、开发具有很好的启发作用。基于穿孔卡片的信息输入输出和机器操作(运行)控制方式,对后来计算机的发展产生了重要影响。

1820年，法国人查尔斯·德·科尔马(Charles de Colmar，1785—1870)改进了莱布尼茨的设计，研制出第一台能够实际应用的机械计算机，并生产了1500台。

1847年，英国数学家、逻辑学家乔治·布尔(George Bool，1815—1864)开始创立逻辑代数(也称为布尔代数)，1854年出版了专著《布尔代数》(*Boolean Algebra*)。他的逻辑理论建立在两个逻辑值0、1和3个逻辑运算符"与"(and)"或"(or)"非"(not)的基础上，这种简化的二值逻辑为数字计算机的二进制数计算、开关逻辑元件和逻辑电路的设计奠定了基础。

1872年，美国人弗兰克·鲍德温(Frank Baldwin，1838—1925)开始建立美国的手摇计算机工业。这些手摇计算机在1960年电子计算器出现之前，一直是被广泛使用的计算工具，不同的是，它逐渐由手摇变为了电动。图1.6所示就是一台手摇计算机。

上面介绍的计算机基本上都属于手动机械式计算装置。除了鲍德温的手摇计算机逐渐变为电动外，英国数学家查尔斯·巴贝奇(Charles Babbage，1792—1871)也取得了突破性进展，使计算机不但能快速地完成加、减、乘、除运算，还能够自动完成复杂的运算，从而使手动计算工具进入自动计算工具的新时代。

巴贝奇在剑桥大学求学期间，正是英国工业革命兴起之时，当时为了解决航海、工业生产和科学研究中复杂的计算，对数表、三角函数表等数学用表应运而生。这些靠人工计算完成的数学用表尽管给计算工作带来了很大的方便，但其中的错误也很多，巴贝奇决心研制新的计算工具，用机器取代人工来计算这些实用价值很高的数学用表，以保证表中数据的正确。

巴贝奇研制的第一台差分机(difference engine)于1822年完成，以蒸汽机为动力，由多个直立的铜柱组成，每个铜柱上等距离地垂直装配有6个齿轮，每个齿轮对应的字轮上都刻有数字0~9，不同位置的字轮代表十进制数的不同位，通过齿轮彼此间的咬合传动完成自动计算，计算精度达到6位小数，可用于计算数的平方、立方、对数和三角函数等值，如图1.7所示。

图1.6　手摇计算机　　　　　　　　图1.7　差分机

之后，巴贝奇又开始了第二台差分机的研制，其目标是能计算具有20位有效数字的6次多项式的值。由于当时机械加工技术难以达到设计精度，以及巴贝奇又开始了一个新的研究计划而失去了对差分机的研制兴趣等原因，巴贝奇的第二台差分机研制计划没有完成。

巴贝奇新的计划是研制分析机(analytical engine)，参照穿孔卡片原理，巴贝奇在1833年设计出了分析机模型。

分析机的创新之处在于它包括了现代计算机所具有的5个基本组成部分。

(1) 输入装置：用穿孔卡片输入数据。

(2) 存储装置：巴贝奇称它为仓库(store)。该装置被设计为能存储1000个50位十进制数的容量，它既能存储运算数据，又能存储运算结果。

(3) 资料处理装置：巴贝奇称它为工厂(mill)，用来完成加、减、乘、除运算，还能根据运算结果的符号改变计算的进程，用现代术语来说，就是实现了条件转移。

(4) 控制装置：使用指令进行控制，通过程序自动改变操作次序，指令是通过穿孔卡片顺序输入处理装置的。

(5) 输出装置：用穿孔卡片或打印机输出。

巴贝奇先进的设计思想超越了当时的技术水平。由于当时的机械加工技术还达不到所要求的精度，这台以齿轮为基本元件，以蒸汽机为动力的计算机一直到巴贝奇去世也没有完成。

虽然巴贝奇没能亲自把设计方案变成现实，但新型差分机和分析机最终都得以研制成功。经过16年的努力，按照巴贝奇的设计方案，瑞典人乔治·舒尔茨(George Scheutz)和学机械工程的儿子在1854年建成了世界上第一台全操作性的差分机。在一次实验中，用8小时计算出了31～1000的对数值。1906年，在巴贝奇的儿子小巴贝奇的监造下，分析机得以问世，这台机器能够把圆周率 π 的值自动计算到小数点后第29位。

1.1.3　机电计算机

构成机电计算机的主要元件是继电器。由于继电器是一种集机械、电子元件于一体的器件，所以以继电器为主要元件的计算机称为机电计算机。

由于美国众议院的席位按人口比例在各州之间分配，各州向联邦政府缴纳的税收也和人口数有关，美国宪法规定每10年要进行一次全国人口普查。由于全部是人工统计，1880年的人口普查数据统计工作用了7年的时间才完成。随着人口的不断增加，预计1890年的统计时间将会超过10年，这样的人口普查就没有意义了。美国人口普查部门希望能得到一台机器帮助提高统计效率。1886年，美国人口统计局的赫尔曼·霍列瑞斯博士(Herman Hollerith，1860—1929)，借鉴了雅各织布机的穿孔卡原理，用穿孔卡片存储数据，用电磁继电器代替一部分机械元件来控制穿孔卡片，研制出第一台机电穿孔卡系统——制表机(tabulating machine)。这台机器参与了1890年的美国人口普查工作，结果仅用了6周的时间就得出了准确的人口总数(62 622 250人)，完成全部的统计工作用了1年零7个月的时间。这次人口普查工作完成后，霍勒瑞斯于1896年创建了制表机公司(Tabulating Machine Company，TMC)，1911年TMC公司与另外两家公司合并，成立了CTR公司。1924年，CTR公司改名为国际商业机器公司(International Business Machines Corporation，IBM)，这就是长期占据大型计算机制造业霸主地位的IBM公司的由来。

第一位全部采用继电器元件来制造计算机的是德国工程师康拉德·祖斯(Konrad Zuse，1910—1995)。早在1934年，祖斯就致力于计算机的研制。1939年，在德国空气动力研究所的资助下，祖斯开始研制Z-3计算机并于1941年研制成功，如图1.8所示，这是世界

图 1.8　Z-3 计算机

上第一台全部采用继电器元件的机电计算机。

　　1936 年,美国哈佛大学应用数学教授霍华德·艾肯(Howard Aiken,1900—1973)在读过巴贝奇关于分析机的设计笔记后,深受启发,提出用机电器件来实现分析机的想法,这就是"马克一号"(Mark-Ⅰ)机电计算机的设想。1944 年,得到 IBM 公司资助的"马克一号"计算机研制成功并在哈佛大学投入运行,如图 1.9 所示。"马克一号"的另一个名称是"哈佛-IBM 自动序列控制计算机"(Harvard-IBM Automatic Sequence Controlled Calculator)。

图 1.9　"马克一号"计算机

　　"马克一号"长 15.5m,高 2.4m,由 75 万个零部件组成。它使用了大量的继电器作为开关元件,并且与巴贝奇一样用十进制记数齿轮组作为存储器,它还采用了穿孔纸带进行程序控制,它的计算速度是,每次加法用 0.3s,每次乘法用 6s,运行时噪声很大。尽管它的可靠性不够高,但仍然在哈佛大学使用了 15 年。"马克一号"只是部分采用了继电器,1945—1947 年,艾肯又领导研制成功一台全部使用继电器的计算机——"马克二号"(Mark-Ⅱ)。在计算机发展史上,"马克一号"和"马克二号"均占有一席之地,是机电计算机的代表机型。

　　艾肯等人研制的机电计算机的主要部件是继电器,继电器比较慢的开关速度限制了运算速度的提高。研制继电器计算机是计算工具发展史上必要的科学尝试,为早期电子计算机的设计制造积累了经验,为电子计算机的发展奠定了理论和实践基础。

1.1.4　电子计算机

　　20 世纪是动荡的世纪,也是科学技术大发展的世纪。人类掌握了电子技术,分裂了原子,经历了两次世界大战。就是在第二次世界大战的隆隆炮声中,具有划时代意义的计算工具——电子计算机诞生了。当然,现在电子计算机的应用已远远超出了传统计算的范畴,已经广泛应用到人类生活的各个领域,特别是移动互联网、物联网、云计算、大数据、人工智能等新一代计算机技术的快速发展和广泛应用,极大地促进了人类智力解放的进程。

　　早在 20 世纪 30 年代后期,一些有远见的科学家已经看到了使用电子器件来大幅度提高计算机运算速度的可能性。最早探索、研制电子计算机的是约翰·阿塔纳索夫(John V.

Atanasoff，1903—1995）。

阿塔纳索夫是美国艾奥瓦[①]州立学院（现为艾奥瓦州立大学）的数学物理学教授。同当时多数计算机设计者一样，他也是由于在求解数学物理微分方程时遇到计算困难而对计算技术产生了兴趣。他从 1935 年开始探索运用数字电子技术进行计算工作的可能性，经过反复研究实验与冥思苦想，提出了电子数字计算机设计方案，并与当时还在读研究生的克利福德·贝利（Clifford Berry，1918—1963）于 1942 年合作完成了研制工作，命名为 ABC（Atanasoff-Berry Computer），A、B 分别取两人名字的第一个字母，C 为 Computer（计算机）的第一个字母，由于所委托律师的疏忽弄丢了专利申请材料，专利申请工作没有完成。阿塔纳索夫的方案是计算机设计中采用电子技术的最早方案，1941 年 6 月，“埃尼阿克”（ENIAC）的设计者约翰·莫奇利（John W. Mauchly，1907—1980）曾到艾奥瓦州立学院的实验室参观了接近完成的 ABC 计算机，阿塔纳索夫向莫奇利详细介绍了 ABC 的研制过程，莫奇利阅读了阿塔纳索夫关于电子计算机的设计方案与图纸。

1946 年，美国宾夕法尼亚大学的莫奇利和约翰·埃克特（John P. Eckert，1919—1995）等人研制成功电子数字计算机“埃尼阿克”（ENIAC），并为此申请了发明专利。1947 年，莫奇利和埃克特从宾夕法尼亚大学辞职后成立了世界上第一家计算机商业公司——埃克特-莫奇利计算机公司（Eckert-Mauchly Computer Corporation，EMCC）。1950 年，埃克特-莫奇利公司被雷明顿-兰德（Remington-Rand）公司兼并。1955 年，雷明顿-兰德公司与斯佩里（Sperry）公司合并，成立斯佩里-兰德公司（Sperry-Rand）。这样，斯佩里-兰德公司就拥有了电子计算机“埃尼阿克”的专利权。斯佩里-兰德公司要向其他计算机制造公司收取专利使用费，但一家名为霍尼韦尔（Honeywell）的计算机制造商拒绝支付专利使用费。

1967 年，斯佩里-兰德公司与霍尼韦尔公司对簿公堂，斯佩里-兰德公司认为霍尼韦尔公司侵犯了自己所拥有的“埃尼阿克”专利权。霍尼韦尔公司认为斯佩里-兰德公司的“埃尼阿克”专利权是无效的，因为“埃尼阿克”的设计思路源于阿塔纳索夫设计的 ABC。

经过 135 次马拉松式的开庭审理，1973 年 10 月 19 日，美国明尼苏达州一家地方法院判决莫奇利和埃克特的“埃尼阿克”专利无效。判决理由：“埃尼阿克”的研制利用了阿塔纳索夫发明 ABC 的构思。

在这场诉讼之前，人们一直认为“埃尼阿克”是世界上第一台电子计算机，法院的判决告诉人们，世界上第一台电子计算机是阿塔纳索夫发明的 ABC。

对于撤销“埃尼阿克”专利的判决，学术界和舆论界分歧很大，支持和反对的人都不少。更大的共识是，ABC 是第一台电子计算机，“埃尼阿克”是第一台通用电子计算机，也是第一台用于解决实际问题的电子计算机。在计算机领域，除了美国计算机学会设立的图灵奖外，还有一个重要奖项，就是美国电气与电子工程师学会计算机协会（IEEE-CS）设立的计算机先驱奖，阿塔纳索夫、莫奇利、埃克特和“埃尼阿克”的另外 3 位主要研制者都被授予了计算机先驱奖，肯定了几位科学家各自对最早探索、研制电子计算机的贡献。

第二次世界大战中，美国宾夕法尼亚大学莫尔学院同阿伯丁弹道研究实验室共同负责为陆军每天提供 6 张火力表，这项任务非常困难和紧迫。因为，每张火力表都要计算几百条弹道，而一个熟练的计算员计算一条飞行时间 60s 的弹道需要 20h，借助于大型微分分析仪

[①]　艾奥瓦州也称爱荷华州。

也需 15min。战争一开始,阿伯丁弹道研究实验室就不断地对微分分析仪作技术上的改进和完善,同时聘用了二百多名计算员,即使这样,也很难满足军方的需要。当时,负责阿伯丁弹道研究实验室同莫尔学院联系的军方代表是年轻的赫尔曼·戈尔斯坦中尉(Herman H. Goldstine,1913—2004),他入伍前在一所大学任数学助理教授。他的朋友莫奇利这时正好在莫尔学院任教。莫奇利在参观阿塔纳索夫的实验室一年后,1942 年 8 月撰写了一份题为《高速电子管计算装置的使用》的备忘录,它实际上成为第一台通用电子计算机"埃尼阿克"的初始设计方案。这一备忘录曾在莫奇利的一些同事中传看,特别是引起了研究生埃克特的浓厚兴趣,埃克特后来成为研制"埃尼阿克"的总工程师。莫奇利也多次对戈尔斯坦介绍自己关于电子计算机的设计方案,并得到了戈尔斯坦及其上级的大力支持。1943 年 4 月 2日,莫尔学院向军方提交了一份为阿伯丁弹道研究实验室制造一台电子数字计算机的书面报告并很快获得批准。

1943 年 6 月 5 日,莫尔学院和军械部正式签订了研制计算机的合同,机器被命名为"电子数字积分和计算机"(Electronic Numerical Integrator and Computer,ENIAC,中文译作"埃尼阿克")。

承担设计制造"埃尼阿克"的莫尔学院研制小组是一个年轻的团队。莫奇利是位 36 岁的物理学家,他提出了电子计算机的总体设计方案。24 岁的埃克特是总工程师,负责解决一系列困难复杂的工程设计与实现问题。30 岁的戈尔斯坦中尉不仅能在数学上提供有益的建议,而且是研制工作有力的组织协调者。另两位主要成员是阿瑟·伯克斯(Arthur Burks,1915—2008)和哈利·赫斯基(Harry D. Huskey,1916—2017),当时分别是 28 岁和27 岁。这 5 人都获得了 IEEE-CS 的计算机先驱奖。经过两年多的辛勤工作,1945 年底,这台标志人类计算工具历史性变革的巨型机器宣告研制成功,1946 年 2 月 15 日举行了正式的揭幕典礼,1947 年被运往阿伯丁弹道研究实验室。"埃尼阿克"起初专门用于弹道计算,后来经过多次改进而成为能进行各种科学计算的通用计算机,用于天气预报、原子核能和风洞实验设计等。

如图 1.10 所示,"埃尼阿克"占地面积达 170m^2;使用了大约 18 000 只电子管,1500 个继电器,70 000 只电阻,18 000 只电容,重 30t;开始预算经费是 15 万美元,实际耗资近49 万美元;运算速度为 5000 次/秒加法,计算一条弹道只需 30s;耗电量很大,功率为150kW,工作时,常常因为电子管烧坏而不得不停机检修。1955 年 10 月 2 日,"埃尼阿克"正式退休,实际运行了 80 223h。

"埃尼阿克"的最大特点就是采用了电子器件和电子线路来执行算术运算、逻辑运算和数据存储。由于广泛采用了电子器件和电子线路,"埃尼阿克"的运算速度比已有的机电计算机快了约 1000 倍,这就使它能够胜任相当广泛的现代科学计算任务。

但是,就连"埃尼阿克"的研制者也感到,虽然"埃尼阿克"是第一台正式运行的通用电子数字计算机,但它的基本结构和机电计算机没有本质的差别。"埃尼阿克"显示了电子器件在提高运算速度上的可能性,却没有最大限度地发挥出电子技术的巨大潜力。"埃尼阿克"存在着一些明显的不足,首先,它的存储容量太小,最多只能存储 20 个字长为 10 位的十进制数;其次,它与后来的"存储程序"计算机不同,它的程序是"外插"型的,即用电路连接的方式来实现,执行程序前要进行复杂的电路连接,很不方便,为了完成几分钟或几小时的计算任务,准备工作就要用去几小时甚至一两天的时间。

图 1.10　电子计算机"埃尼阿克"

虽有不足,但作为世界上第一台真正能运行和使用的大型通用电子数字计算机,"埃尼阿克"具有里程碑的地位,由此开启了计算机快速发展的新时代。

1.2　电子计算机的发展

自从第一台电子计算机(ABC)和第一台通用电子计算机(ENIAC)诞生以来,到现在虽然只有八十余年的时间,但计算机的发展速度是惊人的。在几十年的发展历程中,电子计算机从第一代发展到了第四代,其体系结构、元器件、运算速度、存储容量、外部设备、网络连接、软件功能和应用领域等都发生了巨大的变化。

1.2.1　第一代计算机

第一代计算机(1946—1958)也称为电子管计算机,其主要特点如下。

(1)用电子管代替机械齿轮和继电器作为基本元件,运算速度一般为几千至几万次/秒,计算机的体积庞大,制造成本很高,可靠性较低。

(2)采用二进制代替十进制,即所有指令与数据都用 0 和 1 组成的数字串表示。1952年之前用机器语言编写程序,既枯燥、费时,又容易出错。1952 年出现了汇编语言,使编写程序变得相对容易一些。

(3)程序可以存储,最初使用水银延迟线或静电存储管作内存,存储容量很小。后来使用了磁鼓和磁芯,存储容量有了大幅度提高。

(4)输入输出装置主要用穿孔卡片,速度很慢。

(5)在主要用于科学计算的同时,开始应用于数据处理领域。

在此期间,基本形成了计算机工业体系,计算机由科研样机转变为工业产品,IBM 公司开发出了系列计算机产品。

第一台批量生产的电子计算机是"通用自动计算机一号"(UNIVersal Automatic Computer-Ⅰ,UNIVAC-Ⅰ),该机是在冯·诺依曼等人提出的 EDVAC 方案(也称为冯·诺依曼方案)的基础上,由埃克特-莫奇利计算机公司在 1951 年研制成功的。EDVAC 方案的技术要素主要包括 3 方面：①提出了"存储程序"的概念，程序和数据都存放在存储器中；②用二进制形式存储数据和程序；③明确规定计算机由运算器、控制器、存储器、输入设备和输出设备 5 个基本部分组成。按 EDVAC 方案制造的计算机称为冯·诺依曼计算机。

在第一代计算机发展时期，IBM 公司开发出了系列计算机产品 IBM 701、IBM 702、IBM 704、IBM 705、IBM 650、IBM 709 等。

1952 年，IBM 公司研制的第一台大型机 IBM 701 问世（用于科学计算），这台计算机使用了 4 000 个电子管和 12 000 个锗晶体二极管，定点加法运算速度为 1.2 万次/秒。采用静电存储管（威廉管）作内存，采用磁鼓作外存（磁鼓是利用表面涂以磁性材料的高速旋转的鼓轮和读写磁头配合起来进行信息存储与读写的磁记录装置），配备了磁带机、卡片输入输出机和打印机等外部设备。1954 年又推出第一台用于数据处理的大型机 IBM 702 和小型机 IBM 650。1955 年推出 IBM 701 的后继产品 IBM 704，1956 年推出 IBM 702 的后继产品 IBM 705，这两种机器使用了磁芯存储器，扩大了存储容量，提高了存取速度。1957 年出现的高级语言 FORTRAN 首先用于 IBM 704 计算机。1958 年，IBM 704 的改进型 IBM 709 研制成功，而且实现了与 IBM 704 的程序兼容（原来运行在 704 计算机上的程序，不用修改可以直接在 709 机上运行），既扩充了功能，又能使用原有的程序。

兼容思想在计算机软硬件系统的升级换代上发挥了重要作用，既方便了用户使用，又保住了商家的销售市场。有些机型功能、性能都不错，就是因为兼容性不好，没有发展起来。

1.2.2 第二代计算机

第二代计算机（1959—1964）也称为晶体管计算机，其主要特点如下。

（1）用晶体管代替电子管作为计算机的基本元件。相对于电子管，晶体管具有体积小、速度快、成本低、可靠性高、使用寿命长、耗电少等一系列优点，用晶体管作元件，使计算机的体积缩小了，运算速度和可靠性提高了。

（2）普遍采用磁芯存储器作内存，采用磁盘与磁带作外存，使存储容量增大，存取速度加快，可靠性提高，为系统软件的开发和运行创造了条件，出现了监控程序，后来发展成操作系统。

（3）作为现代计算机体系结构的许多新技术相继出现，如变址寄存器、浮点数据表示、间接寻址、中断、I/O（输入输出）处理机等。

（4）程序设计语言大发展，先是用汇编语言代替了机器语言，接着又出现了 FORTRAN、ALGOL 和 COBOL 等高级语言。高级语言的出现使程序编写工作变得更为简单和方便。

（5）应用范围进一步扩大，除了科学计算和数据处理外，开始进入实时过程控制领域。输入输出设备也有了很大发展。

晶体管是 1948 年由美国贝尔实验室（Bell Labs）的 3 位物理学家约翰·巴丁（John Bardeen，1908—1991）、沃尔特·豪泽·布拉顿（Walter H. Brattain，1902—1987）和威廉·肖克莱（William Shockley，1910—1989）发明的。由于这项影响深远的重大发明，他们共同获得了 1956 年度的诺贝尔物理学奖。贝尔实验室也因此成为晶体管计算机的发源地，1954 年贝尔实验室研制出世界上第一台晶体管计算机 TRADIC，使用了 800 个晶体管。1955 年全晶体管计算机 UNIVAC-Ⅱ问世。

在这一时期,高级程序设计语言也快速发展。首先,IBM 公司的一个小组在约翰·巴科斯(John Backus,1924—2007)的领导下,1954 年开始设计第一个用于科学与工程计算的 FORTRAN 语言并于 1957 年推出第一个版本。1958 年 ALGOL 58 研制成功,1959 年诞生了 COBOL 语言并于 1960 年正式推出 COBOL 60。

第二代计算机的主流产品是 IBM 7000 系列。1960 年开始生产的大型科学计算用计算机 IBM 7090,实现了晶体管化,内存采用磁芯存储器,外存采用磁鼓和磁盘,比 IBM 709 快几十倍,并配置了 FORTRAN 和 COBOL 等高级语言。1960 年晶体管化的 7000 系列完全代替了电子管的 700 系列,如 IBM 7094-Ⅰ、IBM 7094-Ⅱ科学计算用大型计算机,IBM 7080 大型数据处理机,IBM 7074、IBM 7072 等中小型通用晶体管计算机,还开发出了小型数据处理晶体管计算机 IBM 1401。IBM 公司在科学计算大型机、数据处理大型机、中小型通用机上都开发出了系列产品,以满足不同用户的需要。

晶体管的发明为进一步提高计算机的运算速度带来了可能,美国、英国和日本的多家公司分别研制出了更高性能的计算机。其中最有影响的是 IBM 公司的 STRETCH 和 CDC 公司的 CDC 6600。

1960 年美国贝思勒荷姆钢厂成为第一家利用计算机处理订货、管理库存并进行实时生产过程控制的公司,1963 年《俄克拉荷马日报》成为第一份利用计算机编辑排版的报纸,1964 年美国航空公司建立了第一个实时订票系统,计算机应用的深度和广度进一步扩展。

1.2.3　第三代计算机

第三代计算机(1965—1970)也称为集成电路计算机,其主要特点如下。

(1)用集成电路取代了晶体管,最初是小规模集成电路,后来是大规模集成电路。集成电路芯片几乎永不失效,缺点是在抗损坏性方面比较脆弱。

(2)用半导体存储器取代了磁芯存储器,存储器也实现了集成化,存储容量大幅度提高,为建立存储体系与存储管理创造了条件。

(3)出现了微程序设计技术,设计了具有兼容性的体系结构,使计算机产品走向系列化、通用化和标准化。

(4)系统软件与应用软件都有很大发展,操作系统的功能有很大的提高和完善。为了提高软件开发的质量和效率,出现了结构化、模块化程序设计方法。

(5)为了满足中小企事业单位与政府部门计算机应用的需要,出现了成本较低的小型计算机。

集成电路(integrated circuit,IC)是使用半导体工艺或薄膜、厚膜工艺,将电路元件及相互之间的连线制作在半导体或绝缘基片上,形成具有一定功能的整体电路,集成电路与用晶体管等分离元件构成的电路相比,具有体积小、成本低、功耗小、可靠性高等优点。因此,基于集成电路的第三代计算机具有更小的体积、更快的运算速度和更高的可靠性。

第三代计算机的代表性产品是 IBM 360 系统,IBM 公司在 1961 年 12 月提出了"360 系统计划",1964 年 4 月 7 日 IBM 公司宣布 360 系统研制成功,1965 年 360 系统的各种型号陆续进入市场。

IBM 360 系统的主要特点如下。

(1)通用化。克服了以前根据不同用途设计不同类型计算机的弱点,集科学计算、数据处理、实时控制等功能于一机。命名中的 360 的含义是指一个圆的 360°，表示全方位的应用服务。

（2）系列化和标准化。360 系统有多种型号，包括小型机、中型机、大型机和超级计算机。360 系统的型号虽多，但采取了标准化措施，统一的指令格式、数据格式、字符编码、I/O 接口、中断系统和人机对话方式等，从而保证了程序兼容。

（3）渐进性。既采用了新技术，又留有继续发展的余地。360 系统在处理机设计中采用了微程序技术，为系列机功能的扩充创造了条件。为使 I/O 操作进一步独立于 CPU，采用了通道技术。在可靠性、可用性、可维护性方面，对指令与数据进行奇偶校验，对存储进行 4 位编码的存储键保护。高档机型还采用了高速缓存、流水线控制、超长精度运算和冗余技术等。

（4）方便性。360 系统配有操作系统、汇编语言和 FORTRAN、COBOL 等高级语言，使用比较方便。

在第三代计算机期间，许多实力较小的公司则专注开发小型机，比较成功的是数据设备公司（Digital Equipment Corporation，DEC）。该公司 1959 年推出了它的第一台小型计算机 PDP-1，以后又推出了 PDP-5 和 PDP-8，成为商用小型机的优秀代表。它们结构简单、售价低廉，很受一些中小单位的欢迎。进入 20 世纪 70 年代后，该公司又陆续开发了 PDP-11 系列、VAX-11 系列等 32 位小型机，成为小型机市场的头部企业。1968 年新建的 DG 公司（Data General Corporation）于 1969 年推出第一台 16 位小型诺瓦（Nova）机，以后陆续推出了 3 个系列的诺瓦机，这些机型在我国得到应用并对我国计算机的发展有过较大影响。

这一时期，在程序设计方面也有很大发展。1964 年，美国达特茅斯学院的凯默尼（John G. Kemeny，1926—1992）和库尔茨（Thomas E. Kurtz，1928—2024）发明了 BASIC 语言。1968 年，荷兰计算机科学家埃德斯加·迪杰斯特拉（Edsgar W. Dijkstra，1930—2002）发表了《goto 语句值得考虑的害处》的短文，结构化程序设计思想逐步得到人们的广泛接受。

1.2.4　第四代计算机

第四代计算机（1971 至今）也称为超大规模集成电路计算机，其主要特点如下。

（1）用微处理器或超大规模集成电路取代了普通集成电路。

（2）计算机的存储容量进一步扩大，输入采用了光学字符识别（optical character recognition，OCR）、触摸屏、条形码、二维码及语音技术，光盘、U 盘、激光打印机、3D 打印机得到应用，高级程序设计语言，如 Pascal、Ada、C、C++、C♯、Java、Python 等得到广泛使用。

（3）微型计算机诞生，并得到迅速发展和广泛普及，进入了亿万家庭和不同类型的单位，成为人们工作、学习、生活、娱乐的基本工具。超级计算机也有很大发展。

（4）数据通信、计算机网络、分布式处理有了很大的发展，计算机技术与通信技术的紧密结合——互联网、移动互联网、物联网把世界各地紧密地联系在一起，形成所谓的"地球村"。

（5）计算机应用朝着更深入更广泛的方向发展，在多媒体技术、大数据技术、人工智能/机器人、信息检索、信息安全、数据库/数据仓库/数据挖掘、电子商务/电子政务等领域取得了丰硕的应用成果。

1970 年，IBM 公司开始推出 370 系统取代 360 系统，它继承了 360 的体系结构，全面采用微程序设计，使操作系统的部分功能向微码级垂直迁移，在扩展功能和提高效率方面取得极大成功。370 系统采用了半导体存储器并实现了虚拟存储，它还增强了数据通信和数据库能力，提高了输入输出设备的功能。370 系统有 135、145、155、158、165、168 等型号，其中 168 为最高档机型，运算速度达到 230 万次/秒。

1977 年，IBM 公司又推出 3030 系列，包括 3031、3032、3033 等型号，除继承了 IBM 370 体系结构与操作系统外，还大幅度扩充了内存和高速缓存的容量，缩短机器周期，加强流水线控制，进一步提高了性能。3033 计算机运算速度达 500 万次/秒。

第四代计算机的主流产品是 1979 年 IBM 公司推出的 4300 系列、3080 系列以及 1985 年推出的 3090 系列。它们都继承了 370 系统的体系结构，使功能得到进一步的加强，如虚拟存储、数据库管理、网络管理、图像识别、语言处理等。1990 年，IBM 公司推出了 390 系统，2000 年推出全新设计的大型机 IBM eServer z900，2003 年推出 IBM eServer z990，2004 年推出 IBM eServer z890，2012 年后推出 IBM zEnterprise EC12、IBM z13、IBM z14、IBM z15、IBM z16 等系列大型计算机。

这一时期微型机、巨型机也得到了快速发展。

1971 年诞生的微处理器（microprocessor）是将运算器和控制器集成在一起的大规模/超大规模集成电路（very large scale integration，VLSI）芯片，称为中央处理单元（central processing unit，CPU）或中央处理机或中央处理器。以微处理器为核心再加上存储器和接口芯片，便构成了微型计算机。虽然 MITS（Micro Instrumentation and Telemetry Systems，微型仪器与遥测系统）和苹果等公司都先于 IBM 公司推出微型计算机，但 1981 年 IBM 公司推出微型计算机 IBM PC（personal computer，个人计算机）后迅速成为微型机的主导机型，IBM PC 还被美国著名的《时代》杂志评为 1982 年度风云"人物"。图 1.11 所示就是当时 IBM PC 的样式，这台机器的 CPU 为 Intel 8088，主频为 4.77MHz，主板上配有 64KB 主存，可扩展至 640KB。与巨型计算机和大型计算机不同，微型计算机价格低廉，可以应用于大大小小的企事业单位和千家万户，市场是巨大的。目前，个人计算机的供应商主要有联想公司、惠普公司、戴尔公司等。

图 1.11　个人计算机 IBM PC

研制巨型计算机是为了满足国家安全、空间技术、天气预报、石油勘探等领域的高强度计算需要。20 世纪 70 年代巨型机的代表是克雷研究公司的"克雷一号"（Cray-1），该机有

12 个功能部件,可以同时进行加法和乘法等不同操作,每个功能部件又以流水线方式快速处理,向量运算速度达到 8000 万次/秒,1985 年推出的 Cray-2 浮点运算速度达到 8 亿次/秒。2008 年以来,世界上运算速度最快的计算机相关信息如表 1.1 所示。

表 1.1　世界上运算速度最快的计算机相关信息

产　　地	名　　字	运算速度	排名第一时间
美国	"走鹃"(Roadrunner)	1.03 千万亿次/秒	2008.06
中国	"天河一号"(二期)	4.7 千万亿次/秒	2010.11
日本	"京"(K Computer)	1.13 亿亿次/秒	2011.06
美国	"红杉"(Sequoia)	2.01 亿亿次/秒	2012.06
中国	"天河二号"	5.49 亿亿次/秒	2013.06
中国	"神威·太湖之光"	12.5 亿亿次/秒	2016.06
美国	"顶点"(Summit)	20 亿亿次/秒	2018.06
日本	"富岳"(Fugaku)	53.7 亿亿次/秒	2020.06
美国	"前沿"(Frontier)	110.2 亿亿次/秒	2022.06
美国	"埃尔卡皮坦"(El Capitan)	174.2 亿亿次/秒	2024.11

说明:世界超级计算机 500 强排行榜(The top 500—a respected list of the world's most powerful computers)从 1993 年开始,每年公布 2 次排名结果。

从 1971 年到现在都属于第四代计算机时期,这一长达五十余年的时期是计算机硬件、计算机软件、计算机网络的快速发展时期,特别是近些年移动互联网、物联网、云计算、大数据、人工智能等新一代计算机技术的快速发展和广泛深入应用极大地影响着经济建设、社会发展、科技进步及人们的日常生活,并深刻改变着人们的工作方式、学习方式、生活方式甚至思维方式,推动人类社会进入数字化、智能化时代。

1.2.5　第五代计算机

从 20 世纪 80 年代开始,日本、美国等国家先后提出了研制第五代计算机的计划,其主要目标是打破以往计算机固有的体系结构,使计算机能够具有像人一样的思维、推理和判断能力,向智能化发展,实现接近人的思维方式。由于多种因素的制约,并没有实现预期的研究目标,所以目前的计算机仍属于第四代计算机。但这一时期在智能计算机领域完成了大量的基础性研究工作,促进了人工智能理论和智能机器人技术的发展。

1. 日本的 FGCS

1981 年,在日本举行了第五代计算机国际学术会议,计划为期 10 年(1982—1991)的"知识信息处理系统"开始研制。日本政府为了实现这一宏伟目标,筹资 1000 亿日元,并专门成立了"新一代计算机技术研究所"(ICOT)。

知识信息处理系统(knowledge information processing system,KIPS)就是人们通常所说的第五代计算机系统(fifth generation computer system,FGCS),又称为智能计算机,由如下几个主要部分组成:

(1) 知识库、知识库机和知识库管理系统。

(2) 问题求解和推理机。

(3) 智能接口系统。

(4) 应用系统。

第五代计算机系统预期达到的目标如下：

（1）用自然语言、图形、图像和文件进行输入输出。

（2）用自然语言进行对话方式的信息处理，为非专业人员使用计算机提供方便。

（3）能处理和保存知识，以供使用；配备各种知识数据库，起顾问作用。

（4）能够自学习和推理，帮助人类扩展自己的智能。

由此可知，第五代计算机与传统计算机的主要区别如下：

（1）处理的信息是知识，而不是数据。

（2）信息的传送是知识的传送，而不是字符串的传送。

（3）信息的处理是对问题的求解和推理，而不是按既定程序进行计算。

（4）信息的管理是对知识的获取和利用，而不是数据的收集、积累和检索。

2. 美国的 MCC

1982 年 2 月日本宣布 FGCS 计划后，美国 CDC 公司立即发起并召开了成立联合风险研究机构的会议，同年 8 月组建了由十大公司联合支持的 MCC 公司（Microelectronic and Computer Technology Corporation），研究确定了对未来计算机系统影响深远而且经济潜力最大的 4 个主要技术领域，即软件技术、VLSI/CAD、组装与互连、高级计算机体系结构，分别成立了 4 个研究部。

MCC 公司的高级计算机体系结构研究部是最有特色的一个部门，下设如下 5 个实验室。

（1）核心科学实验室，担负长期性的核心研究课题，为公司提供未来科学技术的窗口，其他 4 个则为相关领域。

（2）人工智能实验室，设计了一种新的综合知识表达语言，能模拟真实世界的知识，开发了专家系统开发环境，研制了一个大规模的知识库，包括百科全书与普通常识，具有半自动知识获取、模拟推理、自然语言理解、影像识别的综合智能系统的雏形。

（3）人机接口实验室，长远目标是开发一个集成化的软件工具智能用户接口管理系统，用以设计制作各种人机接口。

（4）系统技术实验室，研究任务包括并行体系结构、高级并行语言的优化编译和分布式知识库与数据库的管理等。

（5）实验系统成套工具室，其任务是开发各种技术，以便尽快研制出高性能计算机系统的实验原型机。

总之，MCC 公司认为，新一代计算机系统将会拥有智能特性，带有知识表示与推理能力，可以模拟人的设计、分析、决策、计划以及其他智能活动并具有人机自然通信能力，可作为各种信息化企业的智能助手。

欧洲共同体也曾经制定了关于第五代计算机的对策与发展战略。

第五代计算机的研制目标是实现计算机的智能化，主要包括知识库、推理机和智能化的人机接口 3 个主要组成部分，知识库用于存放知识，推理机就是具有推理功能的程序，人机接口用于人操作使用计算机。要有丰富的多领域的知识、良好的推理能力和友好的人机接口，如可以通过语音输入要求，系统自动生成程序代码。现在看起来，这些目标都是非常超前的，虽然人工智能近几年有了很大发展，但到目前也没有实现当时的预期目标，即使实现了一些智能功能，也不是按当时设计的技术路径实现的，而是基于深度学习等学习算法实现的。

由于有两个关键问题没有解决,一是知识的获取与知识库的构建问题,二是高效的推理机制的实现问题。所以,第五代计算机的研制目标没有实现,现在使用的计算机仍属于第四代计算机。

1.2.6　电子计算机的发展趋势

人类的实践活动产生需求并具备了一定的技术条件,就会促成新型计算机产生。虽然计算机技术取得了非常巨大的进步,但随着人类社会的不断发展,科学技术的不断进步,人类实践活动的不断拓展,对计算机技术也在不断提出新的需求,计算机技术(包括硬件技术、软件技术、联网技术等)都还要继续发展,其发展趋势可以归纳为以下几方面。

1. 巨型化

这里的巨型化是指计算机运算速度特别快、存储容量特别大、功能特别强,当然体积也大、成本也高。巨型计算机(也称为超级计算机)的发展集中体现了计算机科学技术的发展水平,它可以推动多个学科的发展,可以解决一些特别复杂的高强度计算难题,如核武器模拟、中长期天气预报、地质勘探、人工智能等。

2. 微型化

微型化是指在保持计算机功能的前提下,使其体积越来越小,便于携带和移动使用。微型计算机已经形成了台式计算机、笔记本计算机、平板计算机和嵌入式计算机多个系列,随着微处理器技术的发展,还要开发更微小的计算机,以满足人们更广泛的需要。

3. 网络化

社会中的各组成要素是相互联系、相互依存的,实现网络化,才能真正做到资源共享和协同工作,计算机才能在社会发展、经济建设及科技进步中发挥更大的作用,给人们的日常生活带来更大的便利。

4. 智能化

经过多年的发展,计算机处理过程化的计算工作、事务性工作已经达到了相当高的水平,是人力望尘莫及的。近几年,在计算机视觉、语音识别、机器翻译、人机对话等智能化工作方面,也取得了长足的进步。但总体来看,计算机还远远不如人脑,如何让计算机具有人脑的智能,模拟人的推理、联想、思维等功能,在更多应用场景和应用环节上代替人的脑力劳动,是计算机科学技术的一个重要发展方向。

1.3　计算机的分类

可以根据处理信号类型、用途、规模与性能等对计算机进行分类。

按所处理信号类型的不同,计算机可以分为数字计算机和模拟计算机。数字计算机处理的是以电压的高低等形式表示的离散的物理信号,该离散信号可以表示 0 和 1 组成的二进制数字,即数字计算机处理的是数字信号(0 和 1 组成的数字串)。数字计算机的计算精度高,抗干扰能力强。现在使用的计算机都是数字计算机。模拟计算机处理的是连续变化的模拟量,如电压、电流、温度等物理量的变化曲线。这种计算机精度低,抗干扰能力差,应用面窄。19 世纪末到 20 世纪 30 年代,模拟计算机的研制曾活跃过一段时间,但最终还是被数字计算机所取代。

按用途的不同,计算机可以分为通用计算机和专用计算机。通用计算机的硬件系统是标准的,并具有较好的扩展性,可以运行多种解决不同领域问题的软件,现在使用的计算机大多是通用计算机。专用计算机的软硬件全部根据应用系统的要求配置,专门用于解决某个特定领域的问题,如工业控制计算机、自动售票机、飞船测控计算机等。

按规模与性能的不同,目前常用的计算机可以分为超级计算机、大型计算机、微型计算机、工作站、服务器和嵌入式计算机,这也是比较常见的一种分类方法。在这种分类方式中,曾经出现过中型计算机和小型计算机,随着微型计算机和服务器的出现与快速发展,这两类计算机已被高性能微型机和服务器代替。

1.3.1　超级计算机

超级计算机(supercomputer)也称为巨型计算机,是一类速度超快、功能超强、体积超大、价格超高的超高性能计算机。超级计算机特别强调运算能力的提高,主要为国家安全、空间技术、生物医药、海洋科学、油气勘探、气候气象、金融分析、工业设计、人工智能等高强度计算领域提供支持。

目前,世界上运算速度最快的计算机是由美国慧与(HPE)公司和 AMD 公司合作研制、安装在美国劳伦斯·利弗莫尔国家实验室的名为"埃尔卡皮坦"(El Capitan)的超级计算机,2024 年 11 月公布的实测浮点运算速度为 174.2 亿亿次/秒,如图 1.12 所示。

图 1.12　超级计算机"埃尔卡皮坦"

超级计算机的研制水平、生产能力和相应的软件开发能力以及应用水平,已成为衡量一个国家经济实力与科技水平的重要标志。国际上,研制超级计算机的公司主要有 IBM、HP(惠普)、Cray(克雷)、Dell(戴尔)、SGI(硅图)等,国内研制超级计算机的单位主要有国防科技大学、国家并行计算机工程技术研究中心、曙光信息产业有限公司等。

超级计算机每个机型一般只生产几台,安装在专门的超级计算中心(超算中心),为相关单位的重大项目提供服务。目前我国在天津、广州、深圳、长沙、济南、无锡、郑州、昆山、成都等地设有国家级超算中心。

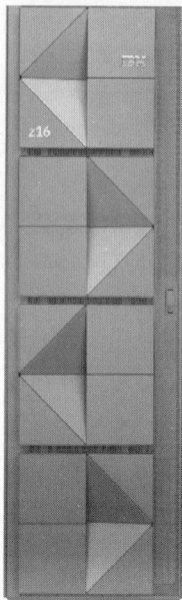

图 1.13　大型计算机
IBM z16

1.3.2　大型计算机

大型计算机(large scale computer/mainframe)是一类高性能、大容量的通用计算机,具有很强的综合处理能力,有着标准化的体系结构和批量生产能力,在银行、税务、大型企业、大型工程设计和天气预报等领域得到广泛应用。IBM z15、IBM z16 等是目前大型计算机的代表机型。IBM z16(见图 1.13)是 IBM z 系列大型机的最新迭代版本,配备片上人工智能(AI)推理和量子安全技术。通过大规模的实时人工智能推理和量子安全加密,以满足用户需要。

1.3.3　微型计算机

1981 年,IBM 公司基于 Intel 8088 微处理器推出具有划时代意义的 IBM PC,开启了微型计算机(microcomputer)快速发展的序幕,经过 40 多年的快速发展,微型计算机已拥有数亿用户。根据高德纳咨询公司(Gartner Group)发布的数据,2024 年全球微型计算机的销售总量为 2.45 亿台,联想、惠普和戴尔排名前三。

微型计算机主要包括台式计算机、笔记本计算机和平板计算机。

台式计算机(desktop computer)就是普通的微型机,一般要摆放在桌子(工作台)上使用,所以称为台式机。

笔记本计算机(notebook computer)更多的时候称为笔记本电脑或简称笔记本,是一种大小与稍大一点的纸质笔记本相当的计算机,特点是体积小、携带方便。在功能上,笔记本计算机和台式计算机没有什么区别,但笔记本的主板、内存、外存、显示器、电源等各种部件要做得更小些,增加了生产成本,所以比同档次的台式机价格要高。

平板计算机(tablet personal computer)也称为平板电脑,是一种比笔记本电脑更小、更方便携带的个人计算机,以触摸屏作为基本的输入设备,用户可以通过内建的手写识别、屏幕上的软键盘和语音识别等方式进行输入操作。

需要说明的是,智能手机在一定程度上也可以看作微型计算机,特别是近几年推出的大屏智能手机,部分用户用其代替了笔记本计算机和平板计算机的使用。

1.3.4　工作站

工作站(workstation)可看作一种高档微型机,在微型计算机发展的早期,其性能还不是太强。工作站就是在微型机的基础上,配备大屏幕显示器,大容量存储器和图形加速卡等,多用于计算机辅助设计和图形(图像)处理等,这些领域需要有大屏幕用于显示复杂的图形(图像),需要有比较强的图形处理能力适应三维图形(图像)计算的需要,需要有比较大的存储器存储更多的信息,图形和图像占用的存储空间是比较大的。

1.3.5　服务器

服务器(server)是指通过网络为客户端提供各种服务的高性能计算机。服务器在网络操作系统的控制下,将与其相连的硬盘、光盘阵列、磁带、打印机等设备提供给网络上的客户端共享,也能为网络用户提供集中计算、信息发布及数据管理等服务。服务器的高性能主要体现在高速的运算能力、长时间的可靠运行、强大的外部数据吞吐能力等方面。在银行、电信等大型企业的核心系统中,使用大型机作服务器比较多。在更多的中小单位中使用高档PC 作服务器,PC 服务器虽然在构成上与普通 PC 基本相同,有微处理器、硬盘、内存、系统总线等,但它们是针对具体的网络应用特别定制的,因而在处理能力、稳定性、可靠性、安全性、可扩展性、可管理性等方面明显优于普通 PC。

按功能分类,服务器有数据库服务器、域名服务器、文件服务器、邮件服务器、互联网服务器和应用服务器等。在日常生活中,使用手边的计算机或手机,可以视频聊天、收发邮件,可以查询考试成绩、选择修读课程,可以网上购物、浏览新闻、观看视频等,在网络的后台都有相应的服务器在支持着对应的应用功能。

1.3.6　嵌入式计算机

嵌入式计算机系统(embedded computer system)简称为嵌入式系统或嵌入式计算机。嵌入式计算机是以应用为中心,以计算机技术为基础,软硬件可裁剪的,适合应用系统对功能、可靠性、成本、体积、功耗等有严格要求的专用计算机系统。简单地说,就是嵌入其他设备中并控制其工作的计算机系统,具有软件代码少、高度自动化、响应速度快等特点,特别适合要求实时和多任务的环境。嵌入式系统主要由嵌入式处理器、相关支撑硬件、嵌入式操作系统及应用软件等部分组成。嵌入式计算机主要用于智能家电、工业控制、高科技控制等控制领域,空间站、宇宙飞船、火星探测器、无人机、自动驾驶汽车、智能洗衣机、扫地机器人等都用到嵌入式计算机。

1.4　计算机的特点与应用领域

1.4.1　计算机的特点

相对于之前的计算工具,电子计算机主要有运算速度快、运算精度高、记忆能力强、判断能力好、按存储程序自动运行等特点,其中最本质的特点是在程序的控制下自动运行。

1. 运算速度快

电子计算机一诞生就显示了其在运算速度上的优势,第一台通用电子计算机("埃尼阿克")的运算速度是 5000 次/秒加法,虽然现在看起来是非常慢的,但在当时却是世界上运算速度最快的计算工具,而且比之前的机电计算机的运算速度提升了约 1000 倍。现在世界上最快的计算机的运算速度已超过 170 亿亿次/秒浮点运算。

在国防建设、石油勘探、航空航天、天气预报等领域,快速的超高性能计算机具有极其重要的作用。

2. 运算精度高

我国古代著名数学家祖冲之计算出圆周率 π 的值为 3.141 592 6～3.141 592 7,这是当时非常了不起的成就。英国数学家威廉 · 尚克斯(William Shanks,1812—1882)花费了 15年的时间,才在 1873 年把圆周率 π 的值计算到小数点后 707 位,但后人经验证发现从第528 位开始是错误的。1949 年,两位科学家使用"埃尼阿克"耗时 70 小时将 π 的值计算到小数点后 2037 位,这是第一次使用计算机计算圆周率。2021 年,瑞士研究人员使用一台超级计算机,历时 108 天,将 π 的值计算到小数点后 62.8 万亿位。

在宇宙飞船测控、火星探测器飞控、导弹制导等应用场合,真可以说是"失之毫厘,差之千里",超高精度的计算是非常必要的。

3. 记忆能力强

计算机中的存储器包括内存和外存,用于存储(记忆)信息。随着存储技术的不断发展,计算机的存储容量越来越大。目前,16GB 内存、1TB 外存的微型机是比较常见的,一本 1433 页的《计算机科学技术百科全书(第三版)》有近 300 万字,如果按纯文本方式存储,一个汉字占 2 字节的存储空间,1TB 的硬盘可以存储 16 万多部这样的大部头书籍,相当于一个中小型图书馆的藏书量。"深蓝"计算机中存储了近 100 年来的 60 万盘国际象棋高手的棋谱,"前沿"超级计算机的存储容量达到 700PB(1PB=1024TB)。

相对于人来说,计算机有着惊人的记忆力,其实计算机所表现出的智能,一种实现方式就是根据感知到的现场环境从存储(记忆)的众多方案中搜索好的方案。由于计算机记忆力十分强大,可以把尽可能多的方案存储起来,所以计算机所搜索出的应对方案一般是比较好的。仍需要进一步研究解决的问题是以什么样的结构来存储这巨量的应对方案(也可以称为知识)及如何快速找到好的方案。

4. 判断能力好

现在的计算机系统(包括硬件和相应的软件系统)具有比较好的逻辑判断能力,能够完成一些智能性工作。如 AlphaGo 围棋程序在和国际围棋大师对弈时,就需要根据对手的走步,判断出其意图,然后给出自己的走步,化解对方的威胁,增加自己的优势,直至获胜。智能机器人在足球比赛场上,也要根据千变万化的比赛格局,在正确判断的基础上完成自己的跑动、接球、带球、传球、射门等动作。

5. 按存储程序自动运行

作为一种计算工具,电子计算机的最大特点就是自动运行,可以在无人操作控制的条件下,自动运行数小时、数天以至更长的时间。计算机自动运行的依据是什么?计算机自动运行的依据是程序(软件),是人们事先编好并存储在计算机中的程序。控制器从存储器中逐一取出程序的指令,并指挥计算机其他组成部件按指令要求完成相应操作。根据程序规模与功能的不同,计算机自动运行时间也不尽相同。也就是说,一旦程序编写调试完成并开始执行,之后的计算机运行可以不再需要人的干预和控制,直至程序执行结束完成相应的任务。

1.4.2　计算机的应用领域

最初研制电子计算机的目的就是完成复杂的计算工作,这也是计算机名称的由来。但随着计算机技术的发展,特别是微型机、计算机网络、多媒体技术和人工智能技术的快速发展,计算机应用的深度和广度不断拓展,现在的计算机应用已经广泛深入地应用到人类生活的各个领域,可以归纳为如下 6 方面。

1. 科学计算

科学计算也称为数值计算,科学计算的特点是计算强度非常大。这是计算机应用最早也是最成熟的应用领域。随着人们对客观世界认识的日益深化,越来越多的工作需要定量计算,数学模型和计算规模也越来越庞大。因此,在现代科学研究和工程设计中,计算机已成为必不可少的计算工具。大型工程设计(如三峡工程)、人造卫星运行轨道计算、石油勘探、核能利用、地震预报与监测和天气预报等都是高强度计算领域,也都是计算机用于科学计算的用武之地。天气预报越来越准确,而且还能为卫星发射等大型活动提供特定服务,都是得益于高性能计算机在科学计算领域的应用。

2. 信息处理

信息处理也称为数据处理。现代社会正在逐步进入信息化社会,各行各业积累了大量的数字化信息,这些数据和能源、物资一样,也是社会发展和经济建设的重要资源。如何有效、充分地利用数据资源就是信息处理要解决的问题,信息处理涉及的面很宽,政府部门及大大小小的企事业单位所用计算机大部分用于信息处理。信息处理的特点是数据量很大、访问量很大,但所需数学运算相对简单,主要是完成信息的输入、修改、删除、排序、查询、统计、分析和制表等工作,如铁路售票系统、医院管理系统、企业信息系统、财务管理系统、税务管理系统、人力资源管理系统和办公自动化系统等都属于信息处理的范畴。

3. 过程控制

过程控制又称为实时控制,在太空探索、国防建设和工农业生产等方面有广泛的应用。例如,火星探测器的飞行、落地及自动拍照,宇宙飞船的飞行与返回;汽车自动装配生产线、数控机床;无人侦察机的飞行与返航,导弹的巡航飞行与目标锁定;农作物自动浇灌、自动喷洒农药、自动收割等。这些都是计算机过程控制的典型应用。

4. 计算机辅助系统

计算机帮助人们做的工作越来越多,出现了各种功能的计算机辅助系统,如计算机辅助设计(computer aided design,CAD)、计算机辅助制造(computer aided manufacturing,CAM)、计算机辅助测试(computer aided testing,CAT)、计算机集成制造系统(computer integrated manufacturing system,CIMS)、计算机辅助软件工程(computer aided software engineering,CASE)、计算机辅助教学(computer assisted instruction,CAI)等。计算机在各行各业中发挥着越来越重要的作用,极大地减轻了从业人员的工作强度,提高了工作效率和工作质量。

5. 人工智能

随着计算机应用的不断深入,人们对计算机的功能也提出了更高的要求,要求计算机完成一些智能性工作,具有类似于人的感知、判断、推理、决策等功能。近几年,随着深度学习和强化学习的应用,机器翻译、人脸识别、语音识别、无人驾驶汽车、智能问答等领域已有一批实用化产品出现。典型的应用示例有谷歌公司2016年研制成功的围棋程序AlphaGo、OpenAI公司2022年11月发布的大模型ChatGPT及2024年2月发布的大模型Sora、深度搜索公司2024年12月发布的DeepSeek等。

2016年AlphaGo以4∶1的总比分战胜围棋世界冠军、职业九段棋手李世石;2017年5月,在中国乌镇围棋峰会上,AlphaGo Master与排名世界第一的世界围棋冠军柯洁对战,并以3∶0的总比分获胜。

ChatGPT是一种预先训练好的大型语言模型,它能够根据聊天内容的上下文与人进行类似于人与人之间的聊天交流。ChatGPT一类的人工智能系统还能完成撰写文稿、写诗、画画、编写程序代码、一键式生成PPT、视频编辑、图像识别、语言翻译、法律咨询、学习辅导、辅助医疗等任务。

6. 网络应用

更多人的应用还是上网。根据中国互联网络信息中心(CNNIC)的统计,截至 2024 年 12 月,我国网民规模达到 11.08 亿人,互联网普及率达 78.6%。网络支付用户规模达 10.29 亿人,网络购物用户规模达 9.74 亿人,网上零售额、移动支付普及率稳居全球第一。常见的网络应用还包括即时通信、网络新闻、信息检索、网络视频、网络音乐、地图查询、网络游戏、网上银行、旅行预订、电子邮件、在线学习等。

微型机的快速发展使计算机进入了数以亿计的家庭和大大小小的单位,成为了可以随身携带的个人用品,以互联网、移动互联网为代表的网络技术的快速发展使计算机之间的相互通信与资源共享成为现实,多媒体技术的快速发展为人们提供了丰富多彩的网上资源。全世界数十亿人成为网民,网络应用成为一个最大众化的计算机应用领域。

其实,一项计算机应用会涉及多个领域。例如,火星探测器的设计、测试、发射、飞行、登陆、拍照与图像回传综合运用了科学计算、信息处理、过程控制、计算机辅助设计与测试、人工智能和计算机网络等功能。

1.5 量子计算机

提高电子计算机性能的一个主要途径,就是不断提高集成电路芯片的集成度(现在一个 CPU 芯片上已能集成上百亿个晶体管)。但是,受到芯片散热、器件工艺技术及制造成本等因素的制约,芯片集成度的持续提高将会遇到很大的困难,进而影响到计算机速度新的突破。

在人们继续开发新技术提高芯片集成度的同时,也在进行生物计算机、光计算机和量子计算机等非电子计算机的研究和探索。其中,量子计算机的研制有比较大的进展。

量子计算机(quantum computer)是一种基于量子力学理论和量子器件进行数据存储和数据处理的计算机。量子器件是以量子效应为工作基础的器件。量子计算机被认为是最有应用前景的新一代计算机技术,在破解最复杂的密码系统、设计新材料、模拟气候变化以及实现人工智能等方面将会发挥重要作用。

近几年,量子计算机的研制不断取得新的进展,在 2019 年初举行的美国消费类电子产品展览(CES)大会上,IBM 公司推出了首个专为科学和商业用途设计的集成通用量子计算机 IBM Q System One,向量子计算机的商业化又前进了一步。

2019 年 10 月,谷歌公司宣布其设计的量子处理器 Sycamore 在 200s 内完成的任务,需要当时世界上最快的超级计算机运算 1 万年。

2020 年 12 月,中国科学技术大学成功构建 76 个光子的量子计算原型机"九章",当求解 5000 万个样本的高斯玻色取样问题时,"九章"只需 200s,而当时世界最快的超级计算机要用 6 亿年。

2022 年 8 月,百度公司正式对外发布其第一台产业级超导量子计算机——"乾始",集量子硬件、量子软件、量子应用于一体,提供移动端、PC 端、云端等在内的全平台使用方式。

2023 年 3 月 27 日,日本理化学研究所研制的第一台日本国产、量子比特数为 64 的量子计算机投入使用,大学等机构的研究人员可线上使用这台量子计算机。

2023 年 12 月 4 日,IBM 公司正式推出了第三代量子芯片 Heron,以及基于 Heron 的 IBM 量子系统 2(IBM Quantum System Two),这是世界上第一台模块化的量子计算机。

2024 年 1 月 6 日,由我国本源量子计算科技(合肥)股份有限公司自主研发的第三代超导量子计算机"本源悟空"上线,并向全球用户限时免费开放,接收全球量子计算任务。"本源悟空"搭载 72 位自主超导量子芯片"悟空芯",是目前我国最先进的可编程、可交付超导量子计算机。截至 2024 年 6 月,"本源悟空"已吸引全球范围内 124 个国家和地区超 1053 万人次访问,共完成 23.6 万个量子运算任务。到 12 月,"本源悟空"全球访问量超 1800 万人次。

2024 年 12 月 10 日,谷歌公司推出量子芯片 Willow。Willow 拥有 105 个物理量子比特,在多个指标上都具有先进的性能,同时还有两项重大突破:①可在使用更多量子比特的情况下成倍减少错误,破解了近 30 年来一直在研究的量子纠错挑战;②Willow 不到 5 分钟完成一项标准基准计算,当今最快的超级计算机完成这一计算需要 10^{25} 年的时间。

虽然量子计算机的研发近些年取得了令人瞩目的进展,并在某些特定计算任务上取得了远超电子计算机的性能,但实现可容错通用量子计算、利用量子计算机解决通用的实际问题仍面临许多技术挑战,还有许多难题需要研究解决。

1.6　中国计算机发展简史

我国的计算机事业始于 1956 年。1956 年 4—6 月,时任国务院总理的周恩来亲自主持制定了《1956—1967 年科学技术发展远景规划纲要》,即人们通常所说的《十二年科学技术规划》,在规划中把计算技术、半导体、自动化和电子学并列为当时必须采取的四大紧急措施。计算技术规划组组长、我国最早倡导研究计算技术的著名数学家华罗庚(1910—1985)教授起草了发展电子计算机的措施。

20 世纪 40 年代后期,华罗庚在美国普林斯顿大学做研究工作时,与冯·诺依曼和戈尔斯坦相识,经常在一起讨论学术问题,对"埃尼阿克"等计算机有较多的了解。

1956 年 8 月,成立了以华罗庚为主任的中国科学院计算技术研究所筹备委员会,并组织了计算机设计、程序设计和计算机方法专业训练班,首次派出一批科技人员赴苏联实习和考察,引进了苏联当时的 M-3 小型机和 BЭCM 大型机。自此以后,我国计算机的研制、生产和使用逐渐广泛地开展起来,并且逐步形成了计算机工业体系。

1958 年 8 月 1 日,在参考苏联的 M-3 小型机图纸资料的基础上,我国第一台通用小型电子计算机——103 机研制成功,也称为"八一型"计算机,这台运算速度为 30 次/秒的电子管计算机,填补了我国电子计算机的空白。增加了自行研制的磁芯存储器后,运算速度提高到 1800 次/秒。生产时定名为 DJS-1 型计算机。

1959 年 10 月 1 日,我国第一台大型通用电子计算机——104 机研制成功,运算速度为 10 000 次/秒,接近当时英国、日本计算机的性能指标。生产时定名为 DJS-2 型计算机。研制 104 机依据的是苏联 BЭCM 大型机的资料。

1960 年 5 月,我国第一台自行设计的通用电子计算机——107 机研制成功并交付中国科学技术大学使用,运算速度为 250 次/秒。

1964 年 4 月,我国第一台自行设计的大型通用电子计算机——119 机研制成功,浮点运算速度为 50 000 次/秒。119 机获得 1964 年全国工业新产品展览一等奖,承担了我国第一颗氢弹研制的计算任务等。

1965 年 4 月,我国第一台自行设计的晶体管计算机 441-B 通过国家鉴定,浮点运算速度为 12 000 次/秒。1965 年末,又研制成功 441-B-Ⅱ型计算机。多台 441-B 系列计算机装备到全国各重点院校和科研院所,是我国 20 世纪 60—70 年代中期的主流应用机型之一。

1967 年 9 月,大型通用晶体管计算机——109 丙研制成功,浮点运算速度为 11.5 万次/秒。这台计算机工作了 15 年,有效工作时间超过 10 万小时,为完成我国第一代核武器的研制和东方红卫星的发射做出了重要贡献,被誉为"功勋计算机"。

1972 年正式交付使用的 111 计算机,采用小规模集成电路,是我国最早研制成功的第三代计算机之一,用于汉字信息处理实验。

1973 年 8 月,我国第一台运算速度达 100 万次/秒的集成电路电子计算机——150 机研制成功,也是第一台配有多道程序和自行设计操作系统的计算机,标志着我国电子计算机技术大大前进了一步。在试运行期间,这台计算机用于完成复杂的工程设计、天气预报、地震资料处理等任务,均取得良好效果。

1975 年,江南计算机技术研究所研制成功 905 乙机,这是我国第一台双处理器大型电子计算机,单处理器速度为 200 万次/秒,双处理器速度为 350 万次/秒。

1977 年底,我国第一台全国产化 16 位大规模集成电路微型计算机 LS-77 研制成功。

1983 年 11 月,中国科学院计算技术研究所等单位联合研制成功我国第一台大型向量机——757 机,由一台向量处理机(主机)和一台外围机组成,16 台主存储体交叉并行工作,向量运算的平均速度为 1000 万次/秒,标量运算平均速度为 280 万次/秒,向量机字长和指令字长均为 64 位。

1983 年 11 月,国防科技大学研制成功我国第一台运算速度为 1 亿次/秒的向量超级计算机"银河-Ⅰ",填补了我国超级计算机的空白,使我国跨进世界研制超级计算机的行列。1992 年 11 月研制成功 10 亿次/秒并行超级计算机"银河-Ⅱ"。1997 年 6 月研制成功"银河-Ⅲ"并行超级计算机,其峰值浮点运算速度达到 130 亿次/秒。

1985 年,电子工业部计算机管理局研制成功与 IBM-PC 兼容的长城 0520CH 微型计算机,并组建了长城计算机公司,批量生产长城 0520CH,这是国产商品化微型计算机的开始。

1993 年 10 月,中国科学院计算技术研究所研制成功曙光一号智能化共享存储多处理机系统(简称"曙光一号")。1995 年 5 月研制成功"曙光 1000",实际运算速度达到 15.8 亿次/秒。1999 年 12 月,曙光 2000 通用超级服务器系统(简称"曙光 2000")研制成功。2004 年 6 月"曙光 4000A"研制成功,其浮点运算速度超过 8.06 万亿次/秒,在 2004 年 6 月公布的国际 500 强超级计算机排行榜中名列第十,这是我国的计算机第一次进入排行榜前十。2008 年 6 月,超级计算机"曙光 5000A"研制成功,其浮点运算峰值速度为 233 万亿次/秒,在 2008 年 11 月公布的世界 500 强超级计算机排行榜中,"曙光 5000A"排名第十。从 1993 年开始,国际上每年分两次公布 500 强超级计算机排行榜。

2010 年 8 月,国防科技大学研制成功"天河一号"超级计算机(二期系统),其峰值运算速度达到 4700 万亿次/秒,在 2010 年 11 月公布的世界 500 强超级计算机排行榜中,"天河一号"名列第一,这是我国的计算机第一次名列第一。

2013 年 5 月,国防科技大学研制成功的"天河二号"超级计算机峰值运算速度达到 5.49

亿亿次/秒,持续运算速度达到 3.39 亿亿次/秒,在 2013 年 6 月至 2015 年 11 月公布的世界
500 强超级计算机排行榜中,"天河二号"连续 6 次名列第一。

　　"天河二号"超级计算机包含 16 000 个运算结点,每结点配备 2 颗 12 核心的 Intel Xeon
E5 CPU、3 个 57 核心的 Intel Xeon Phi 运算协处理器,共计包含 32 000 颗 Xeon E5 主处理
器和 48 000 个 Xeon Phi 协处理器,共 312 万个运算核心。

　　"天河二号"每个结点拥有 64GB 内存,而每个 Xeon Phi 协处理器板载 8GB 内存,每结
点共 88GB 内存,整台计算机的内存总计为 1.408PB(1408 万亿字节)。外存为 12.4PB
(12 400 万亿字节)容量的硬盘阵列。配置的操作系统为具有自主知识产权的国产麒麟操
作系统。

　　"天河二号"由 170 个机柜组成,包括 125 个计算机柜、8 个服务机柜、13 个通信机柜和
24 个存储机柜,占地面积 720m²。每个计算机柜容纳 4 个机架,每个机架容纳 16 块主板,
每个主板设置有两个运算结点。由 280 人历时两年多研制完成,耗资约 1 亿美元。

　　"天河二号"的系统存储总容量相当于 600 亿册、每册 10 万字的图书。假设每人每秒进
行一次运算,"天河二号"运算一小时,相当于 13 亿人同时用计算器算上 1000 年。使用"天
河二号"可以模拟到 5000 年前甚至更远的气候变化;传统手段研发新车一般要经过上百次
碰撞实验,历时两年多才能完成,在利用"天河二号"进行模拟碰撞实验的基础上,只需 3～5
次实车碰撞实验,两个月即可完成。

　　目前,国内运算速度最快的计算机为国家并行计算机工程技术研究中心研制的"神威·
太湖之光"超级计算机,如图 1.14 所示。"神威·太湖之光"安装了 40 960 个我国自主研发
的"申威 26010"众核处理器,峰值运算速度为 12.5 亿亿次/秒,持续运算速度为 9.3 亿亿
次/秒。2016 年 6 月至 2017 年 11 月,"神威·太湖之光"超级计算机连续 4 次名列世界 500
强超级计算机排行榜的榜首。

图 1.14　超级计算机"神威·太湖之光"

　　"神威·太湖之光"超级计算机应用于多个领域并发挥了重要作用。国家计算流体力学
实验室使用"神威·太湖之光"对"天宫一号"空间实验舱返回路径的数值模拟为其顺利返回
提供精确预测;上海药物所使用"神威·太湖之光"开展药物筛选和疾病机理研究,两周便
完成了常规需要 10 个月的计算,大大加速了白血病、癌症、禽流感等方向的药物设计进度。
2016 年 11 月,依托"神威·太湖之光",我国科研人员完成的"全球大气非静力云分辨模拟"
"高分辨率海浪数值模拟""钛合金微结构演化相场模拟"3 项应用成果获得"戈登·贝尔

奖",该奖项是国际高性能计算应用领域的最高奖。

2000年10月,中国科学院计算技术研究所开始进行龙芯系列高性能通用处理器的研制。2002年9月,我国首枚具有自主知识产权的高性能通用CPU芯片"龙芯1号"通过鉴定,最高主频达到266MHz,字长32位,定点和浮点最快运算速度均达到2亿次/秒。

2005年1月,"龙芯2号"通过鉴定,主频达到500MHz,字长64位,支持多媒体指令扩展,定点和双精度浮点运算速度均达到10亿次/秒,单精度浮点运算速度达到20亿次/秒。2006年9月,增强型龙芯2号"龙芯2E"通过鉴定,主频最高达到1GHz,定点运算速度达到20亿次/秒,双精度浮点运算速度达到40亿次/秒,单精度浮点运算速度达到80亿次/秒。

2007年7月,"龙芯2F"流片成功。龙芯2F为龙芯第一款产品芯片。龙芯2F是一款低功耗、低成本、高性能的系统芯片。它采用90纳米工艺,片内集成了龙芯2号CPU核、DDR2内存控制器、PCI/PCIX控制器、Local I/O控制器等,集成晶体管5100万个。2009年9月,4核CPU"龙芯3A"流片成功。2012年10月,8核CPU龙芯3B1500流片成功。

2013年4月,"龙芯1C"芯片流片成功,可应用于指纹生物识别、物联传感等领域。

2014年3月,"龙芯1D"芯片的量产版本(LS1D4)完成流片封装。2014年4月,龙芯公司推出了"龙芯3B"6核桌面解决方案。2015年8月,发布"龙芯3A2000"和"龙芯3B2000"。

2017年4月,龙芯中科技术有限公司(以下简称为龙芯中科)在北京发布四款芯片、两款操作系统平台,其中包括实测主频达到1.5GHz以上的"龙芯3A3000/3B3000"处理器,面向钻井应用的"龙芯1H"耐高温芯片,面向网络安全及移动智能终端领域的双核处理器芯片"龙芯2K1000"。在软件生态方面,龙芯中科发布了面向通用领域的龙芯64位社区版操作系统以及面向嵌入式领域的实时操作系统平台。

2017年10月,龙芯7A1000桥片完成样片功能测试,"龙芯7A1000"是龙芯第一款专用处理器桥片,作为"龙芯3号"系列处理器的配套芯片组,面向桌面和服务器应用领域。

2018年3月,龙芯中科发布"龙芯3A3000+7A"全国产化平台,采用龙芯最新一代4核处理器"龙芯3A3000",搭载龙芯自主研制的高性能桥片7A1000,实现了计算机平台主CPU芯片和桥片的全国产化。

2019年12月,龙芯中科在北京发布自主研制的新一代通用处理器"龙芯3A4000/3B4000"。通过设计优化提升性能,主频达到1.8GHz～2.0GHz。

2021年9月,龙芯中科正式发布"龙芯3A5000"CPU处理器。"龙芯3A5000"CPU是首款采用龙芯自主指令系统"龙架构"(LoongArch)的处理器芯片,其主频为2.3GHz～2.5GHz,包含4个处理器核心。和"龙芯3A4000"CPU相比,"龙芯3A5000"CPU在保持引脚兼容的基础上,性能提升50%以上,功耗降低30%以上。

2023年4月,龙芯中科发布新款高性能服务器CPU"龙芯3D5000",该CPU采用龙芯自主指令系统"龙架构",可满足通用计算、大型数据中心、云计算中心的计算需求。

2023年11月28日,"龙芯3A6000"在北京正式发布。"龙芯3A6000"是我国自主研发、自主可控的新一代通用处理器,是龙芯第四代微架构的首款产品,集成4个最新研发的高性能64位LA664处理器核,采用我国自主设计的指令系统和架构,可运行多种类的跨平台应用,满足多类大型复杂桌面应用场景。"龙芯3A6000"CPU如图1.15所示。

图 1.15　"龙芯 3A6000"CPU

国产 CPU 芯片还有海光、飞腾、鲲鹏、兆芯、申威等品牌,华为公司的网络通信等产品和解决方案已经应用于全球 170 多个国家和地区。国产操作系统有麒麟操作系统、统信 UOS、华为鸿蒙操作系统等。国产数据库管理系统有达梦数据库、金仓数据库、南大通用 GBASE 数据库、OpenBASE 等。国产办公软件有 WPS Office 等。

1.7　小结

计算工具在经历了算筹、算盘、计算尺、机械计算机和机电计算机的漫长历史后,在 20 世纪 40 年代取得里程碑式的突破,1942 年第一台电子计算机 ABC 问世,1946 年第一台通用电子计算机"埃尼阿克"诞生。之后,计算机不断升级换代,晶体管计算机、集成电路计算机、超大规模集成电路计算机,使计算机的性能不断快速提高,"埃尼阿克"的运算速度为 5000 次/秒加法运算。而目前世界上运算速度最快的计算机已超过 170 亿亿次/秒。

与此同时,计算机体系结构、存储器、程序设计语言、操作系统的研发与应用也都取得了巨大成就。微型计算机及互联网的出现及快速普及,极大地拓展了计算机应用的广度和深度,逐渐改变了人们的工作方式与生活方式。

按规模与性能的不同,计算机可以分为超级计算机、大型计算机、微型计算机、工作站、服务器和嵌入式计算机。计算机具有运算速度快、运算精度高、记忆能力强、判断能力好、按存储程序自动运行等特点。计算机的应用范围可以分为科学计算、信息处理、过程控制、计算机辅助系统、人工智能和网络应用等领域。

了解计算机的发展简史,可以帮助我们从计算机发展的历史事件中学习成功的经验、吸取失败的教训,学习科学家勇于创新、勇于探索、辛勤工作、锲而不舍的科学精神,学习业界精英的经营理念和商战谋略,这不仅对于大学期间的学习有益,对于日后的实际工作也是非常有益的。

拓展阅读：计算机专业学生应具备的能力和素质

计算机专业是一个专业类,包括计算机科学与技术、软件工程、网络工程、信息安全、物联网工程、人工智能、数据科学与大数据技术等本科专业。作为计算机专业的学生,通过 4 年的学习,应学习哪些知识,具备什么样的能力和素质,才能成为一名合格的大学毕业生,才能适应继续深造或从事专业工作的需要？专业认证和教学质量标准对此有一些共同要求。

1. 专业认证对学生能力和素质的要求

计算机专业是工科专业，属于工程教育范畴。在国际上，最有影响的工程教育专业认证组织是《华盛顿协议》组织。1989 年，由来自美国、英国、加拿大、爱尔兰、澳大利亚和新西兰 6 个国家的民间工程专业团体签署了《华盛顿协议》(Washington Accord，WA)。该协议是针对本科工程教育(一般为 4 年)进行专业认证的，只要通过其中一个成员的认证，就会得到其他签约成员的认可。2016 年 6 月 2 日，我国成为《华盛顿协议》组织的正式成员。目前《华盛顿协议》组织有 18 个正式成员，除上述几个创始成员外，还包括后来加入的日本、俄罗斯、印度、韩国、新加坡等成员。

《华盛顿协议》组织制定了毕业要求框架，作为其成员制定实质等效毕业要求标准的参照点。各成员应参照《华盛顿协议》组织制定的毕业要求框架制定工程教育认证毕业要求，参与认证专业的毕业要求应覆盖标准毕业要求。2021 年 6 月 21 日颁布了最新的毕业要求框架(第 4 版)。

我国近年来积极推进工程教育专业认证工作，由中国工程教育专业认证协会组织实施。2024 年 11 月公布了最新版的《工程教育专业认证标准(2024 版)》，要求申请认证的专业必须具有公开的、符合学校定位的、适应社会经济发展需要的培养目标，应有明确、公开、可衡量的毕业要求，毕业要求应支撑培养目标的达成。毕业要求应完全覆盖以下内容：

(1) 工程知识。能够将数学、自然科学、计算、工程基础和专业知识用于解决复杂工程问题。

(2) 问题分析。能够应用数学、自然科学和工程科学的基本原理，识别、表达并通过文献研究分析复杂工程问题，综合考虑可持续发展的要求，以获得有效结论。

(3) 设计/开发解决方案。能够针对复杂工程问题设计和开发解决方案，设计满足特定需求的系统、单元(部件)或工艺流程，体现创新性，并从健康、安全与环境、全生命周期成本与净零碳要求、法律与伦理、社会与文化等角度考虑可行性。

(4) 研究。能够基于科学原理并采用科学方法对复杂工程问题进行研究，包括设计实验、分析与解释数据，并通过信息综合得到合理有效的结论。

(5) 使用现代工具。能够针对复杂工程问题，开发、选择与使用恰当的技术、资源、现代工程工具和信息技术工具，包括对复杂工程问题的预测与模拟，并能够理解其局限性。

(6) 工程与可持续发展。在解决复杂工程问题时，能够基于工程相关背景知识，分析和评价工程实践对健康、安全、环境、法律以及经济和社会可持续发展的影响，并理解应承担的责任。

(7) 工程伦理和职业规范。有工程报国、为民造福的意识，具有人文社会科学素养和社会责任感，能够理解和践行工程伦理，在工程实践中遵守工程职业道德、规范和相关法律，履行责任。

(8) 个人与团队。能够在多样化、多学科背景下的团队中承担个体、团队成员以及负责人的角色。

(9) 沟通。能够就复杂工程问题与业界同行及社会公众进行有效沟通和交流，包括撰写报告和设计文稿、陈述发言、清晰表达或回应指令；能够在跨文化背景下进行沟通和交流，理解、尊重语言和文化差异。

（10）项目管理。理解并掌握与工程项目相关的管理原理与经济决策方法,并能够在多学科环境中应用。

（11）终身学习。具有自主学习、终身学习和批判性思维的意识和能力,能够理解广泛的技术变革对工程和社会的影响,适应新技术变革。

这11条毕业要求,前5条主要是专业知识、专业能力方面的要求,后6条主要是与专业相关的综合能力、素质要求。学好专业知识、培养专业能力固然重要,只做到这些还不够,综合考虑对社会与环境的影响、严格遵守职业道德和规范、处理好个人和团队的关系、良好的沟通交流能力、必要的项目管理能力、终身学习意识与能力对于做好专业工作,特别是解决好复杂工程问题至关重要。

2. 教学质量标准对学生能力和素质的要求

为建立健全教育质量保障体系,提高人才培养质量,2018年1月中华人民共和国教育部发布了《普通高等学校本科专业类教学质量国家标准》(以下简称《教学质量国家标准》),这是我国发布的第一个高等教育教学质量国家标准。《教学质量国家标准》明确了包括计算机专业在内的92个本科专业类的培养目标和培养规格等内容。

《教学质量国家标准》对计算机专业培养目标的描述是:本专业培养具有良好的道德与修养,遵守法律法规,具有社会和环境意识,掌握数学与自然科学基础知识以及与计算系统相关的基本理论、基本知识、基本技能和基本方法,具备包括计算思维(computational thinking)在内的科学思维能力和设计计算解决方案、实现基于计算原理的系统的能力,能清晰表达,在团队中有效发挥作用,综合素质良好,能通过继续教育或其他的终身学习途径拓展自己的能力,了解和紧跟学科专业发展,在计算机系统研究、开发、部署与应用等相关领域具有就业竞争力的高素质专门技术人才。

很多高校依据专业认证标准和《教学质量国家标准》设定的学生毕业要求,修改完善了人才培养方案,调整了课程体系,改进了教学方法和考核方式。作为大学生,对照上述要求,要把锤炼品格、学习知识、创新思维、提升综合能力和综合素质作为四年大学生活的主要任务,为日后继续深造学习和从事专业工作打好基础。

习题 1

一、填空题

1. 我国古代数学家祖冲之计算圆周率时用的工具是_____。

2. 我国历史上使用时间最长的计算工具是_____,该工具连同使用方法_____年被联合国教科文组织正式列入人类非物质文化遗产名录。

3. 物理学家帕斯卡和数学家莱布尼茨发明的计算机都属于_____计算机,前者能进行_____运算,后者能进行_____运算。

4. 1822年数学家巴贝奇研制成功的计算机称为_____。

5. 巴贝奇在1833年设计出了_____模型,该模型的创新之处在于它包括了现代计算机所具有的5个基本组成部分。

6. 霍勒瑞斯研制的_____,祖斯研制的_____,艾肯研制的_____和_____都属于_____计算机,所用主要器件是_____。

7. 国际商业机器公司的简称是_____。

8. 世界上第一台电子计算机的主要研制人是_____和_____,这台计算机的名字为_____。

9. 世界上第一台通用电子计算机诞生于_____年,英文名字缩写为_____,翻译成中文为_____,主要研制人是_____、_____、_____和_____。

10. 冯·诺依曼计算机的主要技术要素包括_____、_____和_____。

11. 从第一代到第四代电子计算机使用的主要器件分别为_____、_____、_____和_____。

12. 微型计算机和超级计算机在第_____代计算机时期出现。

13. 计算机的主要发展趋势包括_____、_____、_____和_____。

14. 根据规模与性能的不同,目前常用的计算机可以分为_____、_____、_____、_____和_____。

15. 计算机的主要特点包括_____、_____、_____、_____和_____。

16. 计算机的主要应用领域包括_____、_____、_____、_____和_____。

17. 在探索研制非电子计算机的工作中,近几年得到较快发展的是_____。

18. 我国的计算机事业始于_____年。

19. 我国第一台自行设计的通用电子计算机——107机在_____年研制成。

20. 我国第一台自行设计的大型通用电子计算机——119机在_____年研制成功。

21. 被誉为"功勋计算机"的大型通用晶体管计算机——109丙在_____年研制成功。

22. 我国第一台运算速度为1亿次/秒的向量超级计算机"银河-Ⅰ"在_____年由国防科技大学研制成功,填补了我国超级计算机的空白。

22. 与IBM-PC兼容的国产长城0520CH微型计算机在_____年研制成功。

23. 2010年8月,国防科技大学研制成功"天河一号"超级计算机(二期系统),其峰值运算速度达到4700万亿次/秒,在2010年11月公布的世界500强超级计算机排行榜中,"天河一号"名列第一,这是我国的计算机第_____次名列第一。

24. 2013年5月,国防科技大学研制成功的"天河二号"超级计算机峰值运算速度达到5.49亿亿次/秒,持续运算速度达到3.39亿亿次/秒,在2013年6月至2015年11月公布的世界500强超级计算机排行榜中,"天河二号"连续_____次名列第一。

25. 2016年6月至2017年11月,由我国国家并行计算机工程技术研究中心研制的超级计算机_____连续_____次名列世界500强超级计算机排行榜的榜首,其峰值运算速度为_____。

26. 2023年11月28日,"龙芯3A6000"在北京正式发布。"龙芯3A6000"是我国自主研发、自主可控的新一代通用处理器,是龙芯第_____代微架构的首款产品。

二、简答题

1. 简述ENIAC之前计算工具的发展历程。

2. 对比说明四代计算机各自的特点。

3. 微型计算机是如何发展起来的? 微型计算机的快速发展有什么重要意义?

4. 简要说明第五代计算机的含义,如何评价第五代计算机的研究。

5. 简述计算机的发展趋势与分类。

6. 简述计算机的特点与应用领域。

7. 简述中国计算机的发展历程。

思考题 1

1. 如何理解微型计算机和计算机网络的出现与发展的重要意义?

2. 查阅有关文献或互联网资料,了解量子计算机的基本含义与发展现状。

3. 从互联网上查找算筹、算盘、计算尺、机械计算机、机电计算机及各代次有代表性计算机的图片,了解其样式和基本结构。

4. 如何理解第五代计算机和近几年人工智能发展的关系?

5. 学完本章内容,有什么体会和感想,对今后的学习和职业规划有什么想法?

课外阅读建议

陈意云、王行刚等编著的《计算机发展简史》,赵夬辉著的《激动人心——电脑史话》,李彦编著的《IT 通史:计算机技术发展与计算机企业商战风云》3 本书从作者各自不同的视角介绍了计算机的发展历史。从书的名字就可以看出,《计算机发展简史》叙述严谨、学术味较浓;《激动人心——电脑史话》配合一些故事和大量的图片,文笔生动形象,引人入胜;《IT 通史:计算机技术发展与计算机企业商战风云》对计算机领域各主要公司的经营策略有更为翔实的介绍,信息量大。本章中涉及计算机的诞生、发展及国外公司和科学家的介绍等内容的编写参考了这几本书的内容。

到 2006 年,中国计算机事业已有 50 年的历史,中国计算机学会组织编写的《中国计算机事业创建 50 周年大事》对中国计算机发展历史上的重要事件、机型和人物等有简要介绍,本章的中国计算机发展简史部分的编写参考了这本文集的内容。

由于篇幅的限制,本章中各部分内容只是做了非常简要和概括的介绍,有兴趣的读者可以阅读上述文献。

第 2 章 计算机中的数据表示

计算机的功能就是进行数据处理(信息处理),目前的计算机,不仅能处理数值型数据,还能处理非数值型数据,包括英文字符、汉字、图像、音频和视频等多种媒体数据。数据在计算机中的表示与存储是数据处理的基础。我们知道,所有数据在计算机内部都是以二进制形式存储的,那么,现实中丰富多彩的多种媒体数据是如何转换成计算机中的二进制数据呢? 本章对此进行介绍。

2.1 计算机中的进制

2.1.1 进位记数制

按进位的原则进行记数称为进位记数制,简称进制或数制。日常生活中,人们习惯于用十进制进行记数。但在计算机内部,为了便于数据的表示和计算,采用二进制记数方法。二进制数在计算机中易于表示(只有 0 和 1 两种形式)、存储和计算,但二进制数的一个缺点是表示一个数需要的二进制位数较多,给人们的阅读、书写、记忆等带来不便。例如,十进制数$(2695)_{10}$,用二进制数表示则需要 12 位二进制数字$(101010000111)_2$。为了便于人们阅读和书写,在编写程序时,经常使用十进制数,有时也用八进制数和十六进制数。

不同进制有不同的基数和位权。

1. 基数

每种进制中数码的个数称为该进制的基数。例如,二进制中只有两个数码(0 和 1),其基数为 2,计算时逢 2 进 1;十进制中有 10 个数码(0~9),其基数为 10,计算时逢 10 进 1。

2. 位权

在每种进制中,一个数码所处位置的不同,代表的数值大小也不同,称为具有不同的位权。例如,十进制数 9999,最左边的 9 代表 9000,最右边的 9 代表 9 个 1。也就是说,该十进制数从右向左的位权依次是个(10^0)、十(10^1)、百(10^2)、千(10^3)。

在编写程序时,根据需要可以用二进制、十进制、八进制或十六进制来表示数据,但在计算机内部,只能以二进制形式表示和存储数据(包括程序代码也只能用二进制表示)。所以计算机在运行程序时,需要先把其他进制数据转换成二进制数据再进行处理,处理结果(二进制形式)在输出时再转换成其他进制,以方便用户阅读和使用。表 2.1 给出了常用进制的基数和所需的数码,表 2.2 给出了常用进制的表示方法。从表 2.2 可以看出,十进制的 13 和二进制的 1101、八进制的 15、十六进制的 D 是等价的。

表 2.1　常用进制的基数和所需的数码

进　　制	基　　数	数　　码
二进制	2	0 1
八进制	8	0 1 2 3 4 5 6 7
十进制	10	0 1 2 3 4 5 6 7 8 9
十六进制	16	0 1 2 3 4 5 6 7 8 9 A B C D E F

注：由于只有 10 个数字符号(0~9)，而十六进制需要 16 个数码，所以除 0~9 外，再选用 A~F(也可以写为小写形式 a~f)作为十六进制的数码。

表 2.2　常用进制的表示方法

十进制数	二进制数	八进制数	十六进制数
0	0	0	0
1	1	1	1
2	10	2	2
3	11	3	3
4	100	4	4
5	101	5	5
6	110	6	6
7	111	7	7
8	1000	10	8
9	1001	11	9
10	1010	12	A
11	1011	13	B
12	1100	14	C
13	1101	15	D
14	1110	16	E
15	1111	17	F
16	10000	20	10

2.1.2　不同进制数据的区分

为了便于区分各种进制的数据，常采用后缀或前缀法、角标法书写数据。

1. 后缀或前缀法

在数据后面或前面加写相应的英文字母作为标识，这种方式便于计算机识别。

B(binary)表示二进制数，二进制数的 101 可写成 101B。

O(octonary)表示八进制数，八进制数的 101 可写成 101O 或 101Q(由于字母 O 与数字 0 容易混淆，常用 Q 代替 O)。

D(decimal)表示十进制数，十进制数的 101 可写成 101D(D 可省略)。

H(hexadecimal)表示十六进制数，十六进制数 101 可写成 101H。

2. 角标法

用小括号把数据括起来，在括号外面加数字角标，这种方式便于人工阅读。

$(101)_2$ 表示二进制数的 101。

$(101)_8$ 表示八进制数的 101。

$(101)_{10}$ 表示十进制数的 101，十进制数可省略下标。

$(101)_{16}$ 表示十六进制数的 101。

2.2 不同进制数据的相互转换

不同进制的数据可以按一定规则进行相互转换。

2.2.1 二进制数与十进制数的相互转换

1. 二进制数转换成十进制数

二进制数转换成十进制数,按位权展开相加即可。

【例 2.1】 把二进制数 $(1101101.10111)_2$ 转换成十进制数。

$$
\begin{aligned}
(1101101.10111)_2 &= 1\times2^0+0\times2^1+1\times2^2+1\times2^3+0\times2^4+1\times2^5+1\times2^6+ \\
&\quad 1\times2^{-1}+0\times2^{-2}+1\times2^{-3}+1\times2^{-4}+1\times2^{-5} \\
&= 1+4+8+32+64+0.5+0.125+0.0625+0.03125 \\
&= (109.71875)_{10}
\end{aligned}
$$

2. 十进制数转换成二进制数

十进制数转换成二进制数时对整数部分和小数部分分别转换,整数部分采用除 2 取余法,直至商为 0 为止;小数部分采用乘 2 取整法,满足精度要求为止。

【例 2.2】 把十进制数 $(78.69)_{10}$ 转换成二进制数,小数部分保留 4 位。

先采用除 2 取余法把 78 转换为二进制数,算式如图 2.1 所示,结果为 1001110;再采用乘 2 取整法把 0.69 转换为二进制数,算式如图 2.2 所示,结果的近似值为 0.1011。得到转换结果为 $(78.69)_{10}\approx(1001110.1011)_2$。

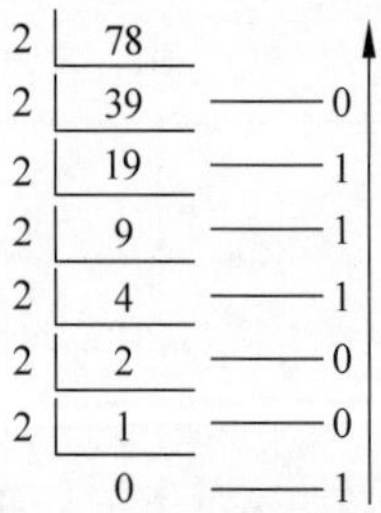

图 2.1 除 2 取余 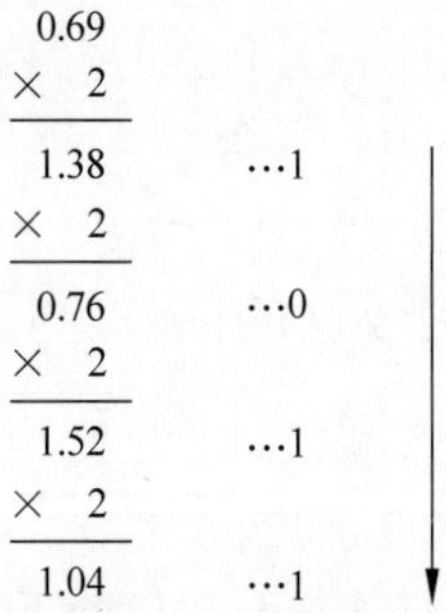   图 2.2 乘 2 取整

说明:① 用除 2 取余法对十进制整数进行转换时,先得到二进制数的低位,后得到高位;用乘 2 取整法对十进制小数进行转换时,先得到二进制数的高位,后得到低位。

② 一般来说,把一个带小数的十进制数转换为二进制数时,都是得到近似值,即一个实数在计算机内部存储的是二进制形式的近似值,所以当有实数参与运算时,结果也可能是一个近似值。

2.2.2 二进制数与十六进制数的相互转换

1. 二进制数转换成十六进制数

(1) 计算方式:先采用按位权展开相加的方法把二进制数转换为十进制数,再采用除

16 取余、乘 16 取整的方法把十进制数转换为十六进制数。

【例 2.3】 把二进制数 $(1101101.10111)_2$ 转换十六进制数。

从例 2.1 可知,二进制数 $(1101101.10111)_2$ 对应的十进制数是 $(109.71875)_{10}$。

把 109.71875 转换为十六进制数时,整数部分和小数部分分别转换。把 109 转换为十六进制数时采用除 16 取余法,算式如图 2.3 所示,结果为 $(109)_{10} = (6D)_{16}$;把 0.71875 转换为十六进制数时采用乘 16 取整法,算式如图 2.4 所示,结果为 $(0.71875)_{10} = (0.B8)_{16}$。

合并后的转换结果为 $(109.71875)_{10} = (6D.B8)_{16}$。

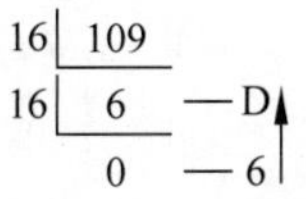

图 2.3　除 16 取余 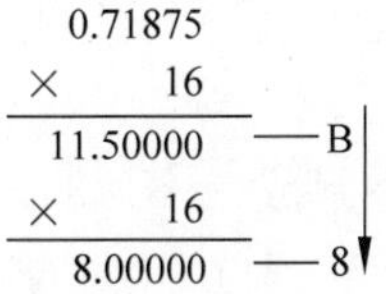　　　　图 2.4　乘 16 取整

(2) 分组方式:二进制数转换成十六进制数时,以小数点为界,分别向左、向右分成 4 位一组,不够 4 位补 0,分完组后,每组转换为一个十六进制数。

【例 2.4】 把二进制数 $(1101101.10111)_2$ 转换成十六进制数。

$$(1101101.10111)_2 = (\underline{0110}\ \underline{1101}.\underline{1011}\ \underline{1000})_2$$
$$= (6D.B8)_{16}$$

2. 十六进制数转换成二进制数

(1) 计算方式:先采用按位权展开相加的方法将十六进制数转换成十进制数,再采用除 2 取余、乘 2 取整的方法将十进制数转换为二进制数。

【例 2.5】 把十六进制数 $(3AC.1E)_{16}$ 转换成二进制数。

由于 $(3AC.1E)_{16} = 12 \times 16^0 + 10 \times 16^1 + 3 \times 16^2 + 1 \times 16^{-1} + 14 \times 16^{-2}$
$$= 12 + 160 + 768 + 0.625 + 0.0546875$$
$$= (940.6796875)_{10}$$

再采用除 2 取余、乘 2 取整法把 $(940.6796875)_{10}$ 转换为二进制数,得到的结果为 $(1110101100.0001111)_2$。

(2) 分组方式:把十六进制数转换成二进制数时,每一个十六进制位展开成 4 个二进制位即可。

【例 2.6】 把十六进制数 $(3AC.1E)_{16}$ 转换成二进制数。

$$(3AC.1E)_{16} = (\underline{0011}\ \underline{1010}\ \underline{1100}.\underline{0001}\ \underline{1110})_2$$
$$= (1110101100.0001111)_2$$

说明:在进行进制转换时,计算方式比较适合编写程序实现,分组方式比较适合手工完成。

2.2.3　二进制数与八进制数的相互转换

1. 二进制数转换成八进制数

(1) 计算方式:先采用按位权展开的方法把二进制数转换为十进制数,再采用除 8 取余、乘 8 取整的方法把十进制数转换为八进制数,类似于把二进制数转换为十六进制数。

(2) 分组方式:把二进制数转换成八进制数时,以小数点为界,分别向左、向右分成 3 位一组,不够 3 位补 0,分完组后,每组转换为一个八进制数。

【例 2.7】 把二进制数 $(1011001.10111)_2$ 转换成八进制数。

$$(1011001.10111)_2 = (\underline{001}\ \underline{011}\ \underline{001}.\underline{101}\ \underline{110})_2$$
$$= (131.56)_8$$

2. 八进制数转换成二进制数

(1) 计算方式:先采用按位权展开相加的方法将八进制数转换成十进制数,再采用除 2 取余、乘 2 取整的方法将十进制数转换为二进制数,类似于把十六进制数转换为二进制数。

(2) 分组方式:八进制数转换成二进制数时,每一个八进制位展开成 3 个二进制位即可。

【例 2.8】 把八进制数 $(276.15)_8$ 转换成二进制数。

$$(276.15)_8 = (\underline{010}\ \underline{111}\ \underline{110}.\underline{001}\ \underline{101})_2$$
$$= (10111110.001101)_2$$

2.3 数值型数据的表示

对于无符号的整型数据,无论用何种进制书写,都可以按一定规则转换成二进制数存储在计算机内。任何符号在计算机内部也只能以二进制形式表示,包括带符号数中的正、负号及小数中的小数点都以二进制形式表示。在计算机内部将数值型数据(真值)全面、完整地表示成一个二进制数(机器数),需要考虑 4 个因素:机器数的符号、机器数的编码、机器数的表示范围和机器数中小数点的位置。

3.3.1 机器数的符号

在计算机内部,任何数据(符号)都只能用二进制的两个数码 0 和 1 表示。带符号数的表示也是如此,除了用 0 和 1 组成的数字串来表示数值的绝对值大小外,其正负号也必须用 0 和 1 表示。通常规定最高位为符号位,并用 0 表示正,用 1 表示负。在一个字长为 16 位的计算机中,数据的表示如图 2.5 所示。

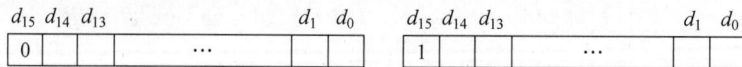

图 2.5 带符号数据的表示

最高位 d_{15} 为符号位,$d_{14} \sim d_0$ 为数值位。这种把符号数字化,并和数值位一起编码的方法,有效地解决了带符号数的表示及计算问题。

2.3.2 机器数的编码

在确定了最高位用于表示机器数的符号之后,机器数通常有原码、反码和补码 3 种不同的具体表示形式。

【例 2.9】 分别给出十进制数 $+56$ 和 -56 的原码、反码和补码,假定字长为 16 位。

通过除 2 取余运算,得到无符号十进制数 56 的二进制形式为 111000。

$+56$ 的原码表示为 0000000000111000(正数的原码最高位为 0,数值位补足 15 位)。

-56 的原码表示为 1000000000111000(负数的原码最高位为 1,数值位补足 15 位)。

　　+56 的反码表示为 0000000000111000(正数的反码与其原码相同)。

　　-56 的反码表示为 1111111111000111(负数的反码,在其原码的基础上,符号位不变,数值位按位取反)。

　　+56 的补码表示为 0000000000111000(正数的补码与其原码相同)。

　　-56 的补码表示为 1111111111001000(负数的补码,在其反码的末位加 1)。

　　在计算机内部,一般用补码表示带符号数,这样可以把减法运算转换为加法运算。

　　【例 2.10】　计算 $x=86-25$ 的值。

　　$x=86-25$ 可以转换为 $(x)_{补码}=(+86)_{补码}+(-25)_{补码}$ 进行计算,计算过程如下(假定字长为 8 位):

　　86 的二进制形式为 1010110,+86 的补码表示为 $(+86)_{补码}=01010110$;

　　25 的二进制形式为 11001,-25 的原码表示为 10011001,补码表示为 $(-25)_{补码}=11100111$;

　　$(x)_{补码}=01010110+11100111=00111101$,由于最高位为 0,所以 $(x)_{原码}=00111101$,其对应的十进制真值为 61,即 $x=61$,计算结果正确。

　　【例 2.11】　计算 $y=32-57$ 的值。

　　$y=32-57$ 可以转换为 $(y)_{补码}=(+32)_{补码}+(-57)_{补码}$ 进行计算,计算过程如下(假定字长为 8 位):

　　32 的二进制形式为 100000,其补码表示为 $(+32)_{补码}=00100000$;

　　57 的二进制形式为 111001,-57 的原码表示为 10111001、补码表示为 $(-57)_{补码}=11000111$;

　　$(y)_{补码}=00100000+11000111=11100111$,由于最高位为 1,所以 $(y)_{原码}=10011001$(先对补码减 1,再对数值位按位取反),其对应的十进制真值为 -25,即 $y=-25$,计算结果正确。

　　从以上示例可以看出,用补码表示带符号数,可以把减法运算转换为加法运算。我们知道,乘法运算可以转换为加法运算,除法运算可以转换为减法运算,这样 CPU 中只用一个加法器即可完成加、减、乘、除四则运算,即补码表示可以简化计算机的 CPU 设计。

2.3.3　机器数的表示范围

　　机器数的表示范围由计算机的字长决定,即由 CPU 中的寄存器决定。如果使用的是 16 位的寄存器,则字长为 16 位,一个无符号整数的最小值是 $(0000000000000000)_2=(0)_{10}$、最大值是 $(1111111111111111)_2=(65535)_{10}$,机器数的范围为 0~65535。也就是说,对于一个 16 位的寄存器,只能表示 0~65535 的无符号整数。对于带符号整数,16 位寄存器的表示范围是 -32768~+32767。现在用的微型计算机一般是 64 位字长,其无符号整数的表示范围是 $0\sim2^{64}-1$,带符号整数的表示范围是 $-2^{63}\sim+2^{63}-1$。对于一般的应用场景足够了。

2.3.4　机器数中小数点的位置

　　在计算机内部表示小数点比较困难,设计者把小数点的位置用隐含的方式表示。隐含的小数点位置可以是固定的,也可以是变动的,前者称为定点数,后者称为浮点数。

　　1. 定点数

　　在定点数中,小数点的位置一旦确定,就不再改变。定点数又分为定点整数和定点小数。

小数点的位置约定在最低位的右边,用来表示定点整数。小数点的位置约定在符号位(最高位)之后,用来表示小于 1 的定点小数。

【例 2.12】 假定计算机的字长为 16 位,用定点整数表示十进制数 387。

由于 387 的二进制形式为 $(110000011)_2$,所以其在计算机内部的表示形式如图 2.6 所示。

0	0	0	0	0	0	0	1	1	0	0	0	0	0	1	1

符号位   数值部分   小数点位置

图 2.6 计算机内部的定点整数

【例 2.13】 假定计算机的字长为 16 位,用定点小数表示 0.625。

由于 0.625 的二进制形式为 $(0.101)_2$,其在计算机内部的表示形式如图 2.7 所示。

0	1	0	1	0	0	0	0	0	0	0	0	0	0	0	0

符号位 小数点位置   数值部分

图 2.7 计算机内部的定点小数

2. 浮点数

如果要处理、存储的数据包括整数和小数,则难以用定点数表示。对此设计人员设计了浮点数的表示方式,即小数点位置不固定,是浮动的。

将十进制数 758.2、−75.82、0.075 82、−0.007 582 用指数形式表示,它们分别可以表示为 0.7582×10^3、-0.7582×10^2、0.7582×10^{-1}、-0.7582×10^{-2}。

可以看出,在原数据中无论小数点前后各有几位数,它们都可以用一个纯小数(称为尾数,有正负之分)与 10 的整数次幂(称为阶码,也有正负之分)的乘积形式来表示,这就是浮点数表示法。

同理,一个二进制数 N 也可以表示为 $N = \pm S \times 2^{\pm P}$ 的形式。

其中的 N、P、S 均为二进制数。S 称为 N 的尾数,即全部的有效数字(数值小于 1 的纯小数),S 前面的 $\pm$ 是尾数的符号;P 称为 N 的阶码(通常是整数),即指明小数点的实际位置,P 前面的 $\pm$ 是阶码的符号。

阶符	阶码P	尾符	尾数S

图 2.8 浮点数的表示形式

在计算机中,浮点数的表示形式如图 2.8 所示。

在浮点数表示中,尾数的符号和阶码的符号各占一位,阶码是定点整数,阶码的位数决定了所表示的浮点数的范围,尾数是定点小数,尾数的位数决定了浮点数的精度。阶码和尾数都可以用补码表示。在字长有限的情况下,浮点数表示方法能扩大数的表示范围。

【例 2.14】 如果计算机的字长为 8 位,一个字长内,如果用定点整数形式,带符号数的表示范围为 −128～+127(十进制数)。如果用浮点数形式,可以表示十进制数的 +1537 甚至更大的数。+1537 写成浮点数形式如下:

$$+1537 = (11000000001)_2 \approx 0.11 \times 2^{1011}$$

用一个 8 位字长表示,阶码数值位为 1011,符号位为 0,共 5 位;尾数为 11,符号位为 0,

共 3 位。合起来就是 01011011B。

说明：①由于字长的限制，尾数的数值位只有 2 位，所以原本的尾数 0.11000000001，只能表示成 0.11，所以 01011011B 是十进制数＋1537 的近似表示。浮点数表示方法能扩大数的表示范围，但精度有所损失。合理确定尾数和阶码分别所占位数，既能扩大数的表示范围，又能保证一定的精度。②从上面的介绍可以看出，整数表示和浮点数表示在计算机内部的存储格式是不一样的，所以在程序设计语言里一般都要求，不同类型的数据是不能直接运算的，需要先转换为同一类型，再进行计算。

2.4 字符型数据的编码表示

计算机不仅能处理数值型数据，还能处理字符型数据，如英文字母、标点符号等。对于数值型数据，可以按照一定的转换规则转换成二进制数在计算机内部表示，但对于字符型数据，没有相应的转换规则可以使用。人们可以设计每个字符对应的二进制编码形式，但设计方案要科学、合理，才能得到业界广泛的认可和使用。当输入一个字符时，系统自动将输入的字符按规定的编码方式转换为相应的二进制形式存入计算机的存储单元中。在输出过程中，再由系统自动将二进制编码数据转换成用户可以识别的数据格式输出。

常用的字符型数据编码方式主要有 ASCII 码、EBCDIC 码等，前者主要用于微型计算机，后者主要用于超级计算机和大型计算机。

2.4.1　ASCII 码

目前微型计算机中使用最广泛的字符编码是 ASCII 码，即美国信息交换标准代码（American standard code for information interchange，ASCII）。ASCII 码包括 32 个通用控制字符（最左边两列）、10 个十进制数码、52 个英文大小写字母和 34 个专用符号（标点符号等），共 128 个符号，故需要用 7 位二进制数进行编码。通常使用一个字节（8 个二进制位）表示一个字符的 ASCII 码，规定其最高位总是 0，后 7 位为实际的 ASCII 码。ASCII 码编码表如表 2.3 所示。

表 2.3　ASCII 码编码表

$b_4b_3b_2b_1$	$b_7b_6b_5$							
	000	001	010	011	100	101	110	111
0000	NUL	DLE	SPACE	0	@	P	`	p
0001	SOH	DC1	!	1	A	Q	a	q
0010	STX	DC2	' '	2	B	R	b	r
0011	ETX	DC3	#	3	C	S	c	s
0100	EOT	DC4	$	4	D	T	d	t
0101	ENO	NAK	%	5	E	U	e	u
0110	ACK	SYN	&	6	F	V	f	v
0111	BEL	ETB	'	7	G	W	g	w
1000	BS	CAN	(	8	H	X	h	x
1001	HT	EM	)	9	I	Y	i	y

$b_4b_3b_2b_1$	$b_7b_6b_5$							
	000	**001**	**010**	**011**	**100**	**101**	**110**	**111**
1010	LF	SUB	*	:	J	Z	j	z
1011	VT	ESC	+	;	K	[	k	{
1100	FF	FS	,	<	L	\	l	|
1101	CR	GS	-	=	M	}	m	]
1110	SO	RS	.	>	N	↑	n	~
1111	SI	US	/	?	O	←	o	DEL

【例 2.15】 给出英文单词 Computer 的 ASCII 编码。

查看表 2.3 可知,Computer 中各字符的二进制形式的 ASCII 码分别为 01000011、01101111、01101101、01110000、01110101、01110100、01100101、01110010,写成十六进制形式为 43 6F 6D 70 75 74 65 72,存储在计算机中占用 8 字节单元,即 1 个字符占用 1 字节单元。

2.4.2 EBCDIC 码

EBCDIC(extended binary coded decimal interchange code)码是对 BCD 码的扩展,称为扩展 BCD 码。BCD(binary-coded decimal)码又称“二-十进制编码”,用二进制编码形式表示十进制数。BCD 码的编码方法很多,有 8421 码、2421 码和 5211 码等。最常用的是 8421 码,其方法是用 4 位二进制数表示一位十进制数,自左至右每一位对应的位权分别是 8、4、2、1。4 位二进制数有 0000～1111 共 16 种状态,而十进制数只有 0～9 共 10 个数码,BCD 码只用 10 种状态:0000～1001。8421 码如表 2.4 所示。由于 BCD 码中的 8421 码应用最广泛,所以一般说 BCD 码就是指 8421 码。

表 2.4 8421 码

十进制数	8421 码	十进制数	8421 码
0	0000	8	1000
1	0001	9	1001
2	0010	10	0001 0000
3	0011	11	0001 0001
4	0100	12	0001 0010
5	0101	13	0001 0011
6	0110	14	0001 0100
7	0111	15	0001 0101

【例 2.16】 写出十进制数 7852 的 8421 BCD 码。

十进制数 7852 的 8421 BCD 码为 0111100001010010B,实际存储时可以占用 4 字节,每字节的高 4 位补成 0000,低 4 位存储一位十进制数的 BCD 码,7852 对应的 4 字节 BCD 码值为 00000111 00001000 00000101 00000010,即一位十进制数字占用一字节,称为非压缩 BCD 码;也可以用 2 字节存储,7852 对应的 2 字节 BCD 码值为 01111000 01010010,即两位十进制数字占用一字节,称为压缩 BCD 码。

IBM 公司于 1963—1964 年推出了 EBCDIC 码,除了原有的 10 个数字之外,又增加了一些特殊符号、大小写英文字母和某些控制字符的表示。因此,EBCDIC 码也是一种字符编码,如表 2.5 所示,主要用于超级计算机和大型计算机。

表 2.5　EBCDIC 码

高位	低位															
	0000	0001	0010	0011	0100	0101	0110	0111	1000	1001	1010	1011	1100	1101	1110	1111
0000	NUL	SCH	STX	ETX	PF	HT	LC	DEL		RLF	SMM	VT	FF	CR	SR	SI
0001	DLE	DC1	DC2	TM	RES	NL	BS	IL	CAN	EM	CC	CU1	IFS	IGS	IRS	IUS
0010	DS	SOS	FS		BYP	LF	ETB	ESC			SM	CU2		ENQ	ACK	BEL
0011			SYN		PN	RS	UC	EQT				GU3	DC4	NAK		SUB
0100	SP										[	。	<	(	+	!
0101	&										]	$	*	)	;	~
0110	-	/									|	,	%	_	>	?
0111	_										:	#	@	'	=	"
1000		a	b	c	d	e	f	g	h	i						
1001		j	k	l	m	n	o	p	q	r						
1010		~	s	t	u	v	w	x	y	z						
1011																
1100	{	A	B	C	D	E	F	G	H	I						
1101	}	J	K	L	M	N	O	P	Q	R						
1110	\		S	T	U	V	W	X	Y	Z						
1111	0	1	2	3	4	5	6	7	8	9						

2.5　汉字的编码表示

汉字与英文字母类似,也没有可用的转换规则直接转换成二进制形式,也需要设计每个汉字对应的二进制编码,用于汉字在计算机中的表示与存储。汉字有一些与英文字母不同的特点,常用汉字的个数比较多,不能直接对应到键盘上(一个英文字母对应一个按键),所以还要设计汉字的输入编码,即每个汉字通过哪几个按键输入。输出汉字时,还需要汉字的字形码。即对于汉字来说,要设计用于输入汉字的输入码,用于存储汉字的机内码和用于输出汉字的字形码。

2.5.1　汉字输入码

在用计算机处理汉字时,首先遇到的问题是如何输入汉字。汉字输入码是指从键盘输入汉字时采用的编码,又称为外码,主要有数字码、拼音码和形码等。

(1) 数字码。常用的数字码是国标区位码,用数字串代表一个汉字的输入码。区位码是将国家标准局公布的 6763 个常用汉字分为 94 个区,每个区再分为 94 位,实际上是把汉字和一些特殊符号组织在一个 94 行 94 列的矩阵中,每一行称为一个区,每一列称为一个位,共有 94 个区(区号为 01~94),每个区内有 94 个位(位号也为 01~94)。一个汉字所在的区号和位号组合在一起就构成了该汉字的区位码(4 位十进制数字)。例如,"机"字位于第 27 区 90 位,区位码为 2790。

(2) 拼音码。拼音码是以汉语拼音为基础的输入码,如搜狗拼音输入法、微软拼音输入法和 QQ 拼音输入法等。

（3）形码。形码是根据汉字的形状形成的输入码。汉字个数虽多,但组成汉字的基本笔画和基本结构并不多。因此,把汉字拆分成基本笔画和基本结构,按笔画或基本结构的顺序依次输入,就能表示一个汉字。五笔字型编码是最有影响的一种形码方法。

数字码的优点是每个汉字都有一个唯一的数字编码,不足是记忆量太大,一般人很难掌握。拼音码易于学习和掌握,凡熟悉汉语拼音的人,不需训练和记忆即可使用,但由于重码率高(好多字的拼音相同),难以实现盲打,导致打字速度不容易提高。形码的拆字规则(把一个字拆成基本笔画或基本结构,再对应到键盘的按键上)较复杂,学习起来较为困难,但其重码率很低,一旦学会并熟练掌握,能够实现盲打,因而有比较快的输入速度。专业打字人员使用形码(五笔字型)比较多,一般人使用拼音码比较多。

为了提高汉字输入速度,在上述方法的基础上,发展了词组输入、联想输入等多种快速输入方法。另外的输入方式是利用语音或图像识别技术实现语音输入和扫描输入,自动将文字输入计算机中。键盘输入、语音输入和扫描输入各有其特点及适用场景。

2.5.2　汉字机内码

汉字机内码是指计算机内部存储和处理汉字时所用的编码,要求它与 ASCII 码兼容但又不能相同,以便实现汉字与英文的混合存储与处理。输入码经过键盘被计算机接收后就由有汉字处理功能的操作系统的"输入码转换模块"转换为机内码。机内码主要有国标码、Unicode 编码等。

1. 国标码

1980 年我国公布了《信息交换用汉字编码字符集·基本集》(GB 2312—1980),简称国标码,规定每个汉字编码由 2 字节构成,定义了 6763 个常用汉字和 682 个图形符号。

为了进一步满足信息处理的需要,在国标码的基础上,2000 年 3 月我国又推出了《信息技术信息交换用汉字编码字符集基本集的扩充》(新国家标准 GB 18030—2000),共收录了27 533 个汉字。GB 18030—2000 采用变长多字节编码,每个汉字编码可以由 2 或 4 字节组成,完全支持 Unicode 编码,对 GB 2312—1980 完全向后兼容。

2005 年发布的 GB 18030—2005《信息技术中文编码字符集》以汉字为主并包含多种我国少数民族文字,收入汉字 70 244 个,相对于 GB 18030—2000,增加了 4 万多个汉字。2022 年发布的 GB 18030—2022《信息技术中文编码字符集》收入汉字 87 887 个,又增加了 1.7 万多个汉字。

通常将国标码的每个字节的最高位置 1 作为汉字的机内码,国标码由 2 或 4 字节表示一个汉字。由于英文符号的 ASCII 码的最高位为 0,而汉字符号的机内码的每个字节的最高位都为 1,易于区分出某个字节数据表示的是一个英文字符,还是汉字字符的组成部分。

2. Unicode 编码

随着互联网的快速发展,需要满足跨语言、跨平台进行文本转换和处理的要求,还要与ASCII 码兼容,因此在 1994 年由统一码联盟发布了 Unicode 1.0,到 2022 年的最新版本是Unicode 15.0。Unicode(统一码、万国码、单一码)试图为全世界每种语言中的每个字符设定统一并且唯一的二进制编码。Unicode 编码的优点是包括了世界上所有语言的字符,但也有其不足。我们知道,英文字母只用 1 字节表示就够了,但如果用定长方式表示,每个符号的 Unicode 编码需要用 4 字节表示,那么每个英文字母的 4 字节编码中的 3 字节都是 0,这对于存储空间来说是很大的浪费,文本文件的大小会因此大出两三倍。

Unicode 编码在很长一段时间内无法推广,直到互联网的出现。为解决 Unicode 编码字符如何在网络上传输的问题,于是面向网络传输的多种通用字符集传输格式(UCS transfer format,UTF)标准出现了,UCS 是 universal character set(通用字符集)的缩写形式。UTF-8 是在互联网上使用最为广泛的一种 Unicode 编码的实现方式,它每次可以传输 8 个数据位。变长编码方式是 UTF-8 的最大特点,它使用 1~4 字节表示一个符号,根据不同的符号而变化字节长度。当字符在 ASCII 码的范围时,就用 1 字节表示,保留了 ASCII 字符 1 字节的编码作为它的一部分。UTF-8 的一个中文字符占用 3 字节。从 Unicode 到 UTF-8 并不是直接对应的,要经过一些算法和规则的转换。

2.5.3　汉字字形码

汉字字形码又称汉字字模,是指汉字信息的输出编码,用于汉字的显示或打印机输出。汉字字形码有两种主要表示方式:点阵方式和矢量方式。汉字在计算机内部是以机内码的形式存储和处理的,当需要显示或打印这些汉字时,必须通过字形码将其转换为人们能看懂且能表示为各种字形字体的图形格式,然后通过输出设备输出。

1. 点阵字形码

不论一个字的笔画多少,都可以用一组点阵表示。每个点对应二进制的一位,由 0 和 1 表示不同状态,如黑白颜色等。一种字形码的全部汉字编码就构成字模库,简称字库。根据输出字符要求的不同,每个字符点阵中点的个数也不同。点阵越大,点数越多,输出的字形也就越清晰美观,占用的存储空间也就越大。汉字字型有 16×16、24×24、32×32、48×48、128×128 点阵等,不同字体的汉字需要不同的字库。点阵字库存储在文字发生器或字模存储器中。字模点阵的信息量是很大的,所占存储空间也很大。以早期显示用的 16×16 点阵为例,每个汉字的字形编码要占用 32 字节。打印一般用 24×24 点阵形式,每个汉字就要占用 72 字节。对于 128×128 点阵形式,每个汉字就要占用 2048 字节,将导致整个字库占用大量的存储空间。图 2.9 所示是汉字"英"的点阵及对应编码。

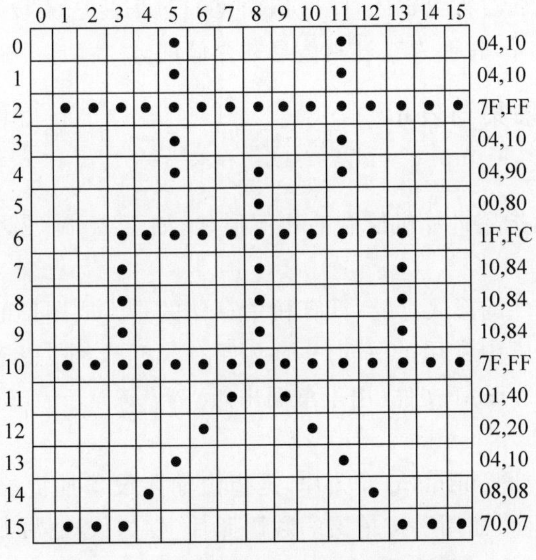

图 2.9　汉字"英"的点阵及对应编码

2. 矢量字形码

对于矢量方式的字形码,在计算机内存储的是一种用数学函数描述的曲线字库,采用了几何学中二次曲线及直线来描述字体的外形轮廓,含有字形构造、颜色填充、数字描述函数、流程条件控制、栅格处理控制、附加提示控制等指令。当要输出汉字时,通过计算机的计算,由汉字字形描述生成所需大小和形状的汉字。由于是用指令对字形进行描述,与分辨率无关,均以设备的分辨率输出,既可以屏幕显示,又可以打印输出,字符缩放时总是光滑的,不会有锯齿出现,因此可产生高质量的汉字输出。

(a) 点阵汉字　(b) 矢量汉字

图 2.10　点阵汉字与矢量汉字对比

点阵方式和矢量方式各有特点。前者编码、存储方式简单,无须转换直接输出,字号变大后显示或打印效果变差,出现锯齿笔画甚至模糊不清;后者输出时需要进行转换,输出过程复杂一些,但字号变大后不会降低显示或打印质量。点阵汉字和矢量汉字放大后的输出效果对比如图 2.10 所示。

汉字通常通过输入码输入计算机内,再由汉字系统的输入管理模块通过查表或计算,将输入码(外码)转换成机内码存入计算机存储器中,对汉字的处理也是以机内码形式进行的。当存储在计算机内的汉字需要在屏幕上显示或在打印机上输出时,要借助汉字机内码在字模库中找出对应的字形码,在输出设备上将该汉字的图形信息显示或打印出来。

2.6　图像与声音数据的采集与表示

计算机能够存储和处理的信息,除了前面介绍的数值和文本(英文字符、汉字等)外,还有图形、图像、音频、视频、动画等多媒体信息,而且随着计算机技术、网络技术的快速发展和应用的普及,生动形象、深受人们喜欢的音、视频信息越来越多。

图像和声音都不能通过键盘输入计算机,而是通过信息采集设备(数码相机、带摄像头的手机、录音笔、扫描仪等)转换为二进制信息并存储的。

2.6.1　图像数据的采集与表示

1. 图形

图形(graphic)一般指用计算机绘制的几何形状,如直线、圆、圆弧、矩形、任意曲线和图表等,也称矢量图。

图形以矢量图形文件的形式存储,计算机中存储的是生成图形的指令,所以一般不需对矢量图进行编码。计算机中常用的矢量图形文件有 .3ds 文件(用于三维造型)、.dxf 文件(用于计算机辅助设计)、.wmf 文件(用于桌面出版)等。

2. 图像

图像(image)又称位图(bitmap)或图片,是指由输入设备捕捉的实际场景画面,或以数字化形式存储的任意画面,如用手机拍摄的数码照片、扫描仪扫描的图片等。手机摄像头或扫描仪把图像点阵化,每个点称为像素(pixel)。类似于汉字的点阵,不同的是分辨率更高一些,目前一般都在 1024×1024 像素以上,采集的值为像素点的颜色,对于彩色图像,一般用 24 位二进制数表示一个像素点的颜色值,一共可以表示 2^{24}(16 777 216)种不同的颜色,基本可以把人眼能识别的所有不同颜色表达出来,称为真彩色。BMP 格式的图像文件保存原始像素数据,即每个像素点的颜色值。对于一幅分辨率为 1024×1024 像素的真彩色图片,其 BMP 文件的大小为 3MB。JPG 格式为一种压缩格式。除 BMP、JPG 格式外,图像文件还有 GIF、PNG、PCX、TIF、TGA 等格式。

3. 视频

视频是视频图像(video)的简称,是一种活动影像,它与电影和电视原理是一样的,都是利用人眼的视觉暂留特征,将足够多的静态画面(frame,帧)连续播放,只要能够达到每秒 24 帧以上,人的眼睛就察觉不出画面之间的不连续性。视频文件在计算机中的存储格式有 AVI、WMV、MPEG、ASF、RM、MOV 等。

视频文件存储的是视频所包含的所有图像的数据。

4. 动画

动画(animation)也是一种活动影像,最典型的是"卡通"片。动画与视频的不同在于视频一般是指对自然界真实影像的记录,如用摄像机拍摄下来的自然风光,而动画通常指人工创作出来的连续图像或图形所组合成的动态影像。动画文件存储的是动画所包含的所有("卡通")图像的数据。

2.6.2　声音数据的采集与表示

声音也称为音频(audio),声音(声波)是通过空气传播的一种连续的波。声音有多种,如人说话、唱歌的声音,演奏乐器的声音,刮风、下雨、打雷的声音等。声音一般用一种模拟的连续波形表示,如图 2.11 所示。声波可以用振幅和频率两个参数来描述,振幅的大小反映了声音的强弱,用分贝(dB)表示;频率是指声音信号每秒钟变化的次数,频率的大小反映了音调的高低,用赫兹(Hz)表示。

对声音的数字化就是对声波采样和量化,即按一定的时间间隔对声波的振幅进行测量并转换为二进制数,如图 2.12 所示。

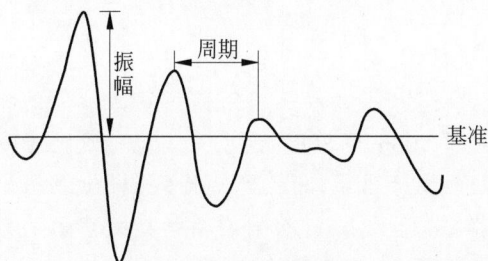

图 2.11　声音波形

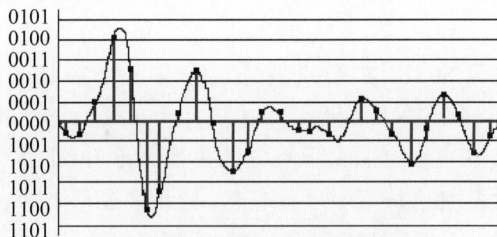

图 2.12　声音的采样和量化

采样频率越高(采样时间间隔越小)、采样精度越高(表示振幅值的二进制位数越多),就越能真实地把声音记录下来(播放时质量高),当然,需要的存储容量也就越大。

例如,每秒钟采样 40 000 次,用 16 个二进制位表示采样值,可以把采样值量化为 65 536 个级别,采样一秒产生的数据为 $40\ 000\times16/8\text{B}=80\ 000\text{B}=78.125\text{KB}$。

音频文件在计算机中的存储格式有 MP3、WAV、MIDI、WMA 等。

2.7 小结

计算机能够处理数值、文本、图形、图像、视频、动画和音频等多种媒体信息,虽然展现的这些信息千姿百态、异彩纷呈,但所有信息在计算机内部都是以二进制数据形式存在的。

数值、文本、图形、图像、视频、动画和音频以不同的方式转换为二进制形式。数值按一定的规则转换为对应的二进制数,文本(英文字符、汉字等)按设计好的编码规则得到对应的二进制数(ASCII 码、EBCDIC 码、汉字国标码、Unicode 编码等),图形对应的是生成图形的指令,图像和声音通过采集设备获取对应的二进制数,图像对应的是点阵数据,声音得到的是声波的量化数据。作为计算机专业的学生,明晰各种信息到二进制数据的转换与存储,了解数值的符号与小数点如何在计算机内部表示,对于深入理解计算机的工作原理、深入理解程序设计时的一些要求都是非常有益的。

拓展阅读:Intel 公司与 CPU

Intel(英特尔)公司成立于 1968 年,名字取自两个英文单词 Integrated(集成)和 Electronic(电子)的组合,当时只有 8 个人。罗伯特·诺伊斯(R. Noyce,1927—1990)、戈登·摩尔(G. Moore,1929—2023)和安迪·葛洛夫(A. Grove,1936—2016)是公司的主要创始人并领导公司在微处理器领域取得了辉煌的成就。信息技术(information technology,IT)领域著名的摩尔定律就是由摩尔提出的,定律的内容是"集成电路上可容纳的晶体管个数,约每隔 18 个月便会增加一倍,性能也将提升一倍"。

Intel 公司的早期产品主要是存储器,用半导体存储器取代了磁芯存储器,大大提高了存储容量和数据存取速度。1971 年,当时还处在早期发展阶段的 Intel 公司推出了世界上第一枚微处理器 4004,这是第一个用于计算器的 4 位微处理器。4004 含有 2300 个晶体管,现在看来功能有限,速度也不快。但是,辉煌成就就是从这开始的,从此以后,Intel 公司逐步占据微处理器市场的霸主地位。1972 年推出 8 位的 8008,1974 年推出比 8008 更先进的 8080。

1978 年,首次生产出名为 8086 的 16 位微处理器,同时生产了与之相配合的数字协处理器 8087,在 8087 指令集中增加了一些专门用于对数、指数和三角函数等数学计算的指令,以提高数学运算的速度。由于这些指令集应用于 8086 和 8087,所以人们也把这些指令集统一称为 x86 指令集。虽然之后 Intel 公司又陆续生产出第二代、第三代等若干代更先进和更快速的新型微处理器,但都兼容原来的 x86 指令,而且 Intel 公司在后续微处理器的命名上沿用了原先的 x86 序列,直到后来因商标注册问题,才放弃了继续使用阿拉伯数字命名的做法,新起名为"奔腾"(Pentium)。

1979 年,Intel 公司推出了 8088 芯片,属于准 16 位微处理器,内部数据总线是 16 位,外部数据总线是 8 位,内含 29 000 个晶体管,时钟频率为 4.77MHz,地址总线为 20 位,可使用 1MB 内存。

1981 年,8088 芯片首次用于 IBM PC 中,使微型计算机的发展进入了一个新的时代。也正是从 8088 开始,PC 的概念开始在全世界范围内流行起来。

1982 年,Intel 公司推出了新产品 80286 芯片,该芯片与 8086 和 8088 相比都有很大的改进,虽然它仍旧是 16 位结构,但是在 CPU 的内部含有 13.4 万个晶体管,时钟频率由最初的 6MHz 逐步提高到 20MHz。其内部和外部数据总线均为 16 位,地址总线 24 位,寻址能力扩大到 16MB 内存。从 80286 开始,CPU 的工作方式变成实模式和保护模式两种方式。

1985 年,Intel 公司推出了 80386 芯片,它是 80x86 系列中的第一款 32 位微处理器,而且制造工艺有了很大的进步,80386 内部集成有 27.5 万个晶体管,时钟频率为 12.5MHz,后提高到 20MHz、25MHz、33MHz 几个档次。80386 的内部和外部数据总线都是 32 位,地址总线也是 32 位,可寻址高达 4GB 的内存。它除具有实模式和保护模式外,还增加了一种叫虚拟 86 的工作方式,可以通过同时模拟多个 8086 处理器来提供多任务处理能力。

1989 年,80486 芯片由 Intel 公司推出,80486 是将 80386 和数字协处理器 80387 以及一个 8KB 的高速缓存(cache)集成在一个 CPU 芯片内,这种芯片集成了 120 万个晶体管。80486 的时钟频率从 25MHz 逐步提高到 33MHz、50MHz,并且在 80x86 系列中首次采用了精简指令集计算机(reduced instruction set computing,RISC)技术,可以在一个时钟周期内执行一条指令。它还采用了突发总线方式,大大提高了与内存的数据交换速度。由于这些改进,80486 的性能比带有 80387 数字协处理器的 80386 提高了 4 倍。

Intel 公司于 1993 年推出了全新一代的高性能处理器 80586。由于 CPU 市场的竞争越来越激烈,提出了商标注册问题,但美国法律不允许用阿拉伯数字注册商标,于是 Intel 公司用新的名字——Pentium 注册了商标。Pentium 中的 Pent 来自希腊语,意思是 5,ium 使芯片看起来像基本元素(确实是组成计算机系统的基本元素)。Intel 公司还给它起了一个非常好听的中文名字——"奔腾"。Pentium 内部集成的晶体管数量高达 310 万个,时钟频率由最初的 60MHz 和 66MHz,逐步提高到 200MHz。66MHz 的 Pentium 比 33MHz 的 80486 要快 3 倍多。

1995 年,Intel 公司推出了第 6 代 x86 系列 CPU——Pentium Pro。Pentium Pro 内部集成有 550 万个晶体管,内部时钟频率为 133MHz,处理速度大约是 100MHz 的 Pentium 的 2 倍。Pentium Pro 的一级(片内)缓存为 8KB 指令和 8KB 数据。在 Pentium Pro 的一个封装中除 Pentium Pro 芯片外,还包括一个 256KB 的二级缓存芯片。

1996 年,Intel 公司又推出了 Pentium 系列的改进版本——多能奔腾(Pentium MMX)。MMX 技术是 Intel 公司发明的一项多媒体增强指令集技术,为 CPU 增加了 57 条 MMX 指令,还将 CPU 芯片内的一级缓存由原来的 16KB 增加到 32KB(16KB 指令＋16KB 数据),MMX CPU 比普通 CPU 在运行含有 MMX 指令的程序时,处理多媒体的能力提高了 60％左右。

1997 年 5 月,Intel 公司又推出了 Pentium Ⅱ。Pentium Ⅱ采用了与 Pentium Pro 相同的核心结构,但它加快了段寄存器写操作的速度,并增加了 MMX 指令集,以加快 16 位操作系统的执行速度。Pentium Ⅱ比 Pentium Pro 多集成了 200 万个晶体管。

1998 年,Intel 公司推出了面向低端市场,性能价格比较高的赛扬处理器(Celeron CPU)。去掉了二级缓存,因而可以降低计算机系统的成本。

1998—1999 年,Intel 公司还推出一款比 Pentium Ⅱ功能还要强大的至强处理器(Xeon CPU)。至强处理器的目标就是挑战高端的、基于 RISC 的工作站和服务器。赛扬处理器和至强处理器的推出就是要全方位占领微处理器市场,满足各种不同用户的需要。

Pentium Ⅲ 处理器是 Intel 公司的又一代产品,内部集成了 960 万个晶体管,拥有 32KB

一级缓存和 512KB 二级缓存,增加了能够增强音频、视频和 3D 图形效果的数据流单指令多数据扩展(streaming SIMD extensions,SSE)指令集,和 Pentium Ⅱ Xeon 一样,Intel 公司也推出了面向服务器和工作站系统的高性能 CPU——Pentium Ⅲ Xeon。最初发布的 Pentium Ⅲ 有 450MHz 和 500MHz 两种规格。

1999 年 10 月底,Intel 公司正式发布代号为 Coppermine 的新一代 Pentium Ⅲ 处理器,CPU 主频最高达到 733MHz。Coppermine 采用全新的核心设计,内置 256KB 与 CPU 主频同步运行的二级缓存,新一代的 Coppermine 处理器的集成度大为提高,它的核心集成了 2800 万个晶体管。CPU 芯片可以做得更小,从而使芯片面积更小,功耗大为减小,成本也得以降低。所以,该款 CPU 适用于笔记本计算机。

2000 年 11 月,Intel 公司推出了功能更为强大的 Pentium 4。Pentium 4 采用了 Intel 公司的 NetBurst 技术,与 Pentium Ⅲ 相比,体系结构的流水线深度增加了一倍,达到了 20 级,集成了 4200 万个晶体管,时钟频率高达 1.4GHz 和 1.5GHz。改进的浮点运算功能使 Pentium 4 提供更加逼真的视频和三维图形,带来更加精彩的游戏和多媒体享受。算术逻辑单元以双倍的时钟速度运行,从而提高了总体运算速度。

2003 年,Intel 公司发布了专门用于移动运算的 Pentium M 处理器。Pentium M 处理器结合了 855 芯片组与 Intel PRO/Wireless 2100 网络联机技术,成为 Centrino(迅驰)移动运算技术的最重要组成部分。

2005 年,Intel 公司推出了双核心处理器 Pentium D 和 Pentium Extreme Edition,同时推出 945/955/965/975 芯片组来支持新推出的双核心处理器。

2006 年 7 月,Intel 公司发布了酷睿 2(Core 2 Duo),酷睿 2 是一个跨平台的构架体系,包括服务器版、桌面版、移动版三大领域。

2010 年 6 月,Intel 公司发布了 Core i3/i5/i7,Core i3/i5/i7 基于全新的 sandy bridge 微架构,具有更低的功耗、更高的性能、更强的浮点运算与加密、解密运算能力。2012 年 4 月,Intel 公司发布了 ivy bridge(IVB)处理器。2013 年 6 月,Haswell CPU 问世。2017 年 5 月,Intel 公司发布了 Core i9 处理器,Core i9 最多可包含 18 个内核,主要面向游戏和高性能需求。2023 年,Intel 公司推出了第 13 代 Core i5、i7、i9 CPU,13 代 Core i5-13600KF CPU 拥有 14 核心 20 线程,睿频最高可达 5.1GHz,24MB 的 L3 和 20MB L2 高速缓存。13 代 Core i7-13700KF CPU 拥有 16 核心 24 线程,睿频最高可达 5.4GHz,30MB 的 L3 和 24MB L2 高速缓存。13 代 Core i9-13980HX CPU 拥有 24 个内核,包括 8 个性能核和 16 个能效核,性能核的睿频可达 5.6GHz,能效核的睿频可达 4GHz。

在高性能的微处理器研发中使用了超线程技术和多核技术。超线程技术(hyper threading technology)就是利用特殊的硬件指令,把处理器内部的两个逻辑内核模拟成两个物理芯片,从而使单个处理器能够使用线程级的并行计算。多线程技术可以在支持多线程的操作系统和软件上,有效地增强处理器在多任务、多线程处理上的处理能力。对于单线程芯片来说,虽然也可以每秒钟处理成千上万条指令,但是在某一时刻,只能够对一条指令(单个线程)进行处理,而超线程技术则可以使处理器在某一时刻,同步并行处理更多指令和数据。多核技术指在一个处理器上集成多个运算核心,从而提高处理器的计算能力。

Intel 公司除了传统的微处理器、芯片组、板卡市场,近几年在向可穿戴设备、人工智能领域拓展,2024 年营业收入达 531 亿美元。

习题 2

一、填空题

1. 在计算机内部用＿＿＿＿＿＿＿进制存储程序和数据。

2. 对于十六进制，所用数码除了 0～9 外，还有＿＿＿＿＿＿＿。

3. 用后缀区分不同进制时，二、十、八、十六进制的后缀分别为＿＿＿＿＿＿、＿＿＿＿＿＿、＿＿＿＿＿＿、＿＿＿＿＿＿。

4. 把一个十进制数转换成二进制数，整数部分采用＿＿＿＿＿＿，小数部分采用＿＿＿＿＿＿。

5. 在计算机内部将数值型数据（真值）全面、完整地表示成一个二进制数（机器数），需要考虑 4 个因素：＿＿＿＿＿＿、＿＿＿＿＿＿、＿＿＿＿＿＿、＿＿＿＿＿＿。

6. 在计算机内部表示浮点数，包括 4 部分：＿＿＿＿＿＿、＿＿＿＿＿＿、＿＿＿＿＿＿、＿＿＿＿＿＿。

7. ASCII 码共包括＿＿＿＿＿＿个符号。

8. ASCII 码主要用于＿＿＿＿＿＿，EBCDIC 码主要用于＿＿＿＿＿＿和＿＿＿＿＿＿。

9. 用计算机处理汉字，一般要考虑＿＿＿＿＿＿码、＿＿＿＿＿＿码、＿＿＿＿＿＿码的设计。

10. 汉字的字形码分为＿＿＿＿＿＿字形码和＿＿＿＿＿＿字形码。

11. 影响电子图片数据量大小的主要因素有＿＿＿＿＿＿和＿＿＿＿＿＿。

12. 影响采集声音数据量大小的主要因素有＿＿＿＿＿＿和＿＿＿＿＿＿。

二、计算题

1. 分别将下列数值转换成二进制数（第一个数小数点后保留 4 位）。

$(216.73)_{10}$　　$(7563.42)_8$　　$(1A4E.3B)_{16}$

2. 分别将下列二进制数转换成十进制数、八进制数和十六进制数。

$(101101111.10111)_2$　　$(10110110.110111)_2$

3. 分别将下列十进制数转换成八进制数和十六进制数。

$(175.25)_{10}$　　$(357)_{10}$

4. 字长为 8 位时，分别求 $(+62)_{10}$ 和 $(-62)_{10}$ 的原码、反码和补码。

5. 用补码计算十进制数 $37-59$ 的值，并体会补码的作用。

三、简答题

1. 简要说明汉字的输入码、机内码和输出码的作用。

2. 对比说明数值、英文字符、汉字、图像和声音是如何转换成二进制数据的。

思考题 2

1. 对比说明带符号整数和实数在计算机内部的不同存储格式。

2. 既要表示世界上所有的语言文字，又要尽可能少占用存储空间，Unicode 编码是如何处理这个关系的？

第 3 章　计算机硬件基础

一个完整的计算机系统由硬件子系统和软件子系统两大部分组成。计算机硬件子系统主要包括运算器、控制器、存储器、输入设备和输出设备。存储器又分为内存和外存。运算器和控制器合称中央处理器，中央处理器和内存合称主机。输入设备、输出设备和外存合称外部设备（简称外设）。也可以说一台计算机的硬件部分由主机和外设组成。在微型计算机中，各个组成部分通过主板和总线组织在一起，形成一个高效运行的计算机系统。

3.1　计算机的基本组成与工作原理

计算机是一种能够按照程序对数据进行自动处理的电子设备。这里所说的计算机是指存储程序式电子数字计算机，组成计算机硬件的主体是电子器件和电子线路，计算机存储和处理的是数字信息，存储在计算机中的程序通过控制器控制计算机的数据处理工作。按字面理解，计算机就是具有计算功能的机器，其实最初研制计算机的目的就是帮助人们完成复杂的计算任务，第一台电子计算机 ABC 为解方程而设计，第一台通用电子计算机"埃尼阿克"（ENIAC）为计算弹道曲线而设计。当然，现在计算机的功能已远远超出传统计算的范畴，已经广泛应用于经济社会发展的各个领域，发挥着非常重要的作用。

3.1.1　计算机的基本组成

组成一台计算机的所有物理设备构成计算机硬件子系统。计算机硬件（hardware）是看得见摸得着的实体，是计算机工作的物质基础。

在分析"埃尼阿克"设计方案的基础上，1945 年 6 月，冯·诺依曼等人完成了《EDVAC报告初稿》（"First Draft of a Report on the EDVAC"），EDVAC 是"电子离散变量自动计算机"（Electronic Discrete Variable Automatic Computer）的英文缩写。

《EDVAC 报告初稿》给出了电子计算机逻辑设计的基本要素：

（1）二进制，不仅数据用二进制表示和存储，组成程序的指令也用二进制表示和存储；

（2）存储程序，程序及其要处理的数据存放在存储器中；

（3）5 个基本组成部分，计算机由运算器、控制器、存储器、输入设备和输出设备 5 个部分组成。

人们把按这种设计方案制造的计算机称为冯·诺依曼型计算机，其基本组成如图 3.1所示，图中实线为数据线，虚线为控制线和反馈线。现在使用的计算机虽然在功能、性能上发生了很大变化，但其基本要素没有大的变化，所以仍属于冯·诺依曼型计算机。

计算机各组成部分的主要功能分别如下：

运算器（arithmetic unit）用来完成算术运算和逻辑运算，算术运算包括加、减、乘、除四则运算和更复杂一些的三角函数运算、指数运算等，逻辑运算包括与、或、非、异或、左移、右移等。

控制器（control unit）用来协调与控制程序和数据的输入、程序的执行以及运算结果的

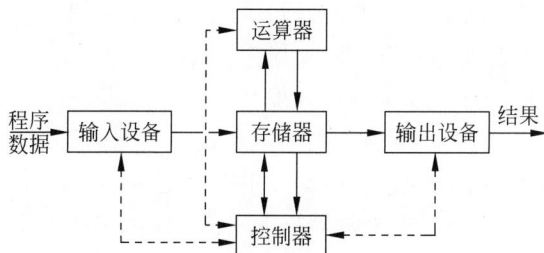

图 3.1　计算机组成结构

处理。控制器工作的依据是存储在存储器中的程序,即控制器是按程序代码的要求控制计算机各个部分协调一致地工作,完成程序规定的任务。

存储器(memory)用来存放程序及其要处理的数据,这里的存储器指内存。

输入设备(input device)用于将程序与数据输入计算机,常用输入设备有键盘、鼠标、触摸屏、扫描仪和 3D 扫描仪等。

输出设备(output device)用于将程序执行结果输出,常用输出设备有显示器、打印机、3D 打印机和绘图仪等。

3.1.2　计算机的基本工作原理

要让计算机完成某一任务,一般按如下步骤进行:

(1) 根据要完成任务的详细工作步骤(算法),编写出相应的程序。高级语言程序由若干条语句组成,每条语句完成一个特定的基本功能,其实程序就是告诉计算机如何一步一步地完成所要完成的任务。

(2) 通过键盘等输入设备把编写的程序输入计算机的存储器中,用一种称为解释器或编译器的软件将由语句组成的高级语言程序翻译成由二进制指令组成的机器语言程序并存放在存储器中。存储器包括大量的存储单元,一个单元能存放 8 个二进制位数字,指令按顺序存放在若干存储单元中,一条指令根据其功能的不同,可能占用一个单元,也可能占用若干单元。

(3) 存储在存储器中的机器语言程序能够被计算机直接执行。执行机器语言程序时,控制器从存储器中读出程序的第一条指令,然后分析该指令的功能,即该指令要求计算机做什么。根据指令的功能要求,控制器指挥计算机的其他部件完成数据的输入、计算和输出等工作。

(4) 执行完一条指令,控制器读取下一条指令,按同样的方式分析指令的功能,指挥其他部件完成指令的功能。按这种"取指令—分析指令—执行指令"的方式把程序中所有的指令执行完,任务也就完成了。

以上只是对计算机工作原理和程序执行过程的一个非常概略的描述,随着本书后面内容及后续课程的介绍,相信读者对计算机的工作原理会有逐步深入的理解。

3.2　中央处理器

3.2.1　中央处理器的基本组成

1. 中央处理器的组成与功能

中央处理器(central processing unit,CPU)也称中央处理单元,由运算器和控制器组成。更微观一点说,中央处理器还包括寄存器(register)。运算器负责完成算术运算和逻辑运算;寄存器用于临时保存参与运算的数据和运算后的结果;控制器负责从存储器读取指令,并对指令进行分析,然后按照指令的要求指挥各部件工作。

中央处理器是计算机内部对数据进行处理并对处理过程进行控制的部件,是组成计算机最核心的部件,相当于人的大脑。随着集成电路技术的不断发展,芯片集成度越来越高,CPU 可以集成在一个半导体芯片上,这种具有中央处理器功能的超大规模集成电路芯片,称为微处理器(microprocessor)。微处理器就是芯片化的 CPU,所以在多数场合二者具有相同的含义。微处理器不仅是微型计算机的核心部件,也广泛应用在智能手机、数码相机、智能洗衣机、汽车引擎控制装置和数控机床等数字化智能设备上。近些年,超级计算机、大型计算机等高端计算机系统也采用大量的通用高性能微处理器建造。

目前,微处理器的主要生产厂家有英特尔(Intel)公司、AMD 公司、IBM 公司等。图 3.2 所示为英特尔公司的一款酷睿 i9 CPU。英特尔公司、AMD 公司的 CPU 芯片主要用于微型计算机和服务器的制造,IBM 公司的 CPU 芯片主要用于其自己制造的大型计算机。

图 3.2　酷睿 i9 CPU

2. 主要性能指标

评价 CPU 的性能要考虑多种指标,而且不同用途的计算机,其侧重面也不一样。下面介绍针对通用计算机的主要性能指标。

1) 兼容性

每种微处理器都有特定的指令集,指令集就是某款 CPU 能够识别的指令集合。适用于特定 CPU 的机器语言必须使用该 CPU 的指令集。由于各 CPU 都有特定的指令集,为某款 CPU 的计算机设计的程序在另一款 CPU 的计算机上可能无法运行。

CPU 制造商在推出新产品时,需要认真考虑兼容性问题。如果运行在旧款 CPU 上的程序不用修改,就能直接在新款的 CPU 上运行,就称新款 CPU 向下兼容旧款 CPU。向下兼容有利于新型 CPU 及相应计算机的推广,人们一般不会购买无法运行已有程序的计算机。

2) 字长

字长是指 CPU 一次能够处理数据的二进制位数,字长的大小直接反映计算机的数据处理能力,字长越长,一次可处理的二进制数据位数越多,运算速度就越快。例如,要完成两个 64 位二进制数据的加法运算,32 位的 CPU 需要做两次加法操作,而 16 位的 CPU 需要做 4 次加法,如果是目前常见的 64 位的 CPU,做一次加法就可以了。当然,字长越长,制作的技术难度就越大,成本也就越高。

3) 主频

主频是指 CPU 的时钟频率(clock speed),它决定了 CPU 每秒钟可以划分为多少个时钟周期,可以执行多少条指令。主频越高,CPU 的运算速度也就越快。需要说明的是,时钟频率并不等于 CPU 一秒执行的指令条数,因为一条指令的执行可能需要多个时钟周期。例如,如果一款 CPU 的主频为 3.5GHz,则一秒可以划分为 3.5×10^9 个时钟周期,如果执行一条指令平均需要 6 个时钟周期,则该 CPU 一秒可以执行约 0.6×10^9 条指令,即约 6 亿条指令。一秒完成的加法运算次数也大致如此。

对 CPU 的评价,在具有兼容性的前提下,主要是看其速度,而决定其速度的主要因素是字长和主频,主频越高、字长越长,速度就越快,成本也越高。除了字长和主频这两个主要指标外,CPU 的速度还受地址总线宽度、数据总线宽度和内部缓存等因素的影响。

3.2.2　CPU 芯片的制作过程

在集成电路出现之前,制作 CPU 一般包括设计指令集、画出电路图、搭建电路等步骤。第一步设计出以二进制形式表示的机器语言指令集,第二步手工画出实现各指令功能的数字电路图,第三步按数字电路图手工搭建起实际的数字电路。制作 CPU 就是设计实现一个能执行机器语言指令的数字电路,早期使用电子管或晶体管搭建的 CPU 要占用几个机柜的空间。

随着集成电路的出现及集成度的快速提高,一个微处理器(CPU 芯片)可以集成几十亿甚至上百亿个晶体管,CPU 的制作工艺变得非常复杂和精细,其完整的制作过程包括几百道工序,需要借助多种最专业、最高端、最精细的工具与设备才能完成有关工序。可以把CPU 芯片的制作过程分为设计与生产两个阶段。

1. CPU 的设计

CPU 的设计阶段主要包括 2 个步骤:设计指令集和画出电路图。

1) 设计指令集

设计 CPU,首先要做的工作是设计指令集,即明确 CPU 能执行哪些指令,具备哪些功能。指令集中包括算术运算指令、逻辑运算指令、存取数据指令、比较指令、转移指令等。设计指令集可以使用硬件描述语言(hardware description languages,HDL),Verilog HDL 和VHDL 是最流行的两种硬件描述语言,都是在 20 世纪 80 年代中期开发出来的。Verilog HDL 以文本形式描述数字系统硬件的结构和行为,用它可以表示逻辑电路图、逻辑表达式,还可以表示数字逻辑系统所能完成的逻辑功能。

2) 画出电路图

针对二进制形式的指令,画出相应的电路图,然后依据电路图制作出实际的电路,一条指令对应一部分电路。按照 Verilog HDL 代码画出数字电路设计图可以使用电子设计自动化(electronic design automation,EDA)软件,EDA 是一类对电路进行自动布局、布线、分析、验证的设计软件,只需要使用 Verilog HDL 代码描述数字电路的逻辑功能,剩下的工作就交给 EDA 软件来自动转换成晶体管的布局、自动排布晶体管之间的连接线路。EDA 软件还能完成时序分析、功耗分析、功能验证等工作。

2. CPU 的生产

CPU 的生产阶段主要包括 5 个步骤:熔沙成硅、切割硅锭、光刻蚀刻、切分晶圆和封装测试。

1) 熔沙成硅

对主要成分是二氧化硅的沙子进行熔炼、脱氧和净化等处理,得到可用于制造半导体的高纯度硅,其形状为圆柱形硅锭。随着熔炼工艺的不断改进,硅锭的直径从早期的 2in(50mm)逐步发展到近几年的 8in(200mm)和 12in(300mm)。

2) 切割硅锭

用切割工具对硅锭进行横向切割,得到称为晶圆的圆形硅片,并对切割出的晶圆进行抛光处理,使晶圆的表面非常平滑。

3)光刻蚀刻

在晶圆的表面涂抹一层非常薄、非常均匀的光刻胶,然后使用光刻机按照 CPU 版图(电路图)在晶圆上进行光刻和蚀刻等处理,把相应的晶体管以及晶体管之间的连线等刻出来。多次重复该过程,可以形成多层的电路。

4)切分晶圆

把晶圆切分成晶片。一片直径为 12in(300mm)的晶圆,其面积有几万平方毫米,可以切分出几百片晶片,每一片晶片就是一个 CPU 内核(die),包含一套完整的 CPU 电路。

5)封装测试

把一片 CPU 晶片放到一个称为衬底或基片的绝缘底座上,底座下面是用于连接到主板的焊点,晶片上面再覆盖一个称为散热片的金属壳,就形成了一个单内核 CPU。封装后再进行最后的测试,通过测试的芯片就可以自用或出售了。

制作 CPU 芯片是一项很复杂的工作,对设计人员,对所用的设备和工具都有很高的要求。例如,在设计指令集时,要考虑到 CPU 的内部架构设计和操作系统的设计;对提取出的硅的纯度要求很高,要达到 99.9999%,相当于平均每一百万个硅原子中最多只有一个杂质原子;晶圆的厚度只有 1mm 左右,要在其上完成多层的抛光、涂抹光刻胶、光刻、蚀刻等处理;晶体管的集成度非常高,1 平方毫米要集成上亿个晶体管。每一个工序都有极其精细、极其严格的质量要求,对 EDA 软件、光刻机等也有极高的性能、精度要求。

3.3 存储器

存储器分为内存和外存,也分别称为主存储器(main memory)和辅助存储器(auxiliary memory),简称主存和辅存。内存用于存放要执行的程序和相应的数据,外存作为内存的后援设备,存放暂时不需要执行而将来要执行的程序和相应的数据。没有内存,程序就无法保存到内存中,因而也就无法执行;没有外存,输入的程序及相应的数据就不能长期保存(关机或断电后存放在内存中的数据会丢失),下次用到该程序及相应的数据还得重新输入。

3.3.1 内存

目前主要采用半导体器件和磁性材料作为存储器的存储介质。一个双稳态半导体电路或磁性材料的一个磁化元都可以存储一个二进制位,称为一个存储位或一个存储元,由若干存储元组成一个存储单元,存储器就是由很多个存储单元组成的。每一个存储单元有一个编号,称为存储单元的地址。一个存储器中存储单元的个数称为该存储器的存储容量,存储容量越大,存储的数据就越多。

一个存储元存储一个二进制位(bit,简记为 b),一个存储单元一般存储 8 个二进制位,称为一字节(Byte,简记为 B),存储器的存储容量用字节数来表示。常用的存储容量的度量单位有千字节(KB)、兆字节(MB)、吉字节(GB)、太字节(TB)、拍字节(PB)、艾字节(EB)、泽字节(ZB)等。其中,1ZB=1024EB,1EB=1024PB,1PB=1024TB,1TB=1024GB,1GB=1024MB,1MB=1024KB,1KB=1024B,1B=8b。

作为计算机硬件子系统的重要组成部分,内存的设备形态有一个发展变化过程。最早的内存是以磁芯的形式排列在线路上的,每个磁芯与晶体管组成一个双稳态电路,用于存储一个二进制位,一位的存储器体积有玉米粒大小,其整体存储容量因体积影响受到很大限制。随着集成电路的出现和集成度的不断提高,出现了能够焊接在主板上的集成电路形态的内存芯片,大幅度提高了存储容量。随着 CPU 的发展和升级,对内存的性能提出了更高的要求,出现了内存条——将内存芯片焊接到事先设计好的印制电路板上,而在计算机主板上留有相应的内存插槽,可以方便地插拔和更换内存条,为灵活配置和扩充内存容量带来了方便。

计算机中常见的内存种类主要有随机存取存储器、只读存储器和高速缓存,但说到内存,更多时是指随机存取存储器。

1. 随机存取存储器

随机存取是相对于顺序存取来说的,顺序存取指一种只能按存储位置顺序存储或读取数据的访问方式。例如,磁带中数据的存取就是按顺序方式进行的,如果需要读取磁带中间某个位置的数据,也得从磁带的开始位置读取,顺序读取出前面的数据后,才能读取到所需要的数据。很显然,以顺序方式存取数据的速度很慢。随机存取指可以根据地址直接存取任一单元中的数据,其存取速度要快得多。

随机存取存储器(random access memory,RAM)可分为静态随机存取存储器(static RAM,SRAM)和动态随机存取存储器(dynamic RAM,DRAM)。

在通电情况下,SRAM 中存储的数据不会丢失,所以不需定时刷新,存取速度快。SRAM 的不足是集成度较低、体积比较大、成本比较高,主要用作存取速度快、但容量较小的高速缓存。DRAM 存储单元需要定时刷新,否则存储的数据就会丢失,存取速度比较慢,但集成度高、体积小、成本低,RAM 内存主要选用 DRAM。图 3.3 所示是一款 RAM 内存条。

图 3.3　RAM 内存条

随着计算机系统不断要求提高内存的存取速度,出现了同步动态随机存取存储器(synchronous DRAM,SDRAM),SDRAM 比标准动态存储器具有更快的数据存取速度。在此基础上出现了单倍数据速率 SDRAM(single data rate SDRAM,SDR-SDRAM),简称为 SDR;双倍数据速率 SDRAM(double data rate SDRAM,DDR-SDRAM),简称为 DDR;4 倍数据速率 SDRAM(quad data rate SDRAM,QDR-SDRAM),简称为 QDR。SDR 在一个时钟周期内只传输一次数据,DDR 在一个时钟周期内传输两次数据,QDR 在一个时钟周期内传输 4 次数据。现在用得比较多的是 DDR 内存,DDR 内存经历了 DDR、DDR2、DDR3、DDR4、DDR5 的发展,存储容量越来越大,存取速度越来越快。

在通电的情况下,RAM 中的数据能够保持,关机或断电将导致 RAM 中的数据丢失。

2. 只读存储器

与既可以向其存入数据,也可以从中读出数据的 RAM 不同,早期的只读存储器(read only memory,ROM)中的数据一旦写入,只能读,不能改写。ROM 中的数据一般是在计算机出厂前由制造商写入的,在断电或关机后数据也不会丢失,主要用于存放与计算机开机相关的系统引导程序、开机自检程序和系统参数等。随着技术的进步及为了满足现实的需要,陆续出现了多种可由用户写入数据的 ROM。

向半导体只读存储器写入数据的过程称为对 ROM 编程。根据编程方式的不同,半导体 ROM 可以分为 3 类:可编程只读存储器(programmable ROM,PROM),只允许写入数据一次,之后只能读,不能再写,如果写错,该 PROM 报废;可擦可编程只读存储器(erasable programmable ROM,EPROM),通过紫外线照射可以多次擦除和重写数据,但需用紫外光长时间照射才能擦除,使用很不方便;电可擦可编程只读存储器(electrically erasable programmable ROM,EEPROM),通过高于普通的电压的作用来擦除和重写数据,但集成度不高,价格较贵。于是人们又开发出一种新型的存储结构同 EPROM 相似的快闪存储器(flash memory),简称为闪存。快闪存储器不仅集成度高、功耗低、体积小,而且不需要特殊的高电压就可以快速擦除和重复编程,因而很快发展起来,得到广泛应用的 U 盘就是一种基于闪存技术的存储设备。

3. 高速缓存

随着集成电路和芯片技术的不断发展,CPU 的主频不断提高,其运算速度不断提升。内存由于容量大、寻址系统和数据存取电路复杂等原因,其数据存取速度大大低于 CPU 的运算速度,导致在计算机执行程序时,其 CPU 的很多时间是在等待内存单元的读写,严重影响了 CPU 性能的充分发挥,进而影响了计算机的总体性能。为了解决内存与 CPU 工作速度上的矛盾,设计人员在 CPU 和内存之间增设了一级存储容量不大、但存取速度很快的高速缓冲存储器,简称高速缓存或缓存(cache)。缓存中存放部分正在运行的指令和数据,当 CPU 需要读取新的指令和数据时,首先从缓存中查找,找到则直接执行;如果所需指令和数据不在缓存中,再到内存中读取,并同时写入缓存中。因此采用缓存可以提高系统的运行速度。早期的缓存只有一级,分指令缓存和数据缓存,集成在 CPU 内部,后来出现了二级缓存和三级缓存,二级和三级缓存一般不再分指令缓存和数据缓存,有集成在 CPU 内部的,也有集成在主板上的。缓存由存取速度快、成本高的静态存储器(SRAM)构成,缓存的容量早期在 KB 级,现在达到了 MB 级。

通过分析发现,程序的执行一般都具有局部特性(也称为局部性原理),局部特性包括时间局部性和空间局部性。时间局部性指执行过某条指令或使用某个数据后,可能很快就会再次执行这条指令或再次使用这个数据;空间局部性指执行过某条指令或使用某个数据后,可能很快就会执行相邻的指令或使用相邻的数据。当需要把某些指令或数据调入缓存时,系统也会把相邻的指令或数据一起调入缓存中,由于程序执行具有局部特性,这些指令或数据短时间内被再次取出执行或使用的可能性很大,直接从缓存中读取将会大大提高读取速度,这样就会大幅减少 CPU 的等待时间,从而提高了计算机系统的性能。

图 3.4 给出了英特尔酷睿 i7 处理器的高速缓存层次结构。每个 CPU 芯片包含 4 个内核,每个内核有自己私有的一级指令缓存(L1 i-cache)和数据缓存(L1 d-cache)以及统一的二级缓存(L2 cache),还有 4 个核心共享的三级缓存(L3 cache)。

3.3.2　外存

由于计算机的内存(主要是指 RAM)具有易失性,必须将数据由内存传送到硬盘、U 盘之类的永久性存储设备才能长久保存,这类能长久保存数据的存储器称为辅助存储器(辅存)或外部存储器(外存),只要用户需要,它们可以长期地保存大量的数据。目前常用的外存主要包括硬盘、固态硬盘、光盘和 U 盘等。

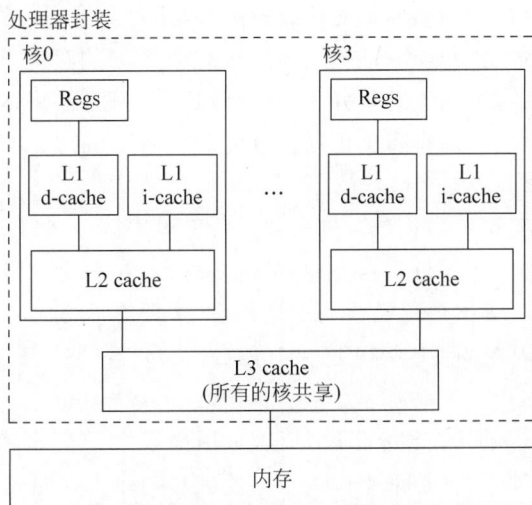

图 3.4 高速缓存层次结构

1. 硬盘

硬盘(hard disk)是硬磁盘的简称,最早出现在 1956 年,存储容量只有 5MB。1973 年 IBM 公司研制出第一块温彻斯特(Winchester)硬盘,简称温盘,存储容量达到 60MB,其主要特点是具有密封、固定并高速旋转的镀磁盘片,磁头沿盘片径向移动,磁头悬浮在高速转动的盘片上方,而不与盘片直接接触。

1988 年,法国物理学家艾尔伯·费尔(Albert Fert,1938—)和德国物理学家彼得·格林贝格尔(Peter A. Grünberg,1939—2018)各自独立发现了一个特殊现象:非常弱小的磁性变化就能导致磁性材料发生非常显著的电阻变化,这种现象称为巨磁阻(giant magneto resistance,GMR)效应。

硬盘要向小体积高密度方向发展,势必要求盘片上每一个被划分出来的独立区域越来越小,这就导致了每个独立区域所能记录的磁信号也越来越弱。利用巨磁阻效应,才能够制造出更加灵敏的数据读写磁头,将越来越弱的磁信号读出后因为电阻的巨大变化而转换成为明显的电流变化,使得大容量的小硬盘成为可能。现在的机械硬盘体积虽小,容量却很大,完全得益于巨磁阻效应的发现。由于巨磁阻效应的发现,费尔和格林贝格尔共同获得 2007 年度诺贝尔物理学奖。

1991 年,IBM 公司生产的使用了 GMR 磁头的 3in 硬盘的存储容量首次达到了 1GB。2000 年,还是 IBM 公司,使用玻璃取代传统的铝作为盘片材料,这为硬盘带来更大的平滑性及更高的坚固性,玻璃材料在高转速时具有更高的稳定性,硬盘的存储容量达到 75GB。目前一块硬盘的存储容量已达到 TB 级。

硬盘的技术特点:①硬盘用铝、玻璃等硬质材料作盘片基质;②一块硬盘中可包含多个盘片;③硬盘与硬盘驱动器是封装在一起的,所以日常所说的硬盘既包括硬盘片,也包括硬盘驱动器。图 3.5 所示为硬盘的外观和内部结构。

一块硬盘有多个盘片,所有盘片按同心轴方

(a)外观   (b)内部结构

图 3.5 硬盘的外观和内部结构

式固定在同一轴上,每个盘片的两面都配有读写磁头,在磁头控制装置的统一控制下沿着盘片表面径向同步移动。每个硬盘片按磁道、扇区来组织数据的存储。磁道就是在硬盘盘片上划出的一个个同心圆,每个磁道又划分为若干弧段,称为扇区,扇区是硬盘的基本存储单位。由于硬盘有多个盘片,所以有多个记录信息的磁表面(记录面),不同记录面的同一磁道称为柱面。

$$硬盘的存储容量=磁头数×柱面数×每磁道扇区数×每扇区字节数$$

在硬盘的发展过程中,体积越来越小、容量越来越大,并出现了移动硬盘,即不用固定在机箱内部,可以通过 USB 等接口热插拔的小型硬盘,主要有 2.5in 和 3.5in 两种,存储容量从早期的 GB 级发展到现在的 TB 级(1TB=1024GB)。

2. 固态硬盘

固态硬盘(solid state disk,SSD)简称固盘,是用固态电子存储芯片制成的硬盘。固态硬盘的存储介质分为两种,一种是采用快闪存储器(闪存)作为存储介质,另外一种是采用动态随机存取存储器(DRAM)作为存储介质。基于闪存的固态硬盘是目前的主流产品,其内部主体是一块印制电路板(printed circuit board,PCB),PCB 上最主要的部件是控制芯片、缓存芯片和闪存芯片阵列,部分低端固态硬盘没有缓存芯片。控制芯片的主要作用是合理调配数据在各个闪存芯片上的存储及对外接口,缓存芯片辅助控制芯片进行数据处理,闪存芯片阵列用于存储数据。

固态硬盘出现后,把前面介绍的有磁头及控制磁头移动的控制装置等机械部件的硬盘称为机械硬盘或普通硬盘,一般还是把机械硬盘简称为硬盘。相对于机械硬盘,固态硬盘的优点是读写速度快、防震动抗摔碰性能好、无噪声、更轻便,缺点是价格比较高、擦写次数有限制、损坏后数据难以恢复。

现在同时配置机械硬盘和固态硬盘的双硬盘台式机越来越多了,固态硬盘用于安装操作系统等系统软件和常用软件,保证计算机有比较快的启动和运行速度,机械硬盘用于存储文档、PPT、图片、视频、音乐、数据库等数据文件,保证有比较大的存储空间和可靠性。

目前常用的固态硬盘主要有 SATA 接口硬盘和 M.2 接口硬盘,SATA 接口的固态硬盘与机械硬盘在外形与大小上一致,如图 3.6 所示,但比机械硬盘的存取速度快,接口速度可以达到 6Gb/s;M.2 接口的固态硬盘如图 3.7 所示,比 SATA 接口的固态硬盘体积小、速度更快,最高可达到 32Gb/s,更适合用于笔记本计算机等移动设备中。

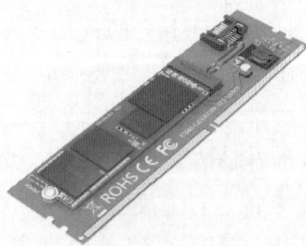

图 3.6　SATA 接口的固态硬盘　　　图 3.7　M.2 接口的固态硬盘

3. 光盘

光盘中的数据是存储在其螺旋形的光道上,在光道上刻上能代表数字 0 或 1 的一些凹坑;读取数据时,用激光去照射旋转着的光盘片,从凹坑和非凹坑处得到的反射光的强弱是不同的,根据反射光强弱的差别就可以判断出不同位置存储的是 0 还是 1,从而得到 0、1 数字串。

常用光盘有 CD、VCD 和 DVD 等。

1) CD

CD(compact disc)有 3 种格式:只读光盘(CD-read only memory,CD-ROM)中的数据由制造商在生产时写入,用户只能读出,不能改变其内容;一次写入型光盘(CD-recordable,CD-R)出厂时是无内容的,可由用户写入内容一次;可重复写光盘(CD-rewriteable,CD-RW)可由用户多次写入内容。

常用 CD 的存储容量有 650MB 和 700MB 两种。

2) VCD

VCD 是视频 CD(video CD)的英文缩写,可存储约 70min 基于 MPEG-1 标准的影视节目。前面介绍的 CD 只能存放音乐,不能存放视频信息。VCD 的存储容量与 CD 相同。

MPEG(moving pictures experts group)标准是由动态图像专家组制定的用于视频信息和与其伴随的音频信息的压缩标准。其中,MPEG-1 用于 VCD 光盘,MPEG-2 用于 DVD 光盘,MPEG-4 用于网络传输,MPEG-7 用于支持多媒体信息的基于内容检索,MPEG-21 用于建立多媒体框架。

3) DVD

DVD 是数字视频光盘(digital video disk)的英文简称。随着 MPEG-2 标准的成熟,促使具有更高密度、更大容量的 DVD 产生,DVD 大小和普通的 CD-ROM 完全一样。它采用与普通 CD 相类似的制作方法,但具有更密的数据轨道、更小的凹坑和较短波长的红激光激光器,大大增加了光盘的存储容量。DVD 定义了 4 种规格:单面单层、单面双层、双面单层和双面双层,容量分别是 4.7GB、8.5GB、9.4GB 和 17GB。

DVD 有 6 种格式:DVD-Video 用于存储和播放电影和其他可视娱乐节目,DVD-ROM 用于存储数据,DVD-R 可由用户写入一次数据,DVD-RAM 能随机存取并可以重写 100 000 次,DVD-RW 采用顺序存取方式并可以重写 1000 次,DVD-Audio 用于存储音频数据并且比标准 CD 具有更好的音质。

读写光盘要用到光盘驱动器(光驱),光驱分为只读光驱和读写光驱。只读光驱只能读取和播放光盘中存储的数据(音频、视频也是一种数据),读写光驱既能把数据写入可写光盘,也能读取和播放光盘中存储的数据,读写光驱也称为光盘刻录机。

光盘是一种低成本的移动存储介质,适合存储说明书、音乐、视频、电子图书、数据文件等。在光盘得到广泛应用的时期,光驱是台式机计算机、笔记本计算机的标准配置。近几年,由于 U 盘的价格越来越低,人们使用光盘越来越少,台式计算机、笔记本计算机出厂时一般不再配置光驱。如果需要,可以单独购买外置光驱。

4. U 盘

U 盘是 USB 闪存盘(USB flash disk)的简称,通过 USB 接口与计算机相连。USB 是通用串行总线(universal serial bus)的英文缩写,是一个外部总线标准,用于规范个人计算机与外部设备的连接和通信,1994 年底由 Intel、康柏、IBM、微软等多家公司联合提出,现在已经发展到 3.0 版本,成为目前个人计算机的标准扩展接口。USB 接口具有传输速度快(USB 3.0 达到 5.0Gb/s,是 USB 2.0 的 10 倍)、使用方便、支持热插拔和连接灵活等优点,可以连接鼠标、键盘、打印机、扫描仪、移动硬盘、U 盘、手机、数码相机、摄像头、外置软驱、外置光驱、USB 网卡和调制解调器等几乎所有的外部设备。

U 盘具有体积小、存储容量大和价格低等优点，是目前人们最常用的移动存储设备，存储容量从早期的几十兆字节到几百兆字节，发展到目前的几十吉字节，还会陆续推出容量更大的 U 盘。对于安装有目前常用的 Windows 操作系统或苹果操作系统的计算机，将 U 盘直接插到机箱前面板或后面板的 USB 接口上，系统就会自动识别，使用很方便。

U 盘是一种基于闪存(flash memory)技术的移动存储设备，闪存用快可擦可编程只读存储器芯片(flash erasable programmable read only memory chip，Flash EPROM 芯片)来存储数据。Flash EPROM 芯片可分为主要用于程序存储和执行的 NOR 结构和主要用于数据存储的 NAND 结构，NOR 闪存适用于手机和个人数字助理等，NAND 闪存适用于制作各种闪存卡(flash card)和 U 盘等。

U 盘与硬盘、光盘相比有如下优点：

(1) 在读写数据的过程中没有机械动作，其工作状态非常稳定，是一种不怕震动的存储设备。

(2) 其存储介质是基于集成电路的闪存芯片，随着集成度的不断提高，U 盘的体积越来越小、存储容量越来越大、成本越来越低。

图 3.8 所示为一款普通 U 盘，图 3.9 所示为一款带写保护的 U 盘，带写保护的 U 盘的侧面有一个小滑块，拨动小滑块可以分别设置成写保护状态和可写入状态，通过设置写保护状态可使 U 盘免受计算机病毒的侵扰。

衡量存储器性能的指标主要有存取速度、存储容量和单位价格，为计算机配置存储器就是在三者之间达到综合最优，达到较高的性价比。可以按照图 3.10 所示的结构配置存储系统，即存取速度快、单位价格高的存储器容量小一些，存取速度慢、单位价格低的存储器容量大一些。这样，既能保证较高效地完成程序执行和数据存储工作，又能有较低的成本。

图 3.8　普通 U 盘　　　　图 3.9　带写保护的 U 盘　　　　图 3.10　存储器结构

3.4　输入输出设备

给计算机输入程序、数据和图片等要用输入设备，计算机处理信息的结果要输出。

3.4.1　输入设备

目前常用的输入设备有键盘、鼠标、触摸屏、扫描仪和 3D 扫描仪等。

1. 键盘

键盘(keyboard)是最常用也是最主要的输入设备。通过键盘，可以向计算机输入字母、汉字、数字和标点符号等数据,也可以输入命令控制计算机的运行。

在 DOS 作为主流操作系统的时代,83 键键盘为主流产品。随着 Windows 取代 DOS 成为主流操作系统,83 键键盘被 101 键和 104 键键盘取代。在 104 键键盘之后出现的是新兴多媒体键盘,在传统的键盘基础上增加了一些常用快捷键或音量调节装置,对于收发电子邮件、打开浏览器和启动多媒体播放器等都只需要按一个特殊按键即可,进一步简化了微型计算机的操作。

2. 鼠标

随着苹果 macOS、微软 Windows 等图形界面操作系统成为主流操作系统,鼠标(mouse,形状像一只老鼠而得名)成为微型机的标配输入设备,鼠标的使用给人们操作各种图形界面软件带来了极大的方便,省却了记忆各种操作命令的烦扰。鼠标的发明人是美国著名计算机科学家道格拉斯·恩格尔巴特(Douglas Engelbart,1925—2013)。恩格尔巴特获得 1992 年度的 IEEE-CS 计算机先驱奖和 1997 年度的图灵奖。

常见的鼠标类型有机械鼠标和光电鼠标。机械鼠标内有一个实心橡皮球,当鼠标移动时,橡皮球滚动,通过相应装置将移动的信号传送给计算机。光电鼠标的内部有红外或激光发射、接收装置,它利用光的反射来确定鼠标的移动,是目前常用的一种鼠标。

鼠标上一般有两个按键,左键用作确定操作,右键用作弹出菜单等特殊功能。现在人们常用的滚轮鼠标,是在原有两键鼠标的基础上增加了一个滚轮键,它拥有特殊的滑动和放大功能,手指轻轻滑动滚轮就可以使页面上下翻动,对于翻页比较多的操作非常方便。

目前 USB 接口鼠标和 2.4GHz 无线鼠标较为常见。

3. 触摸屏

触摸屏(touch screen)是一种用手指或笔触及屏幕上所显示的选项来完成指定操作的人机交互式输入设备。触摸屏由 3 部分组成,一是传感器,把手指或笔触及的位置检测出来;二是控制卡,触及信号经过模数转换器形成位置数据,经接口送入计算机;三是驱动程序,即相应的管理软件。触摸屏是平板计算机的主要输入设备,触摸屏还广泛应用于智能手机、笔记本计算机、智慧教室显示屏、自动售票、交通信息查询、旅游景点介绍等设备上,极大地方便了用户操作。

4. 扫描仪

扫描仪(scanner)是一种将图像信息输入计算机的输入设备,它将图像分割成条或块,逐条或逐块依次扫描,利用光电转换元件把模拟信号(纸上图像)转换成数字信号(数字图像)并输入计算机。利用扫描仪可以输入图像和图片,也可以输入文字。例如,要输入一本书的内容,可以一页一页地扫描,形成图像信息,再通过合适的软件把每一个字切分、识别出来进行存储,和用键盘输入的效果是相同的,但速度要快很多,准确率也高很多。

5. 3D 扫描仪

3D 扫描仪(3D scanner)也称三维扫描仪,是一种采集三维物体的形状与外观数据并输入计算机的设备。3D 扫描仪通过扫描的方式采集目标物体的几何形状与外观数据,外观数据包括物体表面的颜色、光照亮度等,并把采集到的数据用于进行三维重建计算,在计算机中建立起目标物体的三维数字模型。3D 扫描、三维数字模型重建、3D 打印已逐步广泛应用于虚拟博物馆、电影制作、游戏创作、工业设计、智慧医疗等领域。

此外,还有数码相机、数码摄像头、语音识别器、光笔和游戏操纵杆等应用于不同场景的输入设备。

3.4.2　输出设备

常用的输出设备有显示器、打印机、3D 打印机和绘图仪等。

1. 显示器

显示器(display device)用来显示字符与图形图像信息,是计算机必配的输出设备。常用的显示器有 CRT 显示器和液晶显示器,早期台式计算机主要配置 CRT 显示器,液晶显示器刚出现时主要供笔记本计算机使用,但近几年台式计算机使用液晶显示器也越来越多,已经取代了 CRT 显示器。

液晶显示器(liquid crystal display,LCD)是在两片平行的玻璃当中放置液态的晶体,两片玻璃中间有许多垂直和水平的细小电线,通过通电与否来控制杆状水晶分子改变方向,将光线折射出来产生画面。LCD 显示器具有体积小、重量轻、省电、无闪烁和不产生辐射等优点。

显示器要通过显示适配器(video adapter)才能与 CPU 相连,显示适配器是连接 CPU与显示器的接口电路,一般做成插卡的形式,插接在主板的扩展槽上,所以人们习惯称其为显示卡或显卡(video card)。显卡的主要作用是把 CPU 向显示器发出的显示信号转换为显示器所需的信号。显卡分集成显卡和独立显卡,集成显卡又分为集成在 CPU 封装内的显卡和集成在主板上的显卡,通常独立显卡具有比集成显卡更强大、快速的图形图像处理能力及并行计算能力,而且易于更新升级。

显卡主要由显示芯片、显示内存(显存)、RAMDAC 芯片和总线接口组成。显示芯片是显卡的核心部件,其主要功能是对要显示的图形、图像、视频信息进行计算处理和渲染。显示内存用来存放显示芯片处理后的数据,其容量和存取速度影响着显卡的整体性能,对显示器的分辨率及色彩的位数也有影响。RAMDAC 芯片将显示内存中的数字信号转换成能在显示器上显示的模拟信号,其转换速度影响着显卡的刷新频率和最大分辨率,DAC 是数模转换(digital to analog converter)的简称。总线接口是显卡与主板总线的通信接口,实现显示器与 CPU 的连接与通信,近几年使用较多的是外设部件互连(peripheral component interconnect,PCI)接口、PCI-Express(PCI-E)接口和图形加速端口(accelerate graphical port,AGP)接口。

早期显卡的作用比较简单,主要功能是把数字信息转换为能够在显示器上显示的模拟信号。随着 3D 图形图像成为重要的显示内容,能够高效处理图形图像(特别是 3D 图形图像)的图形处理器(graphic processing unit,GPU)成为显示芯片的主流选择。GPU 的使用使图形图像处理减少了对 CPU 的依赖,提高了图形图像处理速度和显示效果。GPU 的计算部件是专门针对图形图像和视频处理等高强度并行浮点运算而设计的,而人工智能模型的训练也需要大量的并行浮点运算,因此,近几年 GPU 卡在人工智能模型训练上得到了广泛应用,有效提高了模型的训练速度。

目前,显示芯片主要由英伟达(NVIDIA)和 AMD 两大公司制造,再由华硕、技嘉、微星等公司使用这些显示芯片生产出独立显卡或集成有显卡的主板。Intel 公司生产集成有显卡的 CPU,把 CPU 核和显示芯片封装在一个 CPU 芯片内。

2. 打印机

打印机(printer)也是一种常用的输出设备,用于将计算机处理结果(编辑好的文档、执行程序得到的计算结果等)打印在纸上。利用打印机不仅可以打印文字,也可以打印图形和图像。打印机按工作方式可分为击打式打印机和非击打式打印机。目前常用的打印机有针式打印机、激光打印机和喷墨打印机,其中针式打印机属于击打式打印机,激光打印机和喷墨打印机属于非击打式打印机。

针式打印机也称点阵式打印机,打印头上有若干根精密的打印针,打印时相应的打印针撞击色带(在打印纸上留下细小的色点痕迹)来完成打印工作,常用的是 24 针打印机。针式打印机的优点是价格低、打印成本低;缺点是打印速度慢、打印质量低、噪声大。针式打印机曾经在办公领域流行过好长一段时间,随着激光打印机价格的不断降低,逐渐被其替代。现在在银行、宾馆、药店等需要多联票据打印的地方还在使用针式打印机。

喷墨打印机的打印头上有许多小喷嘴,使用液体墨水,精细的小喷嘴将墨水喷到纸面上形成字符或图像等要打印的内容。喷墨打印机的优点是价格便宜、打印精度较高、噪声低;缺点是墨水消耗量大、打印速度慢。彩色喷墨打印机比较适合打印量不大的家庭与办公场所使用。

激光打印机采用激光和电子放电技术,通过静电潜像,再用碳粉使潜像变成粉像,加热后碳粉固定,最后印出内容。激光打印机的优点是打印精度高、噪声低、打印速度快。随着其价格的不断降低,激光打印机已成为办公与家庭用的主流打印机。

选择打印机可以从打印分辨率、打印速度、打印纸最大尺寸和价格等方面综合考虑。

3. 3D 打印机

3D 打印其实是一种快速成形技术,以三维(3D)数字模型文件为基础,运用塑料、树脂、陶瓷、金属等可黏合材料,通过逐层打印黏合材料的方式来构造物体。

有些 3D 打印机在成型的区域喷洒一层液态黏合剂,然后再喷洒一层均匀的原料粉末,粉末遇到黏合剂会迅速固化黏结,这样在一层液态黏合剂一层粉末的交替下,实物被逐渐打印成形;有些 3D 打印机使用激光烧结技术,按形状先喷洒一层粉末,然后通过激光高温烧结后,再喷洒一层粉末,再通过激光高温烧结,层层累加,打印出实物;有些 3D 打印机使用熔积成型技术,在喷头内熔化原料,然后逐层挤出,原料挤出后凝固成型;还有些 3D 打印机使用光固化技术,用光束照射液态感光性树脂使其固化成型。

基于 3D 打印技术,完成 3D 打印工作的设备称为 3D 打印机(3D printer)或三维打印机。最早的 3D 打印机出现在 20 世纪 80 年代,近几年得到广泛关注和快速发展。从长远来看,3D 打印将会冲击基于车床、钻头、冲压机、制模机等工具的传统制造业;但从目前看,由于受到打印材料、打印性能、打印成本和打印速度等因素的制约,主要还是用于产品模型、设计样品、玩具、装饰品、个性化用品等的打印,还难以规模化打印实用产品。

3D 打印机可以和 3D 扫描仪配合使用,对于一个实物,先用 3D 扫描仪扫描生成三维数字模型,然后用 3D 打印机打印出来。

4. 绘图仪

绘图仪(plotter)是一种能在纸张、薄膜和胶片等记录介质上绘出计算机生成的各种图形或图像的设备。绘图仪的种类很多,按结构和工作原理可以分为滚筒式和平台式两大类。绘图仪除了必要的硬件设备之外,还必须配备丰富的绘图软件。只有软件与硬件结合起来,才能实现自动绘图。现代的绘图仪已具有智能化的功能,它自身带有 CPU,可以使用绘图命令,具有直线和字符演算处理以及自检测等功能。

3.5 主板与总线

从前面的介绍可知,组成一台微型计算机需要 CPU、内存、硬盘、键盘、鼠标、显示器和打印机等各种部件和设备,这些部件需要以适当的方式连接起来,彼此之间高效通信、协调工作。研制人员以主板和总线的方式把这些部件组织在一起,通过主板上的插槽和接口,将各种部件连接在一起,通过总线来实现各部件(设备)之间的相互通信。这种方式有利于计算机结构和计算机组装的标准化,有利于提高性能、降低成本。

3.5.1 主板

主板(mainboard)也称为系统板或母板,是微型计算机最基本的也是最重要的部件之一,是其他部件组装和工作的基础。主板的主要功能有两个:一是提供插接 CPU、内存条和各种功能卡的插槽,部分主板甚至将一些功能卡(如显卡和声卡等)集成在主板上;二是为各种常用外部设备,如键盘、鼠标、显示器、打印机、扫描仪、硬盘和 U 盘等提供与 CPU 连接的通用接口。主板采用了开放式结构,主板上大都有多个扩展插槽,供外部设备的控制卡(适配器)插接。通过更换这些插卡,可以对微型计算机的相应子系统进行局部升级,使制造商和用户在配置组装计算机时有更大的灵活性。主板的类型和档次决定着整个微型计算机系统的类型和档次,主板的性能影响着整个微型计算机系统的性能。

主板由芯片、扩展槽和对外接口 3 个主要部分组成。

1. 芯片部分

芯片组。芯片组是主板的核心,由北桥芯片和南桥芯片组成。北桥芯片主要负责 CPU 与内存、显卡等高速部件之间的数据传输。随着设计的不断改进优化和集成电路集成度的不断提高,北桥芯片的功能逐步被移入 CPU 内部,目前有的主板已经没有北桥芯片了。南桥芯片主要负责 CPU 与硬盘、U 盘、集成网卡等低速设备之间的数据传输。芯片组中的芯片焊接在主板上,不像 CPU 和内存条等通过插槽可进行简单的升级替换。

RAID 控制芯片。相当于一块 RAID 卡的作用,可支持多个硬盘组成各种 RAID 模式。RAID 是独立冗余磁盘阵列(redundant array of independent disk)的英文缩写,使用冗余磁盘阵列技术的目的是把多台小容量的硬盘组合成一台大容量的硬盘,以降低大批量数据存储的成本,同时也希望采用冗余信息的方式,使得磁盘失效时能够有效保护数据不受损失,具有一定的数据保护功能,并且能适当地提高数据传输速度。

BIOS 芯片。BIOS 是基本输入输出系统(basic input/output system)的英文缩写,BIOS 芯片保存着计算机系统中的基本输入输出程序、系统设置信息、自检程序和系统启动自举程序等。现在主板的 BIOS 还具有电源管理、CPU 参数调整、系统监控和计算机病毒防护等功能。BIOS 为计算机提供最基本、最直接的硬件控制功能。

早期的 BIOS 通常采用 PROM 芯片,用户不能改写其中的数据,即不能更新 BIOS 中的程序版本。随着技术的发展,主板上的 BIOS 芯片逐渐采用了电可擦可编程只读存储器(EEPROM)和快闪只读存储器(flash ROM)。由于新型只读存储器可以擦除,因此可以更新 BIOS 的内容,升级比较方便,但也成为主板上唯一可被计算机病毒攻击的芯片,CIH 病毒就是专门攻击 BIOS 系统的,BIOS 中的程序一旦被破坏,主板将不能工作,需要由制造商或专门的维修人员重新写入正确的 BIOS 程序。

CMOS 芯片。CMOS 是互补金属氧化物半导体(complementary metal oxide semiconductor)的英文缩写,CMOS 芯片是可读可写的,用来存放 BIOS 中一些可由用户设定和修改的参数,如计算机是从硬盘启动还是从光盘启动、芯片组工作特性、能源管理参数、管理员密码等。开机时,CMOS 由系统电源供电,关机时靠主板上的电池供电。在电池正常工作的前提下,即使关机,CMOS 中的数据也不会丢失。如果电池没电了,CMOS 中保存的参数会恢复到某个初始状态,可能导致系统不能正常启动,需要对其重新设置。设置方法是系统启动时按设置键(通常是 Delete 键)进入 CMOS 参数设置窗口,在窗口内可对相关参数进行重新设置。

2. 扩展槽部分

目前,主板上的扩展槽一般可以分为 CPU 插座、内存插槽、总线扩展插槽等。

CPU 插座。CPU 芯片通过 CPU 插座连接到主板上,不同类型的 CPU 需要有与之对应的 CPU 插座。目前常见 CPU 的接口是针脚式或触点式接口。

内存插槽。通过该插槽可以更换或增加内存条,以扩充内存容量,但要注意内存条与插槽的匹配以及新内存条与原有内存条的匹配。

总线扩展插槽。通过总线扩展插槽可以插接多种标准板卡,如显卡、视频采集卡、声卡和网卡等。目前的主板上主要有 PCI 扩展槽和 PCI-E 扩展槽,插接进扩展槽的板卡实现了与 CPU 的连接,成为计算机系统的组成部分。

3. 对外接口部分

接口主要用于输入输出设备(外设)和主机的连接,主机和外设是不能直接通过总线连接的,因为外设都是些机电、磁性或光学设备等,而构成主机的 CPU 和内存是电子设备(数字电路)。与 CPU 和内存相比,外设的工作速度要慢得多、处理的信号格式也可能不同,因此需要有某种机制来缓解这种差异,外设是通过一种被称为输入输出控制器或接口的部件连接到总线的。

接口一般由两部分组成:硬件电路和相应的设备驱动程序。例如,要把一台打印机连接到计算机上打印文档,一是要把打印机的数据线插接到计算机的相应接口(可以是 USB 接口),二是运行与打印机品牌、型号对应的设备驱动程序,之后打印机才能正常工作。当然,目前有些外设的驱动程序是自动加载运行的,如 U 盘,插接到计算机的 USB 口后,就会自动加载运行相应的设备驱动程序。

SATA 接口。用于插接机械硬盘和固态硬盘。串行高级技术附件(serial advanced technology attachment,SATA)接口是一种基于行业标准的串行硬件驱动器接口,主要用作硬盘接口,SATA 接口的机械硬盘和固态硬盘都可插接,相对于之前的集成设备电路(integrated device electronics,IDE)接口,提高了硬盘的读写速度。

音频接口。音频接口分为 SPEAKER、MIC、LINE IN/OUT 等不同类型,分别用于连接音箱/耳机、麦克风、线路输入输出设备,进行声音的播放与录制。

USB 接口。USB 接口具有传输速度快(USB 3.0 达到 5.0Gb/s)、使用方便、支持热插拔和连接灵活等优点,可以连接鼠标、键盘、打印机、扫描仪、摄像头、U 盘、手机、数码相机、移动硬盘和 USB 网卡等几乎所有的外部设备。USB 接口是目前使用最多的一种接口。

M.2 接口。M.2 接口是一种新型接口,可以兼容 SATA、PCI-E、USB 等多种协议,目前常见的接入设备是固态硬盘和无线网卡。

3.5.2 总线

计算机系统中各部件之间、主机与外设之间都需要传输数据,如果都分别用一组线路直接连接,那么连线将会错综复杂,连接成本高、数据传输效率低。为了简化和标准化系统结构,常用一组连线,配以适当的接口电路,实现部件之间以及主机和外设的连接及数据传输,这组多个部件或设备共享的数据传输线称为总线。采用总线结构便于部件和设备的扩充,使用统一的总线标准,不同设备间的互连更容易实现。

所谓总线(bus),是指将数据从一个或多个源部件传送到一个或多个目的部件的一组传输线,是计算机中传输数据的公共通道。

运算器、控制器和寄存器构成 CPU,CPU 和内存构成主机,再给主机配上键盘、鼠标、硬盘、显示器等外设就构成一台完整的计算机,CPU 与各种外设连接要通过相应的接口进行,如键盘接口、硬盘接口、显示器接口等。总线一般有内部总线、系统总线和外部总线之分。内部总线指芯片内部连接各元件的总线,如 CPU 芯片内部连接运算器和控制器的总线;系统总线指连接 CPU、内存和各种输入输出接口的总线;外部总线则是指外设接口和外部设备之间的连接总线。

由于 CPU、内存和各种外设接口都在主板上,所以系统总线就是主板上的板级总线。根据传送数据的不同,系统总线分为数据总线、地址总线和控制总线。

数据总线(data bus,DB)。用于 CPU 与内存、CPU 与外设接口之间传输数据。目前,微型计算机中常用的数据总线有 PCI 总线和 PCI-E 总线。

PCI 总线定义了 32 位数据总线(能同时传输 32 位的二进制数),可扩展为 64 位,典型工作频率是 33.33MHz。标准的 32 位 PCI 总线的传输带宽为 133MB/s,64 位 PCI 总线的传输带宽可达 266MB/s。PCI 总线属于并行传输方式,即使用多条信号线同时并行传输多位数据。现在,PCI 总线已经发展到 PCI-Express,这是一种高速串行总线。为了进一步提升带宽,PCI-E 总线还支持多通道数据传输模式,PCI-E 总线有×1、×2、×4、×8、×12、×16 和×32 等多种多通道方式,能够成倍地增加传输带宽。目前主流显卡多使用 PCI-E 4.0×8 接口,接口的单向传输速率高达 128Gb/s。

地址总线(address bus,AB)。从内存单元或外设端口中读出数据或写入数据,首先要知道内存单元或外设端口的地址,地址总线就是用来传送这些地址信息的。地址总线的宽度决定了 CPU 能访问的内存空间大小,若某款 CPU 有 36 根地址线,则最多能访问 64GB 的内存空间。

控制总线(control bus,CB)。用于传输控制信息,进而控制对内存和外部设备的访问。

至此,对计算机硬件的各组成部分作了简要介绍。需要说明的是,组成计算机硬件子系统的各部件产品都有不同的品牌、档次和型号,而且其制造技术也是在不断发展和变化的。例如,CPU 有 Intel CPU、AMD CPU、IBM CPU 之分;对于 Intel CPU,又可分为用于台式计算机和笔记本计算机的酷睿(Core)系列、用于服务器的志强(Xeon)系列等;对于酷睿系列,又分为酷睿 i3、i5、i7、i9 等系列,酷睿 i9 再分为 i9-7980XE、i9-11900H 、i9-12900KF i9-

13980HX 等型号,其中的 i9-13980HX 具有 24 核、32 线程和最高达到 5.8GHz 的主频。要想了解某个部件(设备)的详情和最新技术变化,还需查阅相关书籍或网站。

对于选购计算机,可以直接购买品牌机,或购买部件自己组装。直接购买品牌台式计算机或笔记本计算机时,根据自己的需要,只要在品牌、主要性能指标(CPU 型号、内存容量、机械硬盘容量、固态硬盘容量等)和价格之间做出一个综合比较就可以决定购买哪一款了。如果是组装台式计算机,就要认真选择主板、CPU、内存条、机械硬盘、固态硬盘、键盘、显示器、鼠标、电源和机箱等,如果有需要还要选择打印机、扫描仪等。不仅要考虑各部件的性能、型号,还要注意各部件在性能、型号和接口上的匹配,如 CPU 引脚和 CPU 插座是否匹配、内存条和内存插槽是否匹配、显卡和显卡插槽是否匹配等,否则在使用时容易出现启动故障、达不到预期性能、运行不稳定等情形。当然,初次购买计算机时,最好是在有经验人员的指导下进行。

实际上,当需要配置一台计算机时,只有硬件是不够的,还需要有相应的软件,才能让计算机运行起来,才能充分发挥硬件的作用。一般在购买计算机时,商家会预装一些常用的软件,如操作系统、字处理软件、电子表格软件等。更多的软件,则要根据使用计算机时的实际需要自行安装。

3.6　计算机系统结构的发展

在计算机的发展过程中,计算机的性能快速提升。1946 年研制成功的占地 170m^2 的第一台通用电子计算机"埃尼阿克"的运算速度只有 5000 次/秒加法。现在的笔记本计算机都能达到数亿次/秒以上的运算速度,超级计算机的运算速度更是超过了 170 亿亿次/秒。计算机性能的快速提升主要得益于两方面,一是计算机制造技术的不断发展,例如,现在一个不到 1cm^2 的芯片能集成数十亿、甚至超百亿个晶体管,一块 3in 硬盘能达到 TB 级的存储容量;二是计算机系统结构的不断创新优化,例如,精简指令集计算机(RISC)、流水线、多核处理器、并行计算机、多级缓存等新设计方案的提出与实现。

3.6.1　CISC 与 RISC

CISC 与 RISC 是设计 CPU 时采用的两种不同的架构和技术思路。

CISC 是复杂指令集计算机(complex instruction set computer)的英文缩写。设计 CPU 时都要首先为其设计一组实现多种功能的机器语言指令,称为指令集。指令集中指令越多,直接编写或把高级语言程序翻译成机器语言程序就越容易,解决实际问题的能力就越强。CISC 体系结构的指令集中有大量的指令,包括一些实现复杂任务的指令(如求开方值的指令),每一项简单或复杂的任务都有一条对应的指令。所以,在 CISC 结构的计算机上编写程序比较容易。但复杂的指令集使得 CPU 的电路设计非常复杂,因为指令集中的每一条指令的功能都需要设计对应的硬件电路来实现。

RISC 是精简指令集计算机(reduced instruction set computer)的英文缩写。20 世纪 70 年代,约翰·科克(John Cocke,1925—2002)在研究了 IBM 370 系统(一种 CISC 结构的计算机)后发现,编写程序时,指令集中经常用到的指令大约占 20%,用这些指令编写的程序代码占程序代码总量的约 80%,而其余大约 80% 的指令不常用到,只占程序代码总量的约

20%。由此,科克提出了 RISC 体系结构,其要点就是简化指令集,指令集中只保留最常用的那些实现基本操作的简单指令,这样就能简化 CPU 的电路设计。在 RISC 结构的计算机上,简单功能直接由指令集中的指令实现,复杂的功能则由多条简单指令组合成微程序实现。而且,由于 RISC 结构 CPU 的每条指令的执行时间相同,指令的执行便于组织成流水线方式,CPU 具有较快的处理速度,且功耗较低。

早期计算机所用 CPU 都是采用的 CISC 结构。由于 RISC 结构具有速度快、功耗低的优势,Intel 公司在 20 世纪 80 年代也曾研制过 RISC 结构的 CPU,但由于失去了和先前 CPU 的兼容性,市场效果并不好。所以 Intel 公司到目前推出的 CPU 都是 CISC 结构,其主要考虑是满足用户对兼容性的需求,使得之前的软件能够在新款 CPU 上运行,这对很多计算机用户来说是非常重要的,而且 Intel 公司在研发新款 CPU 上投入了大量的人力和财力,使得新款 CPU 的性能不断提升,保住了计算机用 CPU 市场的优势地位。AMD 公司的定位就是生产和 Intel CPU 兼容的产品,所以其生产的 CPU 也是 CISC 结构的。ARM 公司的 CPU 是 RISC 结构。

目前,CISC 结构的 CPU 主要用在服务器、台式计算机和笔记本计算机上,RISC 结构的 CPU 主要用于智能手机和平板计算机中。约翰·科克由于在提出 RISC 结构和在优化编译器设计上的贡献获得 1987 年度图灵奖。约翰·轩尼诗(John Hennessy,1953—)、大卫·帕特森(David Patterson,1947—),开创了一种系统的、定量的方法来设计和评价计算机体系结构,并对 RISC 微处理器行业产生了持久的影响,获得了 2017 年度图灵奖。

在 CPU 的指令集中,一些功能复杂的指令被分解为一组相对简单的指令,这些简单指令称为微指令(microinstruction)。一组微指令构成一个微程序(microprogram),微程序由 CPU 设计人员编写并存储在只读性质的微码存储器中,当执行到复杂指令时,就从微码存储器中读出对应的微程序执行,程序员可见的复杂指令称为宏指令(macroinstruction)。引入微指令和微程序的好处是将机器指令与相关的电路设计分离,只针对基本的操作指令设计电路,而一条机器指令对应的是一个微程序,可以更灵活地进行指令的设计与修改,而不用修改电路设计。

在不断的技术演化过程中,CISC 和 RISC 互相借鉴了对方的优点,CISC 结构使用了微程序,RISC 结构采用了 CISC 的部分指令。

3.6.2　流水线技术

计算机执行一条指令一般包括 3 个步骤:取指令、分析指令和执行指令。在早期的计算机系统结构中,多以串行方式执行指令,即完成一条指令的“取指令、分析指令和执行指令”,再进行下一条指令的“取指令、分析指令和执行指令”,指令执行过程如图 3.11 所示,如果每条指令的执行需要时间 T,则执行 n 条指令就需要 $n \times T$ 的时间。由于取指令、分析指令和执行指令分别由 CPU 中的不同部件(电路模块)完成,在一条指令的执行期间,虽然 CPU 作为整体没有闲着,但其中的部件(如取指令部件)是时而工作时而空闲的,所以这种指令执行方式的效率并不高。

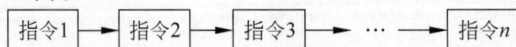

$$\boxed{指令1} \longrightarrow \boxed{指令2} \longrightarrow \boxed{指令3} \longrightarrow \cdots \longrightarrow \boxed{指令n}$$

图 3.11　串行执行指令

如果能够让指令并行执行,即在同一时刻或同一时间间隔内完成两个或两个以上的指令,那么前面 n 条指令的执行时间一定会小于 $n \times T$。

流水线技术的设计灵感来自现代工业生产流水线,即把计算机中各个功能部件要完成的操作分解成若干"操作步骤"来处理。一条指令分成取指令、分析指令和执行指令 3 个串行执行的步骤,如图 3.12 所示。

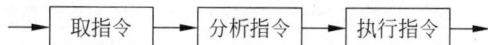

图 3.12 单条指令执行过程

如果把一条指令的各个步骤与后一条指令的各个步骤安排成适当的重叠执行方式,这样就形成了如图 3.13 所示的流水线,从图 3.13 中可以看出,每一个部件完成当前指令的任务后,不会空闲等待,而是立即进入下一条指令的处理过程。原本每条指令需要 $3t$ 的时间完成从取指令到分析指令、执行指令的过程,采用流水线后,3 条指令的执行只需要 $5t$ 的时间即可完成,相对于串行执行 3 条指令所需的 $9t$,减少了 $4t$。流水线方式执行指令所需时间明显少于串行执行方式。

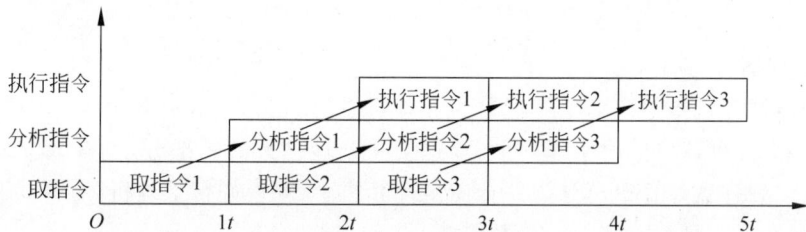

图 3.13 流水线执行过程

目前有多种设计流水线的方式,例如,可以设计指令级、功能部件级、处理器级的流水线。图 3.13 就是一种指令级的流水线,指令级的流水线也有多种方式可选,可以把一条指令的执行分为取指令、分析指令、执行指令和结果回写 4 个阶段后再设计流水线。

3.6.3 并行处理技术

并行处理指同时进行处理。例如,小明和小亮同时分别计算一批数的平方值,小明负责计算 $101 \sim 150$ 的平方值,小亮负责计算 $151 \sim 200$ 的平方值,这就属于并行处理或并行计算。并行处理以增加资源的方式提高处理效率,小明和小亮各负责 50 个数的平方值的计算,比全部的 100 个数由一个人计算,效率要高;如果同时安排 4 个人计算,每人计算 25 个数,效率会更高。

早期的计算机都只有一个单核的 CPU,采用串行处理方式工作,相当于一个人一个数一个数的计算,效率(性能)比较低。一段时期内,提高计算机的性能主要靠提高单核 CPU 的性能,虽然通过改进 CPU 的架构设计和提高主频,可以提高 CPU 的性能,但提升的速度越来越慢,而且由大功耗引起的散热问题也难以解决。设计人员基于"人多力量大"的思路,逐步采用一种更有效的并行处理方式来提高计算机的性能。多核计算机、多处理器计算机、多计算机系统(机群系统)都是并行处理的具体实现形式。

1. 多核计算机

多核计算机所用处理器为多核处理器,多核处理器指在一个 CPU 芯片内包含多个内核(包括运算器、控制器等)。计算机运行时,CPU 内的多个内核可同时完成计算等工作,提高了计算和其他处理工作的速度。多核处理器主要分原生多核和封装多核。原生多核最早由 AMD 公司提出,每个内核都是完全独立的,都拥有自己的外部总线,不会造成相互之间的冲突,即使在高负载情形下,每个内核的性能也不会有大的变化。但原生多核处理器的设计、制造比较复杂。首款原生多核 CPU 由 AMD 公司在 2005 年推出。封装多核是把多个内核直接封装在一起,多个内核共享三级缓存和外部总线,计算机运行时存在冲突的可能性较大,综合性能不如原生内核高,但易于设计和制造,成本较低,在多核处理器发展的初期,封装多核发展得更快一些。

2023 年 1 月,Intel 公司推出了第十三代酷睿处理器——酷睿 i9-13980HX,这款 CPU 拥有 24 个内核,包括 8 个性能核和 16 个能效核。性能核的睿频可达 5.6GHz,能效核的睿频可达 4GHz。性能核(也称大核)注重性能的提升,能耗较高;能效核(也称小核)性能稍弱,但能耗低。性能核与能效核的配合在性能与能耗之间取得较优的综合效果。睿频是一种根据负载动态调整的工作频率,在工作负载较轻的情况下自动提高频率以提升处理性能,最高可以达到 CPU 的最大睿频。而主频指 CPU 芯片上的时钟频率,是固定不变的。

2. 多处理器计算机

多处理器计算机指包含多个处理器的计算机系统,也称为并行计算机。多处理器计算机运行时,多个处理器可同时工作,分别承担某项处理任务的一部分,可有效提升计算机系统的性能。多处理器计算机可分为并行向量计算机、大规模并行处理机、对称式共享存储器多处理机、分布式共享存储多处理机系统等。

1) 并行向量计算机

向量是一种常见的数据形式,一个向量可以包含很多个元素,特别适合并行处理和流水线处理(同时处理不同分量数据)。并行向量计算机(parallel vector processor,PVP)简称向量机,其中的处理器设计有专门的向量表示和向量处理指令,而且一台向量机可以包含多个向量处理器。美国 Cray 公司推出的多个机型、NEC 公司的 SX-X44、我国国防科技大学研制成功的"银河Ⅰ""银河Ⅱ"都是向量机。1991 年公布推出的 Cray C-90 向量机由 16 个处理器构成,每个处理器设置有 2 条向量流水线,峰值运算速度达到 160 亿次/秒浮点运算。向量计算机在 20 世纪 80—90 年代是超级计算机的主流机型。

2) 大规模并行处理机

从 20 世纪 90 年代开始,大规模并行处理机(massively parallel processor,MPP)逐渐显示出代替和超越向量机的趋势。MPP 的特点包括:处理结点使用商用微处理器,每个结点可包括多个微处理器;可扩展性好,可扩展到成百上千个微处理器;采用分布式非共享的存储器,各结点有自己的地址空间;采用专门设计和定制的高性能互连网络连接各结点,采用消息传递的通信机制。IBM 公司的 IBM SP2、Intel 公司的 ASCI Red、我国的"曙光1000"等都是 MPP 计算机。其中,1996 年推出的 ASCI Red 在超级计算机发展史上首次突破万亿次/秒的运算速度。2000 年前后,MPP 是超级计算机的主流机型。

3) 对称式共享存储器多处理机

对称式共享存储器多处理机(symmetric shared-memory multi-processor,SMP)包含的处理器个数较少(一般不超过几十个),多个处理器通过系统总线或交叉开关共享单一的集中式存储器。IBM R50、SGI Power Challenge、我国的"曙光一号"等都是 SMP 计算机。其中,SGI Power Challenge 配备 8 个处理器,峰值运算速度达到 28.8 亿次/秒浮点运算。

4) 分布式共享存储多处理机系统

分布式共享存储多处理机(distributed shared-memory multi-processor,DSM)可以构建规模较大的多处理机系统。由于处理器较多,只能采取为各处理器分别配置存储器的方式,不能采用集中式存储器方式,否则处理器访问存储器的速度将会影响整个计算机系统的性能。越来越多的中小规模的多处理机系统采用这种分布式存储器结构。斯坦福大学的DASH、SGI-Cray 的 Origin 2000 等是 DSM 的代表机型。

3. 机群系统

机群(cluster)也称集群,起源于 20 世纪 90 年代中后期。机群是由多个同构或异构的独立计算机通过高性能网络连接在一起的高性能并行计算机系统。构成机群的每台计算机都有自己的存储器、输入输出设备和操作系统,它们在机群操作系统的控制下协同完成特定的并行计算任务。机群虽然由多台计算机构成,但对用户和应用来说是一个单一的系统,它可以提供低价高效的高性能环境和快速可靠的服务。

1997 年 6 月,国际 500 强超级计算机排行榜中只有一台机群计算机。到 2004 年 6 月,排行榜中的机群计算机已超过 50%,达到 298 台;到 2013 年 6 月,更是达到 417 台,占比83.4%。机群已成为近些年构建超级计算机的主要结构。

美国加州大学伯克利分校的 NOW、日本 NEC 公司的 LAMP、我国的"天河二号"等都是代表性机群。近些年的排名世界第一的超级计算机大多是机群。

无论是计算机制造技术,还是计算机系统结构,还会不断地向前发展和创新,以推动计算机性能的继续不断提升。其实,各类型之间有时也没有严格的界限,如 IBM SP2 计算机有人将其分类为 MPP,也有人将其分类为机群。

3.7　小结

一个完整的计算机系统由硬件和软件两大部分组成。硬件包括中央处理器、存储器、输入设备和输出设备。中央处理器(CPU)包括运算器、控制器和寄存器,CPU 是计算机的核心部件,主要评价指标有兼容性、字长和主频等。存储器包括内存、外存和高速缓存,多级高速缓存的配置,有效提高了 CPU 的利用率,进而提升了计算机的整体性能。输入设备和输出设备也在不断发展,3D 扫描仪和 3D 打印机的出现推动计算机应用深入发展。主板和总线的使用,既提高了计算机的整体性能,又使计算机的生产标准化、模块化,有助于降低计算机的成本。

在不断提高单个 CPU 芯片集成度的基础上,计算机体系结构也在不断改进、优化,出现了 RISC(精简指令集计算机)、多核 CPU、流水线、并行处理等多种新技术,大幅度提高了计算机的运算速度。

拓展阅读:冯·诺依曼与冯·诺依曼计算机

1944 年夏的一天,美国弹道试验场所在地阿伯丁火车站,"埃尼阿克"(ENIAC)研制组

图 3.14 冯·诺依曼

的戈尔斯坦看到冯·诺依曼(见图 3.14)正在等车,戈尔斯坦以前听过冯·诺依曼教授的学术报告,但一直无缘直接交往。机会难得,戈尔斯坦主动上前自我介绍,当戈尔斯坦讲到正在研制的电子计算机时,平易近人的数学大师顿时严肃起来。据戈尔斯坦回忆,此后的谈话好像博士学位答辩。显然,ENIAC 深深地打动了具有敏锐科学洞察力的冯·诺依曼教授,几天之后,他就专程到莫尔学院考察正在研制中的 ENIAC,并参加了为改进 ENIAC 而举行的一系列学术会议。

这次偶然的车站相遇,对计算机的发展具有决定性的作用,既确定了现代计算机的基本逻辑结构,也奠定了冯·诺依曼在计算机发展史上的重要地位。

冯·诺依曼(John von Neumann,1903—1957),出生于匈牙利布达佩斯,中学时期受到特殊、严格的数学训练,19 岁时就发表了有影响的数学论文,在校期间他学习拉丁语和希腊语卓见成效,这对锻炼他的记忆力非常有帮助,他掌握了 7 种语言,成为从事科学研究强有力的工具。后来他游学于著名的柏林大学、洪堡大学和普林斯顿大学,成为德国大数学家戴维·希尔伯特(David Hilbert,1862—1943)的得意门生,1933 年,他被聘为美国普林斯顿大学高等研究院的终身教授,成为著名物理学家爱因斯坦(Albert Einstein,1879—1955)最年轻的同事。冯·诺依曼才华横溢,在数学、应用数学、物理学、博弈论和数值分析等领域都有杰出的贡献。他的数学功底为进行计算机的逻辑设计奠定了坚实的基础。

当冯·诺依曼从戈尔斯坦那里听说他们正在制造电子计算机的时候,他正参加第一颗原子弹的研制工作,遇到原子核裂变反应过程的大量计算的困难,这涉及数十亿次初等算术运算和初等逻辑运算。为此,曾有成百名计算员一天到晚用计算器计算,然而,结果还是不能满足需要。这使他马上意识到研制电子计算机的重要意义,决定参与到这一工作中来。

ENIAC 并不是存储程序式的,程序要通过外接线路输入,非常不方便。1944 年 8 月到 1945 年 6 月,在莫尔学院定期举行会议,针对 ENIAC 遇到的问题,提出各种研究报告。冯·诺依曼与莫尔学院研制小组积极合作,经过 10 个月的紧张工作,提出了一个全新的存储程序通用电子计算机方案——离散变量自动电子计算机(electronic discrete variable automatic computer,EDVAC)。人们通常称它为冯·诺依曼机,时至今日,所用的计算机都没有突破冯·诺依曼机的基本结构。EDVAC 方案的讨论过程与 ENIAC 的研制是同时进行的,再改动 ENIAC 的结构已来不及了,所以 ENIAC 仍是外插程序式计算机。

1945 年 6 月 30 日,莫尔学院发布了长达 101 页的 EDVAC 方案,这是冯·诺依曼和莫尔学院研制小组的专家们集体的研究成果,冯·诺依曼因用其非凡的分析、综合能力及深厚的数理基础知识,在 EDVAC 的总体结构和逻辑设计中起到了关键的作用。

EDVAC 方案明确规定了计算机有 5 个基本组成部分:用于完成算术运算和逻辑运算的运算器,基于程序指令控制计算机各部分协调工作的控制器,用来存放程序和数据的存储器,把程序和数据输入存储器的输入装置,以显示、打印等方式输出计算结果的输出装置。相对于 ENIAC,EDVAC 方案有两个重大改进:一是用二进制代替了十进制,便于电子元件表示数据,简化了运算器的设计,提高了运算速度;二是提出了"存储程序"的概念,程序和数据都存放在存储器中,实现了基于程序的计算机自动执行,实现了程序执行中的"条件转移"。

1945 年底,ENIAC 刚刚完成,设计组就因发明权的争执而解体,影响了 EDVAC 的研制进度。世界上第一台存储程序式计算机是英国剑桥大学研制的电子延迟存储自动计算机(electronic delay storage automatic calculator,EDSAC),使用水银延迟线作存储器,1949 年投入运行,EDSAC 的主要研制者莫里斯•威尔克斯(Maurice V. Wilkes,1913—2010)因此获得第二届图灵奖。而 EDVAC 直到 1952 年才研制完成。

习题 3

一、填空题

1. 冯•诺依曼计算机的 3 个基本要素是_____、_____和_____。

2. CPU 主要包括_____、_____和_____。

3. 评价 CPU 性能的主要指标包括_____、_____和_____。

4. 把 CPU 芯片的制作过程分为_____与_____两个阶段。

5. CPU 的制作过程可以分为设计和生产 2 个阶段,设计阶段主要包括_____和_____ 2 个步骤,生产阶段包括_____、_____、_____、_____、_____ 5 个步骤。

6. 1GB＝1024 _____,1MB＝1024_____。

7. 说到内存,DDR 的含义是_____。

8. 内存一般包括_____、_____、_____。

9. 写出 3 种常用的外存设备:_____、_____、_____。

10. 硬盘容量的计算公式是_____。

11. 基于闪存的固态硬盘的主要部件是_____、_____、_____。

12. 写出 3 种常用的输入设备:_____、_____、_____。

13. 写出 3 种常用的输出设备:_____、_____、_____。

14. 主板主要包括 3 个组成部分:_____、_____、_____。

15. 系统总线分为_____、_____、_____。

二、名词解释

计算机、中央处理器、主频、字长、内存、外存、高速缓存、GPU、主板、总线、数据总线、地址总线、控制总线、CISC、RISC。

三、简答题

1. 简述冯•诺依曼体系结构计算机的基本组成及工作原理。

2. 对比说明内存和外存的不同特点与不同作用。

3. 简述高速缓存的工作原理。

4. 对比说明机械硬盘和固态硬盘。

5. 简述流水线技术在提高计算机性能方面的作用。

6. 简述并行处理技术在提高计算机性能方面的作用。

思考题 3

1. 冯·诺依曼体系结构有什么缺点？能给出新的体系结构吗？
2. 自行查阅相关文献，说明磁盘、光盘和 U 盘 3 种存储介质的工作原理的区别。
3. 打开主机箱，对照主板上的组成部件理解书中关于主板和总线的介绍。

第 4 章　程序设计与计算机软件

软件是整个计算机系统的重要组成部分,目前计算机所能完成的所有功能都是在硬件的支持下由软件实现的。计算机专业人员的一项重要工作是开发软件,而开发软件要以程序设计能力为基础,程序设计知识的掌握和程序设计能力、程序设计思维的培养是计算机专业学生重要的学习任务。

4.1　程序设计语言

程序设计语言是一种人与计算机之间进行交流,让计算机理解人的意图并按照人的意图完成工作的符号系统。针对要完成任务的工作步骤,基于某种程序设计语言编写出程序,提交给计算机执行,从而完成该项任务。

程序设计语言经历了机器语言、汇编语言和高级语言 3 个阶段,机器语言和汇编语言都称为低级语言。程序设计语言表现为一组基本指令或语句以及把基本指令或语句组织成程序的语法规则,指令或语句是让计算机完成某项功能的命令,在机器语言或汇编语言中,把这样的命令称为指令(instruction),在高级语言中,把这样的命令称为语句(sentence)。高级语言的一条语句一般相当于几条机器语言或汇编语言指令的功能。高级语言分为早期高级语言、结构化程序设计语言和面向对象程序设计语言。

4.1.1　机器语言

1952 年之前,人们只能使用机器语言编写程序。机器语言(machine language)是由二进制编码指令构成的语言,是一种依附于机器硬件的语言。

每种处理器(CPU)都有自己专用的机器指令集合,这些指令能够被计算机直接执行。由于指令的个数有限,所以处理器的设计者列出所有的指令,给每个指令指定一个二进制编号,用来表示这些指令。每条机器语言指令只能完成一个非常简单的任务,即使是求两个数的和这样的简单工作,也需要 4 条机器语言指令。

一条机器语言指令由两部分组成:操作码和操作数。操作码用于说明指令的功能,操作数用于说明参与操作的数据或数据所在的寄存器编号或数据所在内存单元的地址。操作码和操作数都是以二进制的形式表示。

【例 4.1】　机器语言程序示例。

程序功能:把两个内存单元中的数据相加,并将结果存入另外一个单元。

程序代码如下:

```
0001010101101100    ;把地址为 01101100 的内存单元中的数据装入 0101 号寄存器
0001011001101101    ;把地址为 01101101 的内存单元中的数据装入 0110 号寄存器
0101000001010110    ;把 0101 号和 0110 号寄存器中的数据相加,结果存入 0000 号寄存器
0011000001101110    ;把 0000 号寄存器中的数据存入地址为 01101110 的内存单元
```

注：对于指令 0001010101101100,其中的前 4 位 0001 为操作码,表示进行数据传送操作;紧跟的 4 位 0101 是第一个操作数,是一个寄存器的编号;再后面的 8 位 01101100 为第二个机器数,是一个内存单元的地址。

用机器语言编写程序,编程人员必须要记住每条指令对应的二进制编码是什么,编写出来的程序就是由 0 和 1 组成的数字串。这样就存在几方面的困难:指令难以准确记忆;程序代码容易写错;程序难以理解和修改。

如果有机会,真应该体验一下用机器语言编写程序的过程,这样就能体会到今天的高级语言为编写程序带来了多么大的方便。

4.1.2　汇编语言

1952 年,出现了汇编语言。汇编语言(assembly language)是由助记符指令构成的语言,也是一种依附于机器硬件的语言。

在汇编语言中,使用助记符来表示指令的操作码(如用 mov 表示数据传送操作,用 add 表示加法操作等),使用存储单元或寄存器的名字表示操作数。这样,相对于机器语言,记忆汇编语言的指令就容易多了,编写出的程序也比较容易理解。

【例 4.2】　汇编语言源程序示例。

程序功能:把两个内存单元中的数据相加,并将结果存入另外一个单元。

程序代码如下:

```
mov ax,da1   ;把 da1 单元中的数据存入 ax 寄存器
add ax,da2   ;把 ax 中的数据与 da2 单元中的数据相加,结果存入 ax 寄存器
mov da3,ax   ;把 ax 中的数据存入 da3 单元中
```

和机器语言程序比较,实现的功能相同,但指令容易记忆,程序容易编写和理解,而且 3 条汇编语言指令完成了 4 条机器语言指令的功能。

实际上,计算机只能直接执行由机器语言编写的程序。用汇编语言编写的程序称为汇编语言源程序,它需要首先翻译成机器语言程序(称为目标程序),才能被计算机执行,完成这种翻译工作的程序称为汇编程序或汇编器(assembler)。

相对于机器语言,汇编语言有一定的优势,但仍存在许多不足,助记符对一般人来说仍是比较难以记忆的,而且需要编程人员对计算机的硬件结构有比较深入的了解。

4.1.3　高级语言

机器语言中的指令用二进制编码表示,汇编语言中的指令用英文助记符表示。高级语言(high level language)中的语句用英文和数学公式表示,更容易被编程人员理解和掌握。

【例 4.3】　高级语言源程序示例。

程序功能:把两个内存单元中的数据相加,并将结果存入另外一个单元。

程序代码如下:

```
z=x+y   # 把内存单元 x 中的数据与 y 中的数据相加,结果存入 z 单元
```

从这个简单的例子可以看出,用高级语言编写程序,既简单又容易理解。

使用高级语言编写出的程序称为高级语言源程序,也需要先翻译成目标程序,才能被计

算机理解和执行。这种翻译程序有两种工作模式：编译程序模式和解释程序模式。编译程序先把高级语言的源程序翻译成目标程序，然后执行目标程序；解释程序并不需要把高级语言的源程序翻译成目标程序，而是翻译一条语句执行一条语句。

由于机器语言实在是难以学习和理解，所以一般不直接用机器语言编写程序。相对于高级语言，汇编语言也有难以学习和理解的不足，但汇编语言靠近机器，能够充分利用计算机硬件的特性，所以编写出的程序效率较高（占用内存少、执行速度快），对效率要求较高的规模不大的程序（如外设驱动程序、计算机控制程序等）仍然可用汇编语言编写。但更多的规模比较大的程序还是用高级语言来编写或者是高级语言和汇编语言混合编程。

第一个实用高级语言是美国 IBM 公司的约翰·巴克斯（John W. Backus，1924—2007）带领一个小组于 1957 年研发成功的 FORTRAN 语言。几十年来，人们提出了几千种设计方案，能实现的也有几十种。下面只对得到广泛应用的主要高级语言作简要介绍。

1. FORTRAN 语言

FORTRAN 是公式翻译器（formula translator）的英文缩写。FORTRAN 语言用于数学公式的表达和科学计算，1957 年 FORTRAN 的第一个版本研发成功，其编译程序由 25 000 行机器语言指令组成。以后又陆续推出多个版本，包括结构化程序设计语言版本和面向对象的程序设计语言版本。

目前，作为优秀的科学计算语言，FORTRAN 在计算密集的分子生物学、高能物理学、大气物理学、地质学和气象学（天气预报）等领域仍然得到广泛的应用。

2. ALGOL 语言

ALGOL 是算法语言（algorithm language）的英文缩写。AIGOL 语言用于科学计算，其最早版本是 1958 年出现的 ALGOL 58，后续版本有 ALGOL 60 和 ALGOL 68，这两个版本曾经在我国得到广泛的学习和使用，其后继语言 Pascal 出现后，ALGOL 逐渐被淘汰。

3. COBOL 语言

COBOL 是面向商业的通用语言（common business oriented language）的英文缩写。COBOL 语言用于企业管理和事务处理，以一种接近英语书面语言的形式来描述数据特性和数据处理过程。1960 年 4 月正式公布第一个 COBOL 文本，后续推出多个版本。现在，在银行等行业仍有 COBOL 程序在大型计算机上运行。

4. BASIC 语言

BASIC 是初学者通用符号指令码（beginner's all purpose symbolic instruction code）的英文缩写。BASIC 语言的研发者认为，FORTRAN、ALGOL 和 COBOL 语言都是面向计算机专业人员的，为使各专业的大学生都能较快地掌握一种编程语言，研发了 BASIC 语言。

1964 年 BASIC 第 1 版发布。BASIC 确实简单、易学，一经推出，很快流行起来。BASIC 语言在我国也得到广泛流行。谭浩强教授编写的《BASIC 语言》一书，销售量超过 1000 万册，从一个侧面说明了 BASIC 语言在当时的流行程度。

4.1.4　结构化程序设计语言

20 世纪 50—60 年代，由于受计算机硬件性能（运算速度慢、内存容量小）、编程语言、应用领域等的限制，编写的程序一般都比较小，编程人员更关注的是程序功能的实现和编程技巧,在实现功能的前提下,尽可能少占用内存空间并具有较高的运行效率。

到了 20 世纪 60 年代末,随着计算机硬件水平的提高和应用的深入,需要编写规模较大的程序,如操作系统、数据库管理系统等系统软件及较大规模的应用软件等。实践表明,沿用过去编写小程序的方法编写中大规模的程序是不行的,往往导致编写出的程序可靠性差、错误多且难以发现和修改。为此,人们开始重新审视程序设计中的一些基本问题,如程序的基本组成部分是什么、如何保证程序的正确性、程序设计方法如何规范等。

1969 年,埃德斯加·迪杰斯特拉(Edsgar W. Dijkstra,1930—2002)提出了结构化程序设计(structured programming,SP)的概念,强调从程序结构和风格上来研究程序设计,注重程序结构的清晰性,注重程序的可理解性和可修改性。经过几年的探索和实践,结构化程序设计方法的应用确实取得了成效,遵循结构化程序设计方法编写出来的程序,不仅结构良好,容易理解和阅读,而且容易发现和改正错误。

好的程序设计方法要有相应的程序设计语言支持,1971 年,尼克莱斯·沃思(Niklaus Wirth,1934—2024)研发了第一个结构化程序设计语言 Pascal,后来出现的 C 语言也属于结构化程序设计语言。

1. Pascal 语言

Pascal 是一种通用的高级语言,是在 ALGOL 语言的基础上发展起来的,以法国著名科学家帕斯卡(Blaise Pascal)的名字命名,这位物理学家、数学家在 1642 年曾经发明了齿轮式、能进行加减运算的机械式计算机,著名的帕斯卡定律就是他发现的。

Pascal 的第一个版本出现在 1971 年,20 世纪 70—90 年代,Pascal 语言有很大的影响。

2. C 语言

C 语言的前身是 ALGOL 60。ALGOL 60 离硬件比较远,不适合用来编写操作系统等系统软件。1963 年,英国剑桥大学在 ALGOL 60 的基础上添加了硬件处理功能,推出了 CPL(combined programming language)。但 CPL 规模较大,难以实现。1967 年推出了简化版的 CPL(basic CPL,BCPL)。1970 年,美国贝尔实验室以 BCPL 为基础,设计出更简单且更接近硬件的 B(取 BCPL 的第一个字母)语言。但 B 语言过于简单,功能有限。1972—1973 年,贝尔实验室在 B 语言的基础上设计出了 C(取 BCPL 的第二个字母)语言。C 语言既保持了 BCPL 和 B 语言精练、接近硬件的优点,又弥补了它们过于简单、无数据类型的不足。

1973 年,贝尔实验室将 1969 年用汇编语言编写的 UNIX 操作系统用 C 语言改写成 UNIX 第 5 版,C 语言代码占 90% 以上,只对最关键部分保留汇编语言代码,这样就使得 UNIX 操作系统向其他机器移植变得简单。1975 年,UNIX 第 6 版公布后,C 语言的优点引起人们的关注,随着 UNIX 的日益广泛使用,C 语言也迅速得以推广和广泛应用,成为最优秀的程序设计语言之一。

4.1.5 面向对象程序设计语言

几十年的程序设计实践表明,结构化程序设计方法在一定程度上保证了编写较大规模程序的质量,但随着时间的推移,也逐渐暴露了其本身存在的不足,大规模程序的质量仍然难以保证。为了适应程序设计的新需要,20 世纪 80 年代,在程序设计中各种概念和方法积累的基础上,人们提出了面向对象的程序设计(object oriented programming,OOP)方法。

面向对象的方法不再将问题分解为过程,而是将问题分解为对象,对象将自己的属性和方法封装成一个整体,供编程人员使用,对象之间的相互作用则通过消息传递来实现。使用面向对象的程序设计方法,可以使人们对复杂系统的认识过程与程序设计过程尽可能一致,能够更好地保证大程序的质量。

像结构化程序设计方法要有结构化程序设计语言支持一样,面向对象的程序设计方法也要有面向对象的程序设计语言支持。

1. Simula 67 语言

Simula 67 发布于 1967 年,被公认为是面向对象语言的鼻祖。Simula 67 的基础是 ALGOL 60,Simula 67 具有类和对象的概念。20 世纪 80 年代美国施乐帕罗奥多研究中心(Xerox Palo Alto Research Center)推出了 Smalltalk,它完整地体现并进一步丰富了面向对象的概念。但由于当时人们已经接受并广泛应用结构化程序设计方法,一时还难以完全接受面向对象的程序设计思想,这类纯面向对象语言没有能够广泛流行起来。

2. C++ 语言

C++ 语言由贝尔实验室的本贾尼 • 斯特劳斯特卢普(Bjarne Stroustrup,1950—)在 20 世纪 80 年代初设计并实现,它是以 C 语言为基础的支持数据抽象和面向对象思想的通用程序设计语言。C++ 是 C 语言的扩充,比 Smalltalk 等面向对象语言具有更好的性能,再加上 C 语言的普及基础,C++ 得到广泛应用。

3. Java 语言

Java 语言是由 Sun Microsystems 公司于 1995 年 5 月推出的一个支持网络计算的面向对象程序设计语言。Java 语言吸收了 Smalltalk 语言和 C++ 语言的优点,并增加了并发程序设计、网络通信和多媒体数据控制等特性,也是目前得到广泛应用的一种面向对象程序设计语言。

4. C♯ 语言

C♯ 语言是微软公司发布的一种面向对象的、运行于.NET Framework 之上的高级程序设计语言。C♯ 在语法规则与系统结构上与 Java 有着很多的相似之处,如它包括了单继承机制、界面以及与 Java 几乎相同的语法,是微软公司基于.NET 网络框架进行系统开发的主角。

5. Python 语言

Python 是一种完全面向对象的、解释型的程序设计语言,1991 年发布了第一个公开版本。由于 Python 语言易学易用以及有大量的内置库和第三方库可用,使得它成为一种广受欢迎、得到广泛应用的程序设计语言。本书以 Python 为例简要介绍编程知识,详细介绍可查阅袁方、肖胜刚、齐鸿志编写的《Python 语言程序设计》(第 2 版)一书。

4.2　Python 语言程序设计

4.2.1　Python 语言的特点

相对于 C、C++ 等其他程序设计语言,Python 语言主要有两方面的特点:一是易学易用;二是库函数丰富,有大量的内置库和第三方库的函数可用。

1. 易学易用

Python 语言的语法很多来自 C 语言,但比 C 语言更为简洁。相对于其他常用的程序设计语言,Python 可以用更少的代码实现相同的功能,也更容易学习、掌握和使用,使编程人员更多地关注数据处理逻辑,而不是语法细节。当然,易学易用是相对的,要想真正学会用Python 语言编写程序也需要付出一番努力,特别是对于初学编程者。

2. 库函数丰富

Python 解释器提供了几百个内置库,此外世界各地的程序员通过开源社区贡献了十几万个第三方库(库也可以称为模块),几乎覆盖了计算机应用的各个领域,编写 Python 程序可以大量使用已有的内置库和第三方库中的函数。在一定程度上说,使用 Python 语言编写程序,是基于大量的现成函数(代码)来组装程序,大大减少了编程人员自己编写代码的工作量,简化了编程工作,提高了编程效率,提高了代码质量。

近几年,人工智能(AI)得到快速发展和广泛应用。由于有大量的 AI 库可用和具备强大的数据处理能力,Python 已成为人工智能领域的首选编程语言。

以上这两个主要特点,使得 Python 语言得到了广泛的学习和使用。

4.2.2　Python 解释器的安装

学习编程首先要搭建一个编程环境,搭建 Python 编程环境主要是安装 Python 解释器,有了 Python 解释器的支持,才能执行 Python 程序和语句,才能验证编写的程序是否正确以及执行效率如何。

Python 解释器可以在 Python 官网下载后安装。以 Python 3.10.8 的安装为例,Python 解释器的安装过程一般包含如下 3 个主要步骤:

(1)下载安装包。安装 Python 解释器,首先需要做的就是从官方网站下载 Python 安装包,在浏览器的地址栏输入网址(http://www.python.org/downloads/),进入如图 4.1 所示的 Python 官网下载界面。

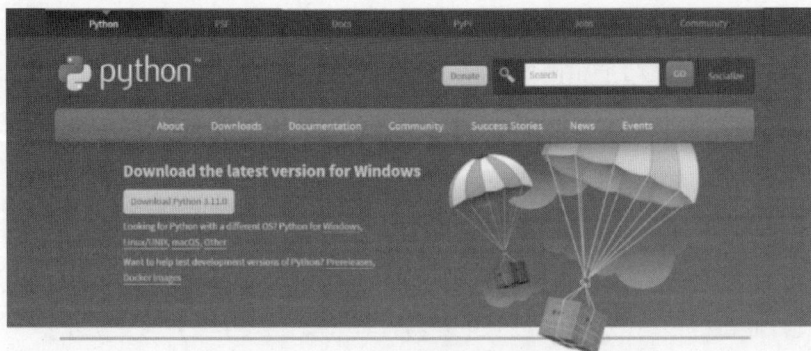

图 4.1　Python 官网下载界面

如果所用计算机安装的是 Windows 操作系统,单击"Looking for Python with a different OS? Python for Windows,Linux/UNIX,macOS,Other"中的"Windows"选项(使用其他操作系统可选择对应的选项),进入面向 Windows 的 Python 版本列表,如果所用计算机为 64 位计算机,从中找到 Python 3.10.8 - Oct. 11,2022 下面的"Download Windows installer(64-bit)"选项并单击,下载安装包文件,如图 4.2 所示。

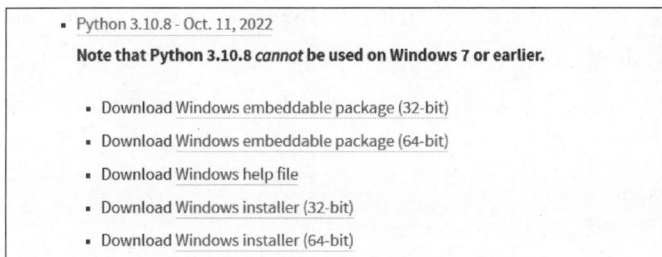

图 4.2　Python 3.10.8 版本选项

（2）安装 Python 解释器。双击已下载的 Python 安装包文件（python-3.10.8-amd64.exe），单击 Install Now 选项进入安装过程，如图 4.3 所示。为了后续操作方便，请选择"Add python.exe to PATH"复选框。

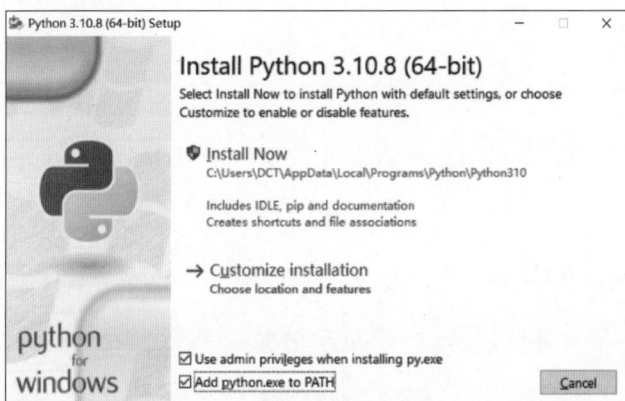

图 4.3　Python 安装起始对话框

（3）安装成功。安装过程结束后，出现如图 4.4 所示的界面及安装成功提示信息 "Setup was successful"，单击 Close 按钮完成 Python 解释器的安装。

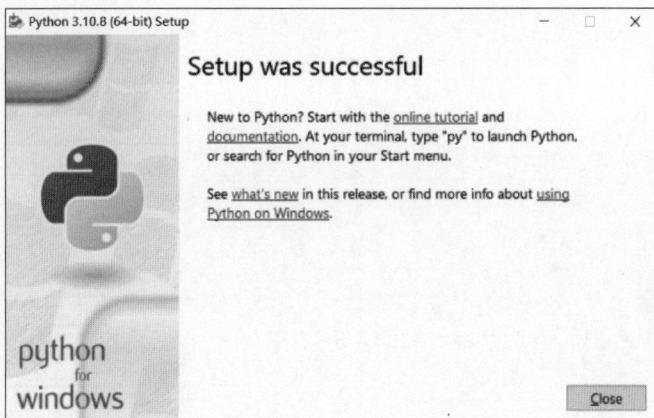

图 4.4　Python 安装结束对话框

安装完成后，可以从 Windows"开始"菜单的"所有程序"（应用）中找到 Python 3.10 程序组，其中的 IDLE 即为 Python GUI（Python 图形用户界面），这就是 Python 解释器自带的集成开发学习环境（Integrated Development and Learning Environment，IDLE）。打开该

集成开发学习环境,界面上的">>>"为 IDLE 的操作提示符,在其后面可输入并执行 Python 表达式或语句。例如,输入表达式 25 * 36 并按 Enter 键,则会显示计算结果 900;输入语句 print("Python Language")并按 Enter 键,则会显示字符串 Python Language,如图 4.5 所示。

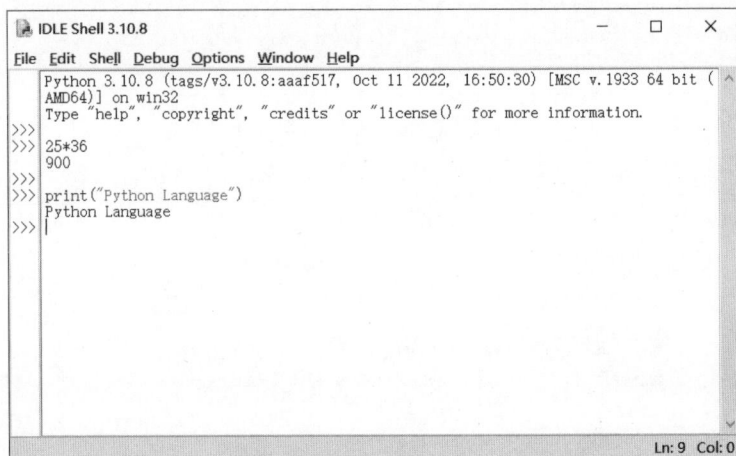

图 4.5　Python IDLE 界面

4.2.3　Python 程序的执行

安装好 Python 解释器后,执行 Python 程序有两种方式:命令行方式和程序文件方式。

1. 命令行方式

命令行方式是一种人机交互方式,用户输入一条 Python 语句或一个 Python 表达式(以 Enter 键结束),计算机就执行语句或计算表达式的结果,并即时输出执行结果。IDLE 实际上是一个 Python 的外壳(shell),它提供了交互式的命令执行方式,可以在提示符">>>"后面输入想要执行的语句或表达式,按 Enter 键后可以立即显示执行结果。

如果输入:

```
>>>print("Hello World.")
```

其中的 print()是 Python 语言提供的输出函数,其功能是输出表达式的值,这条语句的功能是在屏幕上输出如下字符串:

```
Hello World.
```

如果输入:

```
>>>311 * * (1/3)
```

这个表达式用于计算 311 的立方根,输出结果如下:

```
6.775168952273312
```

命令行方式简单方便,可用于实现简单的功能和学习编程时验证与确认语句、表达式、函数等的语法格式与功能,但不适合解决复杂问题,只有编写程序才能更好地体现出 Python 作为编程语言的优势。

2. 程序文件方式

程序文件方式是一种批量执行语句的方式,用户把若干条 Python 语句写入一个程序文件中，然后执行程序文件。一般情形下，把多条语句组织成一个程序文件，然后执行程序文件，达到解决实际问题的目的。

在如图 4.5 所示的 IDLE 界面中：选择菜单 File→New File(新建文件)，打开程序编辑窗口，可以输入若干条语句，组成一个 Python 源程序，如图 4.6 所示。

```
P0407_3.py - C:/Users/DCT/Desktop/P0407_3.py (3.10.8)
File  Edit  Format  Run  Options  Window  Help

# P0407_3.py
n=int(input("请输入一个正整数："))
for i in range(2,n//2+1):          # i的取值范围为2-n//2
    if (n%i==0):
        print(n,"不是素数")         # 如果能够整除，则n不是素数
        break                      # 结束循环
else:
    print(n,"是素数")               # 都不能整除，执行此语句

Ln: 9  Col: 0
```

图 4.6　Python 程序编辑窗口

选择菜单 File→Save(存盘)，对于新建文件，在给定文件名并指定存储位置后，将程序存盘，Python 源程序文件的默认扩展名是 py；对于已经存在的文件，按现有存储位置和文件名存盘。

选择菜单 File→Save As(另存为)，对于已经存在的文件，可以改变文件名和存储位置，按重新给定的文件名和存储位置存盘；对于新建文件，在给定文件名并指定存储位置后存盘。

选择菜单 File→Open(打开文件)，可以打开一个已经存在的 Python 源程序文件，用于编辑、修改和调试执行。

对于新建文件或打开的已有文件，可以选择 Run→Run Module(执行模块)菜单项或者按 F5 快捷键(笔记本计算机中按 Fn＋F5 组合键)执行程序，将在一个标记为 Python Shell 的窗口中显示执行结果。

其他菜单项的使用，可参看 Python 网站相关文档。

4.2.4　Python 的基础语法

1. Python 标识符

标识符由字符集中的字符按照一定的规则构成。Python 语言的变量、函数、文件等各种实体的名字都需要用标识符来表示。Python 语言规定：标识符是由字母、数字和下画线 3 种字符构成的，且第一个字符必须是字母或下画线的字符序列。

定义标识符时要注意如下几点：

(1) 必须以字母或下画线作为开始符号，数字不能作为开始符号，但以下画线开始的标识符一般都有特定含义，所以尽量不用以下画线开始的自定义标识符。

(2) 标识符中只能出现字母、数字和下画线，不能出现其他符号。

(3) 同一字母的大写和小写被认为是两个不同的字符。

（4）关键字有特定的含义，不能用作用户自定义标识符使用。

（5）尽可能做到见名知义，增加程序的可理解性。

2. 常量与变量

1）常量

常量是指在整个程序的执行过程中其值不能被改变的量，也就是所说的常数。在用 Python 语言编写程序时，常量可以直接使用，常量的类型是由常量值本身决定的。例如，12 是整型常量、34.56 是浮点型常量、'a' 和 "Python" 是字符串常量等。

在 Python 语言中，常量主要包括两大类：数值常量和字符常量。常用的数值常量为整型常量和浮点型常量，即整数和实数。字符常量就是字符串。

2）变量

变量是指在程序的执行过程中其值可以被改变的量。变量要先定义（赋值），后使用。

变量定义就是给变量赋值，格式如下：

变量名 1，变量名 2，…，变量名 n=表达式 1，表达式 2，…，表达式 n

功能：为各变量在内存中分配相应的内存单元并赋以相应的值。分别计算出各表达式的值，并依次赋给左边的变量。各变量名分别是一个自定义标识符。在程序中变量用来存放初始值、中间结果或最终结果。

下面定义了 3 个整型变量和两个浮点型变量：

```
>>>i=10                    # 定义一个整型变量
>>>num,total=1,0           # 定义两个整型变量
>>>length,width=23.6,12.8  # 定义两个浮点型变量
```

变量的类型由其所赋值的类型决定，随着赋值的改变，其类型也相应改变。

示例：

```
>>>x=10                    # 为变量 x 赋以整型值
>>>x=12.5                  # 为变量 x 赋以新的浮点型数值
```

说明：

（1）由"#"开始至行末的内容为注释，用于说明语句或程序的功能，便于人们阅读理解程序或语句，不影响程序的执行。

（2）变量是自定义标识符的一种，当然要遵守标识符的命名规则。除此之外，为增加程序的可读性，一般约定变量名全部用小写字母，多个单词之间用下画线连接或者将非第一个单词的第一个字母大写。本书中，变量名选用多个单词之间用下画线连接的方式，如 total_weight。

4.2.5　Python 的基本数据类型

程序的功能是处理数据，不同类型的数据有不同的存储格式和处理规则。所以，在程序中首先要明确待处理数据的类型，才能使数据得以正确存储和处理。

Python 提供了多种数据类型，包括整型、浮点型、布尔型和字符串型等基本数据类型，以这些基本类型为基础，还有列表、元组、字典、集合等组合数据类型。此处介绍几种基本数据类型。

1. 整型

整型就是整数类型。Python 语言中整数的取值范围很大,理论上没有限制,实际取值受限于所用计算机的内存容量,对于一般应用场景的计算足够用了。

示例:

```
>>>987654321987654321*123456789123456789
121932631356500531347203169112635269        # 两个整数相乘的运算结果
```

2. 浮点型

浮点型就是实数类型,表示带有小数的数值(由于小数点的位置是浮动的,也称为浮点数)。Python 语言要求所有浮点数都必须带有小数,便于和整数的区别,如 6 是整数,6.0 是浮点数。虽然 6 和 6.0 值相同,但两者在计算机内部的存储方式和计算处理方式是不一样的。

示例:

```
>>>3+2                  # 两个整数相加
5                       # 结果为整数
>>>3.0+2                # 浮点数加整数
5.0                     # 结果为浮点数
>>>5.1+6.3              # 浮点数加浮点数
11.399999999999999      # 结果为浮点数,近似值
```

说明:由于浮点数在计算机内部的存储一般是近似值(十进制数转换为二进制数时,小数部分一般转换为近似值),所以浮点数的计算结果一般也是近似值。浮点数的取值范围和精度受不同计算机系统的限制而有所不同,但满足人们日常工作与学习的计算需要是不成问题的。具体内容可参看 2.3 节的介绍。

3. 布尔型

布尔型也称为逻辑型,用于表示逻辑数据。Python 语言中,逻辑数据只有两个值:False(假)和 True(真)。需要注意的是,两个逻辑值的首字母大写,其他字母小写。FALSE、false、TRUE、true 等书写方式都不是正确的 Python 逻辑值。

示例:

```
>>>a=True               # 给变量赋予逻辑值 True
>>>b=False              # 给变量赋予逻辑值 False
>>>print(a,b)           # 输出逻辑变量的值
True False
```

4. 字符串型

1) 字符串定义

字符串型数据用于表示字符序列,字符串常量是由一对引号括起来的字符序列。Python 语言有 3 种形式的字符串:

(1) 一对单引号括起来的字符序列,如 'Python'、'程序设计';

(2) 一对双引号括起来的字符序列,如 "Python"、"程序设计";

(3) 一对三引号括起来的字符序列,如 """Python"""、"""程序设计"""。

关于字符串的几点解释如下:

(1) 单引号或双引号括起来的字符串只能书写在一行内,三引号括起来的字符串可以书写多行。

（2）单引号括起来的字符串中可以出现双引号，双引号括起来的字符串中可以出现单引号，三引号括起来的字符串中可以出现单引号和双引号。

示例：

```
>>>print('为什么要学习"计算机导论"课程')
为什么要学习"计算机导论"课程
>>>print('''学习'程序设计'是培养"计算思维"的有效方式''')
学习'程序设计'是培养"计算思维"的有效方式
```

（3）字符串有两个特例：一个是单字符字符串，可称为字符；另一个是不包含任何字符的字符串，称为空字符串。

示例：

```
str1='A'            # 只包含单个字符 A 的字符串
str2="B"            # 只包含单个字符 B 的字符串
str3=" "            # 只包含单个空格的字符串
str4=""             # 不包含任何字符的字符串
```

空格字符串和空字符串是不同的字符串，前者包含一个或多个空格，字符串长度不为 0，后者不包含任何字符，字符串长度为 0。

（4）由三引号括起来的字符序列，如果出现在赋值语句中或 print() 函数内，当作字符串处理；如果直接出现在程序中，当作程序注释。

2）转义字符

Python 语言中，以 Unicode 编码存储字符串，字符串中的单个英文字符和中文字符（包括单个汉字）都被看作一个字符。Unicode 编码表中，除了一般的中英文字符外，还有多个控制字符，如果用到这些控制字符，只能写成编码值的形式。如 09、0A（十六进制数）分别表示水平制表符、换行等。

直接书写编码值的方式需要记忆编码值，也容易写错。为此，Python 语言给出了一种转义字符的表示形式，以反斜杠（\）开始的符号不再是原来的意义，而是转换为新的含义。如\n 代表换行符，\t 代表水平制表符等。

示例：

```
>>>print("Python\n 程序设计")          # 使用转义字符\n
Python
程序设计                               # 输出 Python 后换行

>>>print("Python\t 程序设计")          # 使用转义字符\t
Python 程序设计                        # 控制\t 后面字符的输出位置
>>>print(""程序设计"成绩单)            # 报错，双引号中不能嵌套双引号
>>>print("\"程序设计\"成绩单")         # 正确，使用转义字符
"程序设计"成绩单                       # 输出结果
```

3）字符串的访问

对于字符串，除了可以整体使用外，还有两种常用的访问方式：索引方式和切片方式。

索引访问方式也称为单字符访问方式，语法格式如下：

字符串变量名[索引值]

功能：从字符串中取出与索引值对应的一个字符。字符串中每个字符都对应一个索引值，索引值有两种设置方式：正向递增方式（从 0 开始）和逆向递减方式（从 −1 开始）。

示例：

```
>>>str1="ABC 计算机"              # 对应的索引值如图 4.7 所示
>>>ch1=str1[2]                   # 值为 "C"
>>>ch2=str1[4]                   # 值为 "算"
>>>ch3=str1[-1]                  # 值为 "机"
```

正向索引值从0开始递增

0	1	2	3	4	5
"A"	"B"	"C"	"计"	"算"	"机"
−6	−5	−4	−3	−2	−1

逆向索引值从−1开始递减

图 4.7　字符串"ABC 计算机"对应的索引值

说明：

(1) 正向索引的开始值为 0(不是 1)，逆向索引的开始值为 −1。

(2) 对于单个符号，不管是英文字符、数字字符，还是汉字(也可称为汉字字符)，都按一个字符对应索引值。

切片访问方式也称为子串访问方式，语法格式如下：

字符串变量名[i:j:k]

功能：从字符串中取出多个字符。其中，i 为开始位置，j 为结束位置(但取出的字符不包括 j 位置上的字符，是截至 j−1 位置上的字符)，k 为步长。参数 i、j、k 都可以省略。当步长 k 的值为正数时，省略 i，其默认值为 0；省略 j，其默认值为正向最后一个字符的索引值加 1。当步长 k 的值为负数时，省略 i，其默认值为 −1；省略 j，其默认值为逆向最后一个字符的索引值减 1。省略 k 时，其默认值为 1，其前面的冒号可以省略(当然也可以不省略)；省略 i 或 j(或 i 和 j 都省略)时，二者之间的冒号不能省略。

示例：

```
>>>str1="ABC 计算机"
>>>str1[3:5]                     # 值为 '计算'
>>>str1[3:-1:2]                  # 值为 '计'
>>>str1[:3]                      # 值为 'ABC'
>>>str1[3:]                      # 值为 '计算机'
```

4) 字符串运算符

Python 中可以进行字符串的连接、比较以及判断子串等运算，运算符及功能如表 4.1 所示。

表 4.1　字符串运算符及功能

运　算　符	示例与功能描述
+ * in not in <,<=,>,>=,==,!=	str1＋str2：连接字符串 str1 和 str2 str1 * n 或 n * str1：字符串 str1 自身连接 n−1 次 str1 in str2：如果 str1 是 str2 的子串，返回 True，否则返回 False str1 not in str2：如果 str1 不是 str2 的子串，返回 True，否则返回 False str1 < str2：如果 str1 小于 str2，返回 True，否则返回 False str1＝＝str2：如果 str1 和 str2 相等，返回 True，否则返回 False 其他比较运算类似

注：str1 和 str2 可以是字符串变量名或字符串常量。

5）字符串运算函数

常用的 4 个字符串运算函数如表 4.2 所示。

表 4.2　常用的字符串运算函数

函　数　名	示例与功能描述
len(字符串) str(数值) chr(编码值) ord(字符)	len(str1)：返回字符串 str1 的长度,即字符串中字符的个数 str(x)：返回数值 x 对应的字符串,可以带正负号 chr(n)：返回整数 n 对应的字符,n 是一个编码值 ord(c)：返回字符 c 对应的编码值

注：表中的编码值是指 Unicode 编码值。

示例：

```
>>>len("Python 程序设计")          # 结果为 10,英文字母和汉字都按 1 个字符计算
>>>str(-67.5)                       # 结果为字符串"-67.5"
>>>chr(65)                          # 结果为字符"A"
>>>ord("A")                         # 结果为整数 65
```

4.2.6　Python 的类型转换

编写程序时,经常会遇到不同类型数据之间的混合运算。有些不同类型数据之间的运算是允许的,如整型数据和浮点数据的运算,但由于不同类型数据的存储格式是不一样的,所以要先进行相应的类型转换之后,才能进行运算。这种类型转换有两种方式：一是自动类型转换,也称隐式类型转换,不需要编程人员书写相关要求,由 Python 解释器自动进行；二是强制类型转换,也称显式类型转换,需要由编程人员在程序中明确写出类型转换要求。

如果自动类型转换不符合特定计算的需要,可由编程人员在编写程序时强行把某种类型转换为另一种指定的类型,称为强制类型转换。

强制类型转换通过如下两个函数实现：

```
int(x)
float(x)
```

int(x)函数的功能是把 x 的值转换为整型数据,x 为浮点数或由数字组成的字符串,可以带正负号。

float(x)函数的功能是把 x 的值转换为浮点型数据,x 为整数或由数字与最多一个小数点组成的字符串,可以带正负号。

例如,int(3.75)+12 的结果类型为 int,其值为 15,因为强制类型转换 int(3.75)把浮点数 3.75 转换成了整数 3(去掉小数部分,不是四舍五入)；而 3.75+12 的结果类型为 float,其值为 15.75,因为用的是自动类型转换。

对于类型转换,还有一个功能更强大的 eval()函数。把由纯数字组成的字符串(可由正负号开始)转换为整型,把由数字和 1 位小数点组合成的字符串(可由正负号开始)转换为浮点型数据,都可以使用 eval()函数。

从类型转换的角度看,一个 eval()函数的功能相当于 int()和 float()两个函数的功能。不仅如此,eval()函数还有更多、更灵活的功能。

eval()函数的语法格式如下：

eval(字符串)

功能：将字符串的内容，即去掉界定符(引号)之后的表达式看作一个 Python 表达式，并计算出表达式的值作为函数的结果。字符串以单引号、双引号、三引号形式书写都可以。

示例：

```
>>>eval('3.14*5*5')              # 单引号字符串
78.5
>>>eval("'Python 程序设计'")      # 把双引号中的内容看作一个字符串
'Python 程序设计'
>>>a,b=3,5
>>>eval("a*6+b")                 # 带变量的表达式,变量要先定义
23
```

eval()函数给表达式的计算带来了方便，如下的语句相当于一个计算器，可以计算出用户输入的算术表达式的结果值：

```
>>>print(eval(input("表达式=")))
表达式=3.14*5*5↙                  # 输入表达式 3.14*5*5
78.5                             # 计算出的结果值
>>>print(eval(input("表达式=")))
表达式=(78+82+96)//3↙             # 输入表达式 (78+82+96)//3,可以带括号
85                               # 计算出的结果值
```

4.2.7　顺序结构程序设计

1. 赋值语句

赋值语句的语法格式如下：

变量名 1,变量名 2,…,变量名 n=表达式 1,表达式 2,…,表达式 n

功能：先计算出各表达式的值，然后依次赋给赋值运算符(=)左边的变量。一个赋值语句可以只给一个变量赋值，也可以同时给多个变量赋值。

Python 语言还提供了 7 个常用的复合赋值运算符：

+=、-=、*=、/=、%=、//=、**=

这 7 个复合赋值运算符由算术运算符与赋值运算符组合而成，用于先进行算术运算再赋值。使用复合赋值运算符使程序代码更为简洁、更符合现代编程风格。

示例：

```
a+=1                # 等价于 a=a+1
i//=6               # 等价于 i=i//6
j**=3               # 等价于 j=j**3
```

说明：赋值运算符(=)虽然用的是数学中的等号，但其作用不同于数学中的等号，它不是相等的含义。对于 x=x+1，从数学意义上讲是不成立的；而在 Python 语言中，它是合法的赋值语句，其功能是取出变量 x 中的值加 1 后，再将运算结果存入变量 x 中。

2. 用 input()函数输入数据

使用 input()函数输入数据的语法格式如下：

变量=input("提示信息")

功能：从键盘输入数据并赋给变量，Python 解释器把用户的输入看作字符串。

示例：

```
name=input("请输入姓名：")
```

```
age=input("请输入年龄: ")
```

执行到这样的语句,等待用户输入,用户根据提示信息输入相应的姓名和年龄值,如小明和 19,Python 解释器都看作字符串,即 name 的值为"小明",age 的值为"19",如果需要,可以用 int(age)的方式把字符串转换为整数值。

3. 用 print()函数输出数据

使用 print()函数输出数据的语法格式如下:

print(表达式 1,表达式 2,⋯,表达式 n)

功能:依次输出 n 个表达式的值,表达式的值可以是整数、实数和字符串,也可以是一个动作控制符,如"\n"表示换行等。其中的表达式可以有一个,也可以有多个,多个表达式之间用逗号(,)分开,如果没有任何表达式,print()函数的功能是实现一个换行动作。

4. 顺序结构程序设计

结构化程序设计方法强调程序结构的清晰性,结构化程序由 3 种基本结构组成,分别是顺序结构、分支结构和循环结构。

顺序结构是最简单的一种程序结构。在顺序结构程序中,程序的执行是按照语句块出现的先后次序顺序执行的,并且每个语句块都会被执行到。

【例 4.4】 通过键盘输入直角三角形的两个直角边边长,计算斜边边长并输出。

分析:对于直角三角形,三个边长的关系符合勾股定理,即斜边边长等于两个直角边边长的平方和再开平方。

```
#P0404.py
len1=eval(input("请输入一个直角边边长:"))
len2=eval(input("请再输入一个直角边边长:"))
len3=(len1*len1+len2*len2)**(1/2)          # **是幂运算符
print("斜边边长=",len3)
```

这是一个典型的顺序结构程序,程序执行时,按书写顺序依次执行程序中的每一条语句。

4.2.8 分支结构程序设计

分支结构又称选择结构。在分支结构中,要根据逻辑条件的成立与否,分别选择执行不同的语句块,实现不同的功能。分支结构是通过分支语句来实现的,Python 语言中分支语句包括 if 语句、if-else 语句等。

1. if 语句

if 语句用来实现单分支选择,语法格式为

if 表达式:
    语句块

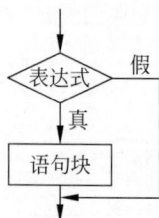

图 4.8 if 分支结构

if 分支结构如图 4.8 所示。if 语句的执行过程是:先计算表达式的值,若值为 True(真),则执行 if 子句(表达式后面的语句块),然后执行 if 结构后面的语句;否则,跳过 if 子句,直接执行 if 结构后面的语句。

示例:

```
if score<60:
    m+=1                    # 如果成绩不及格,则 m 的值加 1
```

```
      n+=1                    # 不管成绩是否及格,n 的值都要加 1
```

如果是对一门课程的若干考试成绩进行上述操作(多次执行上面的程序段),其功能是统计参加考试的总人数(n 的值)和不及格人数(m 的值)。

2. if-else 语句

if-else 语句用来实现双分支选择,即 if-else 语句可以根据条件的真(True)或假(False),执行不同的语句块。

if-else 语句的语法格式为

if 表达式:
　　语句块 1
else:
　　语句块 2

其中,语句块 1 称为 if 子句,语句块 2 称为 else 子句。

if-else 分支结构如图 4.9 所示。if-else 语句的执行过程是:先计算表达式的值,若结果为 True,则执行 if 子句(语句块 1),否则执行 else 子句(语句块 2)。

示例:

```
if score<60:
    m+=1                    # 如果成绩不及格,则 m 的值加 1
else:
    n+=1                    # 如果成绩及格,则 n 的值加 1
```

图 4.9　if-else 分支结构

如果是对一门课程的若干考试成绩进行上述操作(多次执行上面的程序段),其功能是统计不及格人数(m 的值)和及格人数(n 的值)。

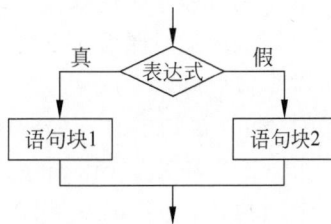

4.2.9　循环结构程序设计

完成重复性的工作要用到循环结构程序,循环结构程序通过循环语句来实现,Python 语言中有 2 种循环语句:for 循环语句和 while 循环语句。

1. for 循环语句

for 循环语句的语法格式为

for 循环变量 in 遍历结构:
　　语句块

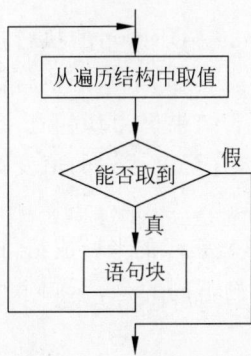

图 4.10　for 循环结构

for 循环结构如图 4.10 所示。for 循环语句的执行过程是:循环变量从遍历结构中取值,如果能从遍历结构中取到值,就执行循环体语句块,然后再返回遍历结构取值,如果还能取到值,再次执行循环体语句块,直至遍历结构中的数据取完为止。遍历结构是指包含多个数据元素的复合数据。

【例 4.5】　从键盘输入 n 个以正整数表示的考试成绩,计算总成绩和平均成绩并输出。

分析:这是一个重复累加的问题,从键盘上输入一个成绩值,进行一次累加,再输入一个成绩值,再进行一次累加,……,直至成绩值全部输入并累加完毕。这里循环继续的条件是:成绩值未累加完,而每次重复的工作为输入数据、进行累加。设 score 为接收键盘输入的成绩值并参与累加的变量;total_score 为存放累加和的变量,简称累加变量;i 为循环控制变量,用于控制循环的次数。

```
#P0405.py
n=int(input("成绩个数 n="))              # 输入成绩个数
total_score=0                           # 累加变量初始化为零
for i in range(1,n+1):                  # i 的取值为 1~n,即循环次数为 n
    score=int(input("请输入一个成绩值:"))  # 通过键盘输入一个成绩值
    total_score+=score                  # 累加求和
average_score=total_score/n             # 计算平均成绩
print("总成绩=",total_score)             # 输出总成绩
print("平均成绩=",average_score)         # 输出平均成绩
```

为了调试程序时输入数据简单快捷,一开始可以为 n 输入值 5,程序调试正确后,可以用于计算班内某门课程的成绩,也可以用于计算自己已学课程的成绩,为变量 n 输入实际的成绩个数就可以了。

关于 for 语句中的 range()函数说明如下:

此处的循环变量 i 在 range(1,n+1)范围内取值,取值为 1~n(不包括 n+1),所以循环体语句块执行 n 次。range()函数的一般格式如下:

range(start,end,step)

其功能是生成若干整数值,初始数值为 start,结束数值为 end－1 或 end＋1(注意,不包括 end),步长为 step。当步长 step 为正数时,结束数值为 end－1;当步长 step 为负数时,结束数值为 end＋1。其中,start 和 step 都可以省略,省略时默认值分别为 0 和 1。

示例:

```
range(0,10,1)       # 生成的值为 0~9
range(10)           # 生成的值为 0~9,默认初值为 0、步长为 1
range(1,10)         # 生成的值为 1~9,默认步长为 1
range(1,11,2)       # 生成的值为 1、3、5、7、9,即 1~10 的奇数
range(10,0,-1)      # 生成的值为 10~1,步长为负数
```

2. while 循环语句

while 循环语句的语法格式为

while 表达式:
    语句块

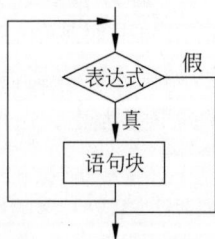

图 4.11 while 循环结构

while 循环结构如图 4.11 所示。while 循环语句的执行过程是:先计算表达式的值,若表达式的值为真(True),则执行循环体语句块;然后再次计算表达式的值,若结果仍为真(True),再次执行循环体语句块;如此继续下去,直至表达式的值变为假(False),则结束 while 循环语句的执行。

【例 4.6】 从键盘上输入若干以正整数表示的考试成绩,计算总成绩和平均成绩并输出。与前面示例不同的是,不知道成绩的个数,用输入－1 作为结束。

分析:该问题是一个条件控制的循环,知道循环结束条件,不知道循环次数,此时更适合用 while 循环语句实现。

```
#P0406.py
total_score=0                                 # 累加变量初值赋 0
num=0                                         # 给记数变量赋初值为 0
score=int(input("请输入一个成绩值: "))          # 输入一个成绩值
while score!=-1:                              # 判断是否满足循环结束条件
    num+=1                                    # 成绩个数加 1
    total_score+=score                        # 对成绩进行累加
    score=int(input("请输入一个成绩值: "))      # 再次输入成绩值
average_score=total_score/num                 # 计算平均成绩
print("总成绩=",total_score)
print("平均成绩=",average_score)
```

说明：从上面的示例可以看出，对于已知循环次数的循环程序，用 for 语句实现比较简单；对于不知道循环次数但知道结束条件的循环程序，用 while 语句实现更为合适。

3. 带 else 的循环语句

前面介绍的是循环语句 for 和 while 的基本结构，在 Python 语言中，for 语句和 while 语句还都有带 else 的扩展形式，语法格式分别如下：

for 循环变量 **in** 遍历结构：
　　语句块 **1**
else:
　　语句块 **2**

while 表达式：
　　语句块 **1**
else:
　　语句块 **2**

其共同点是，当循环语句正常结束时，执行 else 对应的语句块；当循环语句提前结束时，不执行 else 对应的语句块。带 else 的循环语句一般要和下面介绍的 break 语句配合使用。

4. break 语句

break 语句的语法格式如下：

break

break 语句主要用于循环结构中，其功能是提前结束整个循环，转去执行循环结构后面的语句。

5. continue 语句

continue 语句的语法格式如下：

continue

continue 语句用于循环结构中，其功能是提前结束本次循环，转回到循环的开始判断是否执行下一次循环。

【例 4.7】 从键盘上输入一个大于 1 的正整数，判断其是否为素数。

问题分析：判断一个数 n 是否为素数，就是用 n 逐一除以 $2 \sim n/2$ 的所有整数，如果都不能整除，则判断 n 为素数；如果至少有一个能够整除，则判断 n 不是素数。

```
# P0407_1.py
n=int(input("请输入一个正整数:"))
b=True                          # 设定一个标记值
```

```
    for i in range(2,n//2+1):        # i 的取值范围为 2~n//2,//为整除运算符
        if (n%i==0):
            b=False                  # 如果能够整除,则把 b 的值改为 False
    if b==True:                      # 循环结束后,如果 b 的值仍为 True,说明都不能整除
        print(n,"是素数")
    else:
        print(n,"不是素数")
```

说明:

(1) Python 与其他语言最大的区别就是,构成 Python 程序的代码行必须严格按照缩进的格式规则来书写,Python 是通过缩进来识别语句之间的层次关系的,具有相同缩进量的一组语句称为一个语句块。代码的缩进可以通过制表符 Tab 键或空格键实现,缩进量可多可少,一般设置为 4 个空格。如果把上述程序改为如下缩进格式,程序功能将有什么变化,自己思考并上机查看输入数值分别为 4、17、25 时的运行结果。

```
# P0407_2.py
n=int(input("请输入一个正整数:"))
b=True                               # 设定一个标记值
for i in range(2,n//2+1):            # i 的取值范围为 2~n//2
    if (n%i==0):
        b=False
    if b==True:
        print(n,"是素数")
    else:
        print(n,"不是素数")
```

(2) 程序 P0407_1.py 是有改进空间的:①只要有一个数能够整除 n,就可判断 n 不是素数,用 break 语句结束循环;②使用带 else 的 for 语句,程序更为简洁。程序改写如下:

```
# P0407_3.py
n=int(input("请输入一个正整数:"))
for i in range(2,n//2+1):            # i 的取值范围为 2~n//2
    if (n%i==0):
        print(n,"不是素数")          # 如果能够整除,则 n 不是素数
        break                        # 结束循环
else:
    print(n,"是素数")                # 都不能整除,执行此语句
```

4.2.10　Python 程序实例

【例 4.8】 从键盘输入一个字符串,把字符串中的数字字符分离出来并组成一个整数,再乘以数字字符的个数后输出,如果输入 a23TY78hy,则输出数值 9512(2378 乘以 4)。

问题分析:该程序的关键点是从字符串中截取出各位数字字符并组合成一个整数,需要用到字符串比较、类型转换等操作。

```
# P0408.py
str1=input("请输入字符串=")
cnt=0
str2=""
for ch in str1:
    if ch>="0" and ch<="9":
        str2+=ch
        cnt+=1
```

```
num=int(str2)*cnt
print(num)
```

说明：Python 中有 3 个逻辑运算符可用，包括逻辑与（and）、逻辑或（or）和逻辑非（not），逻辑运算的结果是一个逻辑值：True 或 False。

【例 4.9】　找出 100～999 中的所有水仙花数，所谓水仙花数是指该数的各位数字的立方和等于该数本身，如 $153＝1^3＋5^3＋3^3$。

分析：对于 100～999 的每个数，先分解出该数的个位、十位和百位数值，然后计算并判断个位、十位和百位的立方和是否等于该数本身，如果等于该数，则该数是要找的水仙花数，予以输出，否则继续判断下一个数，直至 100～999 的所有数判断完。

```
#P0409.py
for n in range(100,1000):            # n 的取值范围为 100~999
    one=n%10                          # 分解出个位数
    ten=(n//10)%10                    # 分解出十位数
    hun=n//100                        # 分解出百位数
    if (one**3+ten**3+hun**3==n):     # 判断是否为水仙花数
        print(n,"是一个水仙花数")
```

【例 4.10】　下面的两个程序分别画出圆形螺旋线和正方形螺旋线，如图 4.12 所示。需要说明的是，正方形图不是若干个正方形套在一起，而是一条线画出来的。

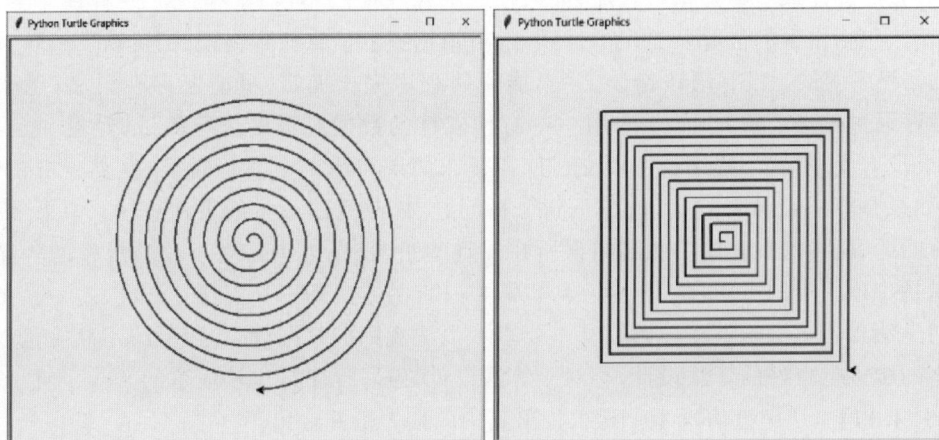

图 4.12　螺旋线

```
#P0410_1.py
import turtle                    # 引入具有画图功能的标准库 turtle
turtle.setheading(180)          # 设定画笔的初始方向(180 度为向左)
for fd in range(600):            # 画笔移动次数，每圈移动 60 次，共画 10 圈
    turtle.pencolor("red")      # 设定画笔颜色为红色
    turtle.pensize(2)           # 设定画笔的粗细值
    turtle.forward(fd/30)       # 沿当前方向让画笔移动 fd/30 个像素距离
    turtle.right(6)             # 让画笔右转 6 度

#P0410_2.py
import turtle                    # 引入具有画图功能的标准库 turtle
turtle.setheading(180)          # 设定画笔的初始方向(180 度为向左)
colors=["red","black","blue","green"]   # 列表中存放 4 个颜色值
for fd in range(60):             # 画笔移动次数
```

```
turtle.pencolor(colors[fd%4])        # 用列表元素值动态设定画笔颜色值
turtle.pensize(2)                    # 设定画笔的粗细值
turtle.forward(fd * 5+6)             # 让画笔移动 fd * 5+6 个像素距离
turtle.right(90)                     # 让画笔右转 90 度
```

说明：由于该程序用到了 Python 的标准库 turtle 中的函数，在程序中要有引入标准库的语句 import turtle。

4.3 算法与程序设计

4.3.1 算法的作用

用计算机解决问题的过程，可以分成以下几个主要阶段：

（1）分析问题、设计算法。认真分析要解决的问题及要实现的功能，给出解决问题的明确步骤，即设计出针对要解决问题的算法。

（2）选定语言、编写程序。根据问题的性质，选定一种合适的程序设计语言（及相应的开发环境），依据算法编写源程序。

（3）执行程序。对编写出的源程序进行编译执行或解释执行，程序中如果没有语法错误，则会完成编译或解释并执行程序，如果程序中存在语法错误，则编译器或解释器会给出提示信息，包括错误的位置及错误的性质等，可根据提示信息找到错误并且改正。

（4）程序调试。没有语法错误，并不能说明程序完全无错，可能还存在语义（逻辑）错误。程序通过编译或解释后，要选用一些有代表性的数据对程序进行测试，经过一定的测试，如果没有发现错误，程序就可以交付使用了。如果在测试中发现错误，就要分析错误的性质，如果是算法设计有问题，就应重新分析问题、修改算法或重新设计算法；如果是程序编写有问题，就设法在程序中找到错误所在并且改正（程序排错），对于较大规模的程序，程序排错是一项困难的工作，既需要经验，也需要一定的方法和工具支持。

初学编程者感觉难点在于语言基本要素和语法规则的掌握，而实际上编写高质量、高性能程序的难点是良好的算法设计，相对于算法设计，编写程序是比较简单的。

【例 4.11】 从键盘输入 40 个数，找出其中的最大值并输出。

分析：求解这个问题，比较简单的思路是，通过键盘输入 40 个数并分别存入 40 个变量 a1，a2，…，a40 中，之后首先找出变量 a1、a2 中的较大者存入 maxi，然后把变量 maxi 的值依次与变量 a3，a4，…，a40 中的值比较，如果 maxi 中的值小，则替换 maxi 的值，最后保留在 maxi 中的值就是 40 个数中的最大值。

```
#P0411_1.py
a1=eval(input("a1="))
a2=eval(input("a2="))
a3=eval(input("a3="))
...
a40=eval(input("a40="))
if a1>=a2:
    maxi=a1      # 把 a1 和 a2 中的较大值(a1 的值)存入 maxi
else:
    maxi=a2      # 把 a1 和 a2 中的较大值(a2 的值)存入 maxi
if maxi<a3:      # 如果 maxi 的值小于 a3 的值,则将 a3 的值存入 maxi,否则 maxi 的值不变
```

```
    maxi=a3
...
if maxi<a40:      # 如果 maxi 的值小于 a40 的值,则将 a40 的值存入 maxi,否则 maxi 的值不变
    maxi=a40
print("最大值=",maxi)
```

如果把程序代码完整写出来(必须完整写出程序代码才能上机执行),一共有 121 行代码。如果有 400 个数、4000 个数,甚至更多的数呢? 很显然,用这种思路编写程序不是一个好方法,即这种找最大值的算法不好。

对于找若干数中的最大值,除了上述方法,还可以给出多种方法。

再给出一种思路:假定第 1 个数就是最大值,存入 maxi 变量;然后第 2 个数和 maxi 中的值进行比较,如果第 2 个数大,则用其替换掉 maxi 中的值,否则保持 maxi 中的值不变;这样第 3 个数、第 4 个数、……、第 40 个数,一直比较下去,maxi 中总是保存比较过的数的最大值。

```
#P0411_2.py
maxi=eval(input("请输入第一个数："))           # 假定第一个数为最大值
for i in range(2,41):                        # 循环处理第 2~40 个数
    data=eval(input("请再输入一个数："))       # 再输入一个数
    if data>maxi:                            # 如果新输入的数大于 maxi 中的值
        maxi=data                            # 用新输入的数替换掉 maxi 中的值
print("最大值=",maxi)
```

这个程序只有 6 行代码,而且,即使有 400 个数、4000 个数,或更多的数,用这 6 行代码同样能够把其中的最大值找出来。从这个简单的例子可以看出,好的算法对于高效率编写高质量程序是多么重要。实际上,包括人脸识别、机器翻译、智能问答等人工智能应用在内的很多应用,人们看到的是在计算机或手机上运行的程序(软件),而程序(软件)的背后是高水平、精巧的算法设计。

4.3.2　算法的特性

1. 算法的定义

现实生活中,做任何事情都需要经过一定的步骤才能完成。例如,小到叠一个纸飞机,大到生产一辆汽车,都必须按照一定的步骤进行。

算法(algorithm)就是为解决一个问题而采取的方法和步骤。

程序(program)是指为让计算机完成特定的任务而设计的指令序列或语句序列,一般认为机器语言程序或汇编语言源程序由指令序列构成,而高级语言源程序由语句序列构成。程序设计(programming)是用来沟通算法与计算机的桥梁;程序是程序设计人员编写的、计算机能够理解并执行的指令序列或语句序列,是解决问题的算法在计算机中的具体实现。

2. 算法的特性

算法反映解决问题的步骤,不同的问题需要用不同的算法来解决,同一问题也可能有不同的解决方法。算法具有如下特性:

(1) 有穷性。一个算法必须总是在执行有限个操作步骤和可以接受的时间内完成其执行过程。即对于一个算法,要求其在时间和空间上均是有穷的。这里的有穷不是数学上的有穷,而是指算法对应的程序在执行时间和存储空间的开销上都是应用场景可以接受的、合理的。

（2）确定性。算法中的每一步都必须有明确的含义，不允许存在二义性。

（3）可行性。算法中描述的每一步操作都应该能有效地执行，并最终得到确定的结果。

（4）输入及输出。一个算法应该有零个或多个输入数据，有一个或多个输出数据。执行算法的目的是求解，而"解"就是输出，因此没有输出的算法是没有意义的。

4.3.3 算法的评价标准

用计算机解决问题的关键是算法的设计，对于同一个问题，可以设计出不同的算法，如何评价算法的优劣是算法分析、比较和选择的基础。目前，可以从正确性、时间复杂度、空间复杂度和可理解性 4 方面对算法进行评价。

1. 算法的正确性

算法的正确性是指算法能够正确地求解所要解决的问题，就目前的研究来看，要想通过理论方式证明一个算法的正确性是非常复杂和困难的，一般采用测试的方法，基于算法编写程序，然后对程序进行测试。针对所要解决的问题，选定一些有代表性的输入数据，经程序执行后，查看输出结果是否和预期结果一致，如果不一致，则说明程序中存在错误，应予以查找并改正。经过一定范围的测试和程序修改，不再发现新的错误，程序可以交付使用，在使用过程中仍有可能发现错误，再继续修改，这时的修改称为程序维护。

【例 4.12】 从键盘输入两个自然数并分别赋值给 n1 和 n2(n1 < n2)，输出 n1～n2(包含 n1 和 n2)的所有偶数。

```
#P0412.py
n1=int(input("n1="))
n2=int(input("n2="))
for i in range(n1,n2):
    if i%2==0:
        print(i)
```

测试此程序时，如果给 n1、n2 分别输入 1 和 9，则会输出 4 个偶数：2、4、6、8，结果是正确的，如果据此就认定程序正确，是不行的。实际上，如果给 n1、n2 分别输入 1 和 10，输出结果仍然是 4 个偶数：2、4、6、8，这个结果是不正确的，原因在于 range(n1,n2)中的 n2 应为 n2+1，因为 range(n1,n2+1)的取值范围才是 n1～n2，而 range(n1,n2)的取值范围是 n1～n2-1，显然不符合题目要求。

从这个简单的例子可以看出，测试一个程序能否实现预期的功能，要多选一些有代表性的输入数据进行测试。详细介绍可参看软件工程或软件测试相关书籍。

2. 算法的时间复杂度

算法的时间复杂度是指依据算法编写出程序后，在计算机上运行时所耗费时间的度量。一个程序在计算机上运行的时间取决于程序运行时输入的数据量、对源程序编译所需要的时间、执行每条语句所需要的时间以及语句重复执行的次数。其中，最重要的是语句重复执行的次数。通常，把整个程序中语句的重复执行次数之和作为该程序的时间复杂度，记为 $T(n)$，其中 n 为问题的规模。对于一个从线性表中查找某个数据的算法，n 为线性表的长度，即线性表中数据的个数。

算法的时间复杂度 $T(n)$ 实际上是表示当问题的规模 n 充分大时，该程序运行时间的一个数量级，用 O 表示。比较两个算法的时间复杂度时，不是比较两个算法对应程序的具体执行时间,这涉及编程语言、编程水平、计算机速度等多种因素,而是比较两个算法相对于问题规模 n 所耗费时间的数量级。

【例 4.13】　百钱买百鸡问题。百钱买百鸡问题出自于《张丘建算经》,张丘建是我国南北朝时期北魏数学家,《张丘建算经》约成书于公元 466—485 年,是我国古代数学史上的杰作。书中对百钱买百鸡问题的描述是:"今有鸡翁一,值钱五;鸡母一,值钱三;鸡雏三,值钱一。凡百钱买鸡百只,问鸡翁、母、雏各几何?"张丘建在书中给出了该问题的三组解。这实际上是一个不定方程问题,两个方程中包括三个未知量。

分析:百钱买百鸡问题现在可以描述为,公鸡 5 元钱 1 只,母鸡 3 元钱 1 只,小鸡 1 元钱 3 只,如果用 100 元钱买 100 只鸡,公鸡、母鸡、小鸡各多少只?编写程序求解百钱买百鸡问题,可以用枚举法,列出所有可能的公鸡数、母鸡数和小鸡数的组合,然后从中找出符合条件的组合。假定可能的公鸡、母鸡和小鸡数分别为 cock、hen、chick,由于题目的限定条件是每种鸡至少买 1 只,一共买 100 只,所以 cock、hen、chick 的取值范围都在 1~100,可以写出一个三重循环的程序。

```
#P0413_1.py
for cock in range(1,101):
    for hen in range(1,101):
        for chick in range(1,101):
            if (cock*5+hen*3+chick/3==100 and cock+hen+chick==100):
                print("公鸡数=",cock,"母鸡数=",hen,"小鸡数=",chick)
```

学编程之前见到过这个问题吗? 你是如何得到答案的?

其实这个程序的思路很简单,就是逐一验证各种可能的组合,把符合要求的组合输出。这个程序总的循环次数是 100 万次(即 100×100×100 次),即需要验证 100 万种可能的组合,时间复杂度为 $O(n^3)$,如果是人工验证,时间消耗很大。由于现在计算机的运算速度很快,所以通过运行程序,很快就能得到结果。

可以对这个程序进行一些优化,减少验证次数。直接从题目的限定条件看,公鸡最多可以买 100 只,但由于公鸡的价格为 5 元一只,所以实际上公鸡最多可以买 20 只,同样母鸡最多可以买 33 只,而且程序可以改写成二重循环的形式,时间复杂度变为 $O(n^2)$,降低了一个数量级。

```
#P0413_2.py
for cock in range(1,21):
    for hen in range(1,34):
        if cock*5+hen*3+(100-cock-hen)/3==100:
            print("公鸡数=",cock,"母鸡数=",hen,"小鸡数=",100-cock-hen)
```

此时总循环次数降为 660 次,大大减少了循环次数,自然也就大幅度减少了程序执行时的时间开销。

通过该例可以看出,好的算法设计可以降低算法的时间复杂度,提高程序的执行效率。

3. 算法的空间复杂度

算法的空间复杂度是指依据算法编写出程序后,在计算机上运行时所需内存空间大小的度量,也是和问题规模 n 有关的度量。

4. 算法的可理解性

算法主要是为了人们的阅读与交流,可理解性好的算法有利于人们的正确理解,有利于程序员据此编写出正确的、易于理解的程序。

为增强程序的可理解性,要注重培养良好的编程风格。

对于编写较大规模的程序,在实现功能的基础上,强调的是清晰第一,编写的程序要易于理解,易于找到程序中存在的错误,易于改正错误。良好的程序风格主要包括如下几方面:

(1)标识符的命名在符合命名规则的基础上要风格统一、见名知义。

(2)一般一行写一条语句,一条长语句可以写在多行上,但尽量不要把多条语句写在一行上。

(3)采用缩进格式,即同一层次的语句要对齐,低层次的语句要缩进若干字符,这既是某些语言(如 Python 语言)的语法要求,也能够比较清楚地表达出程序的结构,增加程序的可读性。

(4)适当书写注释信息,注释是对程序、程序段或语句所做的说明,有助于阅读者对程序的理解。

4.4 计算机软件概述

只有硬件的计算机是不能完成任何工作的,在硬件的基础上,配置合适的软件,才能充分发挥计算机的整体功能。硬件是计算机的躯体,软件是计算机的灵魂。

4.4.1 软件的定义

软件(software)一词源于程序。在计算机发展的初期,只有程序这个概念,程序是完成一定功能的指令或语句的序列。20 世纪 60 年代初,随着计算机硬件技术的发展和计算机应用的深入,需要计算机解决的问题越来越复杂,编写的程序规模越来越大,传统的强调依靠个人编程技巧的编程方式越来越难以保证较大规模程序的质量。为解决这个问题,人们开始重视程序编写的过程化管理,在编写程序的同时,把编写程序过程中的需求分析、系统设计、系统测试等文档资料也规范化并保存下来。软件就是程序及其相关的文档。有了这些规范化的文档资料,程序出现错误后,能够比较快地发现和改正错误,从而在一定程度上保证了程序的质量。在进行较大规模的软件开发时,区分软件和程序的不同含义是必要的,一般情况下,软件和程序两个概念可以等同使用。

软件通常分为系统软件(system software)和应用软件(application software)。系统软件靠近硬件层,其功能主要是管理计算机软硬件资源,与具体应用领域无关,为应用软件提供一些基本的、共同的功能支持。应用软件在系统软件的支持下,用于解决特定领域的具体问题。例如,操作系统和数据库管理系统都是系统软件,并不能解决什么具体应用问题。学生成绩管理系统是应用软件,能够完成学生成绩的输入、修改、查询和统计等功能,但学生管理系统这个应用软件要在操作系统和数据库管理系统的支持下才能运行,才能完成相应的功能。

4.4.2 系统软件

系统软件主要包括操作系统、语言翻译程序和数据库管理系统等。

1. 操作系统

操作系统是最靠近硬件的软件。能否充分发挥计算机硬件的性能,操作系统起着非常重要的作用;使用者能否方便地操作计算机,操作系统同样发挥着重要作用。从微型计算机到超级计算机都必须在其硬件平台上加载相应的操作系统之后,才能构成一个完整的、功能强大的计算机系统。只有在操作系统的指挥控制下,各种计算机资源才能得到合理分配与高效使用;也只有在操作系统的支持下,其他系统软件和各种应用软件才能开发和运行。如果没有高性能的操作系统的支持,整个计算机系统的性能都会受到严重影响。

2. 语言翻译程序

编写程序(软件)需要合适的程序设计语言。从 1946 年现代计算机诞生到现在,程序设计语言大体经历了机器语言、汇编语言和高级语言 3 个阶段。汇编语言和高级语言的出现(特别是高级语言的出现),给语言学习和程序设计带来了极大的方便。但是,用汇编语言或高级语言编写出的源程序,计算机并不能直接执行,需要翻译成功能等价的机器语言程序才能执行。这种翻译工作如果手工完成,工作量非常大,也容易出错。人们开发了相应的翻译程序,用于汇编语言源程序的翻译程序叫作汇编程序,用于高级语言源程序的翻译程序叫作编译程序或解释程序。各种汇编程序和编译程序/解释程序都属于系统软件,借助于这样的系统软件,才能使用汇编语言或高级语言编写、执行解决实际问题的应用软件。例如,安装 C 语言编译程序后,就能在其提供的环境下编写和运行 C 语言程序,完成所需要的功能。目前常用的高级语言有 C、C++、C♯、Java 和 Python 等。

3. 数据库管理系统

计算机应用面最广的一个领域是信息管理,信息管理的关键技术是数据库技术,把信息存入数据库中并编写相应的数据库应用程序是开发信息管理系统的主要工作。如果没有数据库管理系统提供支持环境,数据库的建立及数据库应用程序的开发是很困难的,甚至无法实现。数据库管理系统是一个帮助人们建立数据库和开发数据库应用程序的系统软件,有了这个系统软件的支持,建立数据库变得容易了,开发数据库应用程序也变得容易了。开发的数据库应用程序就是一个应用软件。目前常用的数据库管理系统有 Oracle 公司的 Oracle、MySQL,微软公司的 SQL Server、Access,IBM 公司的 DB2 等。

4.4.3 应用软件

应用软件用于解决实际问题,可以将应用软件分为通用应用软件和专用应用软件。通用软件可以为多个行业和领域的人们使用,完成各自的任务,如办公软件中的 Excel 就是一个通用的应用软件。教师可以用 Excel 处理学生考试成绩,财务人员可以用 Excel 处理账目报表,银行职员可以用 Excel 计算存款利息等。专用软件只供某个行业或某些人使用,如火车票售票软件只能用于火车站或售票点售卖火车票。

具体来说,应用软件包括软件开发环境、办公软件、辅助设计软件、多媒体制作软件、网页制作软件、网络通信软件、工具软件和实际应用软件等,前 7 种属于通用软件,最后一种属于专用软件。

1. 软件开发环境

软件开发环境(software development environment,SDE)指在基本硬件和基础软件的基础上,为支持系统软件和应用软件的工程化开发与维护而使用的一组软件。它由软件工具和环境集成机制构成,前者用以支持软件开发的相关过程、活动和任务,后者为工具集成和软件的开发、维护及管理提供统一的支持。在软件开发环境的支持下,能够有效地保证完成大型软件的分析、设计、测试等工作,从而保证软件开发的质量和效率。Rational 系列软件是软件开发环境的代表。

2. 办公软件

办公软件指用于人们日常办公用的系列软件,主要包括字处理软件、电子表格软件和演示文稿制作软件等,对人们日常办公起到了非常好的辅助作用。目前,比较常用的有 Microsoft Office 和 WPS Office,前者是微软公司的产品,后者是金山公司的产品。

3. 辅助设计软件

计算机辅助设计是计算机的一个重要应用领域,计算机辅助设计已广泛应用于机械、汽车、电子、建筑和服装等行业,对提高这些行业的工作效率起了非常重要的作用。常用的辅助设计软件有 AutoCAD 和 EDA 等。AutoCAD 用于机械、汽车、建筑和服装等行业的辅助设计,提供了丰富的绘图和图形编辑功能,便于进行二次开发。EDA 是专门用于各种电子线路设计的软件,具有原理图设计、印制电路板设计、层次原理图设计、电路仿真及逻辑器件设计等功能。

4. 多媒体制作软件

目前,多媒体技术得到了广泛应用,制作多媒体系统也是一个重要的应用领域,用于图形、图像、视频、音频、动画及多媒体素材合成的软件有 Photoshop、Video Studio、Sound Forge、3ds MAX、Authorware 和 Flash 等。

5. 网页制作软件

常见的网页制作软件有 FrontPage 和 Dreamweaver。FrontPage 是 Microsoft Office 中的一个软件。Dreamweaver 是 Macromedia 公司开发的一个专业的开发、编辑与维护 Web 网页的工具;它是一个"所见即所得"式的网页编辑器,不仅提供了可视化网页开发工具,同时又不会降低对 HTML 源代码的控制;它能让用户准确无误地切换于预览模式与源代码编辑器之间。Dreamweaver 是一个针对专业网页开发者的可视化网页设计工具。

6. 网络通信软件

网络通信软件的主要功能是浏览 WWW、收发电子邮件(E-mail)和即时通信。常用的浏览器软件有 Chrome、Edge、Opera、Firefox、Safari 和 360 浏览器等,常用的收发电子邮件软件有 Outlook、Foxmail 等,常用的即时通信软件有 MSN、QQ、微信等。

7. 工具软件

计算机中常用的工具软件很多,主要有压缩/解压缩软件、杀毒软件、翻译软件、多媒体播放软件、图片浏览软件等。

8. 实际应用软件

实际应用软件是针对各行各业及大大小小的单位开发的满足实际需要的软件,如机场航空管制系统、教学管理系统、人事管理系统、税务管理系统和保险管理系统等。这些软件可以委托软件公司开发,也可以由使用单位自行开发。

4.4.4 软件开发方法

随着计算机应用的日益普及和深入,软件规模和复杂程度也在不断增加,包含数百万行代码、耗资几十亿美元、花费几千人年的劳动才能开发出来的大型软件,在 20 世纪 70 年代就已不是什么新鲜事了,有的软件甚至达到几千万行代码的规模。

沿用 20 世纪 50 年代计算机发展初期个人编写小程序的传统方法,已不再适合现代大型软件的开发,用传统方法开发出来的许多大型软件甚至无法投入运行,造成大量人力、物力、财力的浪费。计算机领域把大型软件开发和维护过程中遇到的一系列严重问题称为"软件危机"(software crisis)。

软件危机的出现表明,必须寻找新的技术和方法来指导大型软件的开发。考虑到机械、建筑等领域都经历过从手工方式演变成严密、规范、完整的工程科学的过程,人们认为大型软件的开发也应该向"工程化"方向发展,逐步发展成一门完整的工程学科。1968 年在北大西洋公约组织(NATO)的一次学术会议上首次提出"软件工程"(software engineering)概念。软件工程采用工程的概念、原理、技术和方法来开发和维护软件,把经过时间考验证明正确的管理技术和当前能够得到的最好的技术方法结合起来。实践表明,软件工程方法和技术确实对大型软件的开发产生了巨大影响。

几十年来,为提高软件开发质量和效率,一些专家、学者及软件工程师提出多种开发方法,其中生命周期法、快速原型法、敏捷开发方法、微软过程等得到了比较广泛的应用,并取得了较好的效果。

1. 生命周期法

软件是 20 世纪 60 年代中后期才开始崛起的新领域,但是发展十分迅速。由于人们缺乏开发较大规模软件的经验,发展初期曾呈现较为混乱的状态。软件生命周期的概念提出后,软件的开发开始"有章可循"。基于软件生命周期的生命周期方法是较早得到应用的软件开发方法。

借鉴其他工程领域的管理经验,软件生命周期(life cycle)强调将整个软件的开发过程分解成若干阶段,并对每个阶段的目标、任务、方法做出规定,使整个软件的开发过程具有合理的组织和科学的秩序。每个阶段进行若干活动,每项活动应用一系列标准、规范、方法和技术,完成一个或多个任务。

生命周期法将整个软件的开发过程分成 4 个主要阶段:系统分析、系统设计、系统实施、系统运行与维护。

系统分析是对组织的工作现状和用户需求进行调查、分析,明确用户的信息需求和系统功能,提出拟建系统的逻辑方案。系统分析在整个系统开发过程中,要解决"做什么"的问题,把要解决哪些问题、满足用户哪些具体的信息需求调查、分析清楚,从逻辑上(或者说从信息处理的功能上)提出新系统的方案(即逻辑模型),为系统设计和系统实施提供可靠、具体的依据。

系统设计的主要目的是将系统分析阶段提出的反映用户需求的系统逻辑方案转换成可以实施的物理(技术)方案。系统设计的主要任务是从软件的总体目标出发,根据系统分析阶段对系统逻辑功能的要求,并考虑到技术、经济、运行环境等方面的条件,确定系统的总体结构和系统各组成部分的技术方案,合理选择计算机和通信的软硬件设备,提出系统的实施计划,确保总体目标的实现。

在系统分析和设计阶段,主要工作集中在逻辑功能和技术方案设计上,工作成果是系统分析说明书和系统设计说明书。系统实施阶段以系统分析和系统设计阶段的工作成果为依据,将技术设计方案转换成物理实现。系统实施阶段主要完成程序设计、系统测试和新旧系统转换等工作。

新旧系统转换完成后,新系统就进入了运行阶段。虽然经过系统测试和新旧系统转换阶段的工作,系统中的绝大部分错误都已经被发现并得以改正,但仍然无法保证系统运行中就不会出现错误,发现错误就要改正。再有,随着系统环境的变化和用户需求的变化,系统也要做适当的改进和完善。系统维护就是在系统运行阶段,为了改正错误或满足新的需要而修改、完善系统的过程。

2. 快速原型法

生命周期法强调自顶向下分阶段开发,在进入实际的开发期之前必须预先对需求严格定义。这样做的目的是提高系统开发的成功率,与不重视需求分析的早期方法相比是一个重大进步,并在实际系统开发中取得了很好的效果。但是,实践也表明,有些系统在开发出来之前很难仅依靠分析就能确定出一套完整、一致、有效的应用需求,这种预先定义的方式更不能适应用户需求不断变化的情况。快速原型(rapid prototyping)法改变了这种自顶向下的开发模式。

快速原型法的基本思想是以少量代价快速地构造一个可执行的软件系统,使用户和开发人员可以较快地确定需求。在初步了解用户的基本要求后,开发人员先建立一个他们认为符合用户要求的模型系统交付用户检验,由于模型是可以执行的,所以为用户提供了获得感性认识的机会。一般来说,有了一个实际的系统,用户可以测试具体实例,可以进一步明确地说明需求。快速原型法的优点是明显的,因为阅读书面的需求说明书远不如直接观察一个实际系统那样有效。

快速原型法有助于开拓开发人员的想象力,便于和用户交流。由于计算机专业知识、系统开发知识的局限,有时用户所要求的并不是他们最终想得到的,而他们真正想得到的又不一定是所要求的。快速原型法可以较好地解决这一问题,如果用户不满意一个模型,就可以对这个模型进行修改,甚至重新建立一个模型,直至用户满意为止。

快速原型法的优点是有利于准确地定义用户需求,降低系统开发风险,适用于规模较小、用户需求较难定义的软件。

3. 敏捷开发方法

敏捷开发方法将整个软件项目进行任务分解,完成一个模块交付一个模块,一边给用户提供服务,一边不断增加新功能,这样保证了软件可以很快交付使用,在用户使用的同时逐渐增加新功能、完善已有功能。

敏捷开发的特点是持续迭代,在一个迭代周期内,根据产品需求,经过项目组评审后形成软件需求文档。根据软件需求文档进行系统设计,形成系统设计文档。根据设计文档编写代码,并对代码进行评审。对代码进行测试调试,形成测试文档。通过测试的软件(模块)交付使用。

4. 微软过程

微软公司基于几十年的软件开发经验形成了自己的软件开发方法——微软过程,微软过程把软件生命周期分为规划、设计、开发、稳定和发布5个阶段。

规划阶段:确定软件产品的目标,确定新版本软件应具备的主要特性和需要新增加的功能,完成对市场和客户的调研分析。

设计阶段：给出系统总体设计、系统结构图和各子系统设计，根据软件产品需求制定产品开发计划。

开发阶段：完成编写程序代码和撰写文档等工作。

稳定阶段：在真实环境下对程序代码进行测试和调试。

发布阶段：发布软件产品，项目移交给运营和技术支持人员。

各种软件开发方法各有所长，也各有其不足。根据要开发软件项目的特点和功能需求，选择合适的软件开发方法，也可以多种方法结合使用。

4.5 操作系统

在计算机的发展进程中，计算机的性能越来越高，操作使用越来越方便。虽然计算机性能提高的物质基础是计算机硬件技术的快速发展，但操作系统的发展保证了硬件性能的充分发挥。早期的计算机只有计算机专业人员才能使用，而现在的计算机已广泛普及，进入数亿个家庭，操作系统的出现与不断发展起了非常重要的作用。包括操作系统在内的计算机软硬件技术的快速发展，使计算机的功能越来越强大，使用越来越方便。

4.5.1 操作系统概念

操作系统（operating system，OS）可定义为有效地组织和管理计算机系统中的硬件和软件资源，合理地组织计算机工作流程，控制程序的执行，提供多种服务功能及友好界面，方便用户使用计算机的系统软件。简单地说，操作系统的功能就是管理计算机资源、控制程序执行、提供多种服务、方便用户使用。

操作系统有多种类型，不同类型的操作系统其侧重的目标有所不同，但共同的一般性目标主要有有效性、方便性、可扩充性、开放性、可靠性和可移植性等。对用户来说，其中的方便性和有效性是最重要的。对于超级计算机、大型计算机和服务器，由于价格高，使用的人少且多为专业人员，比较强调有效性。微型计算机出现后，计算机使用者越来越多，而且多为非专业人员，方便性成为操作系统关注的重点。Windows 系列操作系统之所以广受欢迎，一个重要原因就是其学习和使用的方便性。

（1）有效性。在未配置操作系统的计算机系统中，中央处理器等资源会经常处于空闲状态而得不到充分利用；存储器中存放的数据由于无序而浪费了存储空间。配置了高性能操作系统后，可使中央处理器等部件由于减少等待时间而得到更为有效的利用，使存储器中存放的数据有序而节省存储空间。此外，操作系统还可以通过合理地组织计算机的工作流程，进一步改善系统的资源利用率及提高系统的输入输出效率。

（2）方便性。没有操作系统，就只能通过控制台输入控制命令。以这种方式操作使用计算机是让人非常头疼的一件事情，只适用于专业人员。有了操作系统，特别是有了像 Windows 这类功能强大、界面友好的操作系统，使操作使用计算机的变得非常容易和方便，轻点鼠标和键盘就能实现很多功能。

4.5.2 操作系统的功能

操作系统的作用是管理计算机资源、方便用户使用计算机。由于计算机的资源主要包括处理器(CPU)、存储器(内存)、输入输出设备、外存(以文件形式存储软件和数据)、网络设备等,所以操作系统的主要功能包括处理器管理功能、存储器管理功能、设备管理功能、文件管理功能和网络与通信管理功能。此外,为了方便用户通过操作系统使用计算机,还需向用户提供一个使用方便的用户接口。

1. 处理器管理功能

处理器管理的主要任务是对中央处理器进行分配,对其运行进行有效的控制和管理,最大限度地提高处理器的利用率,减少其空闲时间。在多道程序环境下,处理器的分配和运行都是以进程为基本单位的,因而处理器管理也可称为进程管理。进程(process)指程序的一次执行过程。进程是操作系统中最基本、最重要的一个概念,是在多道程序系统出现后,为描述程序运行的动态特性而引入的概念。进程是一个动态概念,其静态实体需要一种数据结构来表示,描述程序运行中的状态。

在多道程序环境下,处理器在多个进程之间切换,一个进程的执行可能是断断续续的,经历多次的执行、等待交替才能完成整个进程的执行,进程由执行变为等待,再由等待变为执行,接着上次执行的断点继续执行,断点处的状态信息要保存,需要有合适的数据结构。在多道程序环境中,允许有多个进程并发执行,就可能出现一个程序被多次调用而参与到并发执行中,一个程序对应多个进程,需要保存每个进程的状态信息,也需要合适的数据结构。

处理器管理要保证处理器在多个进程间进行有效的切换,既保证各进程执行的正确,也保证处理器具有比较高的利用率。

2. 存储器管理功能

存储器管理的主要任务是管理内存资源,为并发进程的执行提供内存空间;提高内存空间的利用率,并能从逻辑上扩充内存空间以适应大进程和更多进程并发执行的需要。存储器管理应具有内存分配、内存保护、地址映射和内存扩充等功能。

内存分配的主要任务是为需要执行的进程分配适当的内存空间,及时回收执行完的进程所释放的内存空间;尽量减少不可用的内存空间,提高内存空间的利用率。

内存保护的主要任务是确保并发执行的每个进程都在自己的内存空间中执行,互不干扰,防止一个进程访问其他进程的内存空间进而影响那个进程的正常执行。特别是不允许用户进程访问操作系统所占用的内存区域,否则可能造成整个系统的瘫痪。

高级语言源程序经编译和连接后形成可装入内存的机器语言程序,这时程序中第一条指令的地址是从 0 开始的,后面的指令依次编址,由这些指令在程序中的地址所构成的地址范围称为地址空间,其中的地址称为逻辑地址或相对地址。由内存中的若干存储单元所构成的地址范围称为内存空间,其中的地址称为物理地址。

在进程并发执行的环境下,地址空间中的逻辑地址和内存空间中的物理地址是不一致的,地址映射功能是将地址空间中的逻辑地址转换为内存空间中的物理地址,即实现逻辑地址到物理地址的变换,这样才能保证每个进程都分配到合适的内存空间并正确执行。

虽然随着计算机硬件技术的快速发展,计算机的内存容量也相应地有了大幅度提高,但计算机要完成任务的规模也在逐渐增大,内存容量满足不了用户(解决大规模问题)需要的可能性一直存在。内存扩充的任务是借助于虚拟存储技术(把一部分外存虚拟成内存使用)从逻辑上扩充内存容量,而不是真正增加物理内存的容量。这种虚拟存储技术在不增加硬件成本的前提下,扩充了逻辑内存,能够执行更大的进程或使更多的进程能并发执行,提高了系统性能。

3. 设备管理功能

为方便使用计算机,计算机要配备键盘、鼠标、显示器、打印机等输入输出(I/O)设备。设备管理的主要任务是响应用户提出的输入输出请求,为其分配相应的输入输出设备;提高 CPU 和输入输出设备的使用效率,提高输入输出速度;方便用户使用输入输出设备。为有效完成上述任务,设备管理应具有缓冲区管理、设备分配、设备驱动调度、设备独立性和虚拟设备等功能。

缓冲区管理的基本任务是管理好各种类型的缓冲区,缓冲区指内存中的一块特定存储区域或设备本身自有的存储空间,用以缓和 CPU 和输入输出设备速度不匹配的矛盾,目的是提高 CPU 和输入输出设备的利用率。例如,需要打印输出时,可以把打印内容放入缓冲区,供打印机取出打印,此时 CPU 可以继续执行其他任务,避免了高速的 CPU 等待低速的打印机打印,实际上是 CPU 在和打印机并行工作。

设备分配的基本任务是根据用户的输入输出请求,为之分配相应的输入输出设备。为了实现设备的有效分配,系统中应设置设备控制表等数据结构,记录设备的标识符、类型、地址和状态等信息,用以表示该设备的唯一标识、是否空闲等,作为设备分配的依据。设备使用完后,系统要及时回收以便其他用户使用。

设备驱动调度的基本任务是把用户提交的输入输出请求转换为实际的输入输出操作,完成用户的输入输出请求。由 CPU 向设备控制器发出输入输出指令,启动输入输出设备完成指定的输入输出操作,并能接收由设备控制器发来的中断请求,给予及时的响应和相应的处理。设备驱动调度通过设备驱动程序来完成,设备驱动程序与硬件密切相关,其中部分代码可能需要用汇编语言编写。

设备独立性指应用程序独立于具体的物理设备,与实际使用的物理设备无关。设备独立性不仅能提高用户程序的适应性,使程序不局限于某个具体的物理设备,而且易于实现输入输出的重定向,易于应对输入输出设备故障。

虚拟设备指通过某种方法(如分时方法)把一台独占型物理设备改造成能供多个用户共享使用的逻辑设备。虚拟设备技术能够有效提高设备的利用率,使每个共享使用设备的用户都感觉自己在独自使用该设备。

4. 文件管理功能

要执行一个程序,需要将这个程序送入内存;要编辑修改一个数据文件(如一个 Word 文档),需要把这个文件送入内存。暂时不需要执行的程序或不用的文件要存放在硬盘等外存上,以备需要时直接调入内存。文件(file)是存放在计算机外存上的相关数据的集合。操作系统要具备文件管理功能,对存放在外存上的大量文件(程序也是一种文件)进行有效管理,以方便用户操作、使用这些文件,并保证文件内容的安全。在规定文件命名规则、按层次组织文件的基础上,文件管理应具有文件存储空间管理、目录管理、文件的读写管理以及文件的安全保护等功能。

(1) 文件命名。同一外存上可能有很多文件,为了便于对文件的识别和管理,要给每个文件规定一个唯一的文件名。例如,班主任老师把所带班级每个学生的基本情况和联系方式输入计算机,保存在自己的 U 盘上,起一个名字:"学生基本情况与联系方式",这样就生成了一个学生联系方式文件,需要时就可以在计算机上打开这个文件,查看某个学生的基本情况或联系方式。

严格来说,一个规范的文件名包括主文件名和扩展名两部分,格式如下:

<主文件名>[.扩展名]

一个文件可以有扩展名,也可以没有扩展名(用方括号表示),但必须要有主文件名(用尖括号表示),如果有扩展名,要用"."与主文件名分开。

主文件名代表文件的特点,由用户根据文件内容命名,主文件名最好能反映代表的文件内容,做到见名知义,便于对文件的查找和管理。特别是管理的文件很多时尤显重要,如我们撰写的实验报告,主文件名分别命名为操作系统实验报告、数据结构实验报告和 Python语言实验报告等,以后找起来就非常方便,看到名字就知道内容了。如果分别命名为 T11、T12 和 T13 等,找起来就比较麻烦,需要逐一打开这些文件查看内容,才能找到需要的那个文件。

扩展名代表文件属于哪一类,一般使用计算机系统已经规定好的一些名字,在使用一些软件系统建立文件时使用系统默认的扩展名即可,用户不必自己命名扩展名。表 4.3 列举了一些常用的文件扩展名。

表 4.3　常用的文件扩展名

扩　展　名	文　件　类　型
doc/docx	Microsoft Word 文档文件
xls/xlsx	Microsoft Excel 电子表格文件
ppt/pptx	Microsoft PowerPoint 演示文稿文件
pdf	Adobe 文档文件
c	C 语言程序源文件
cpp	C++程序源文件
py	Python 程序源文件
exe	可执行程序文件
bmp	位图格式图片文件
jpg	JPEG 格式图片文件
gif	GIF 格式图片文件
wav	Microsoft Windows 声音文件
avi	Microsoft Windows 视频文件
mpg	MPEG 格式视频文件
zip	ZIP 格式压缩文件
rar	RAR 格式压缩文件

对于需要用户自己命名的主文件名部分,原来的 DOS 平台限制比较多,现在的 Windows 平台限制就少多了,汉字、英文字母和除 /、\、:、*、?、"、"、<、>、| 之外的其他符号都可以使用。

当文件比较多时,需要建立文件夹(子目录),把不同性质的文件分门别类地存放在不同的文件夹中,再加上文件命名时遵循见名知义的原则,会大大提高文件管理的效率,提高工作效率。需要注意的是,在同一个文件夹中,不允许有文件名完全相同的文件(主文件名和扩展文件名都相同),否则新文件的建立会覆盖旧文件,导致旧文件内容的丢失。

(2) 按层次组织文件。外存的容量一般是比较大的,可以存放成千上万个文件,这么多的文件如果没有一个好的组织结构,会导致文件管理效率低下,如在上万个 Word 文档中找出"2023 年工作计划"文件并不是一件很容易的事情。如果记得文件名,还可以用文件搜索的方式;如果连文件名都没有记住,就是一件很困难的事情了。

按层次组织文件,会大大提高文件管理效率,特别是文件查找效率。

【例 4.14】　张教授既承担教学工作,也承担科研工作。教学工作包括本科生教学工作和研究生教学工作,还要指导本科生和研究生提交的论文。科研工作包括项目研究和学术论文,论文有已发表论文和待发表论文。几年下来,光是 Word 文档就会积累成百上千个,采用层次结构,会帮助张教授有效管理这些文件,提高工作效率。

在 Windows 系统中,可以通过逐层建立文件夹,并把不同文件放入不同文件夹的方式来实现文件的层次化管理,张教授可以建立的层次文件夹如图 4.13 所示。

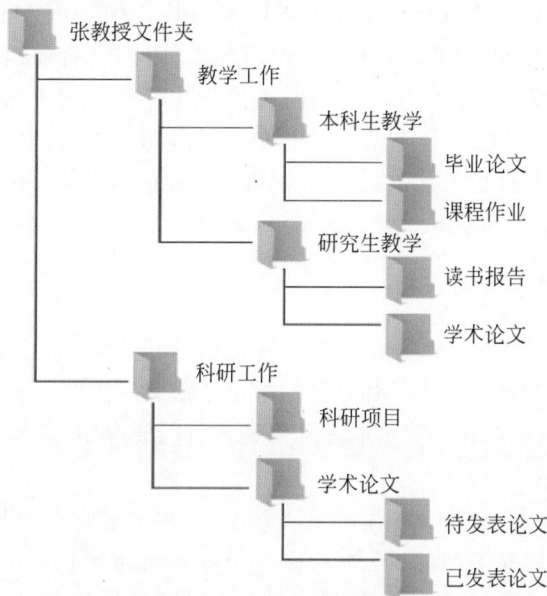

图 4.13　文件的层次结构

Windows 等图形用户界面操作系统都包含有文件管理器之类的实用工具,文件管理器能够帮助用户容易地在各文件夹之间进行文件的移动、复制、重命名和删除等操作。

5. 网络与通信管理功能

随着计算机网络的快速发展与普及,操作系统要具备网络与通信管理功能,以保证网络功能的正常、高效实现,主要包括资源管理、通信管理和网络管理等。

资源管理要保证网络资源的共享,管理用户对资源的访问,保证信息资源的安全性和完整性。通信管理就是通过通信软件,按照通信协议的规定,完成网络上计算机之间的信息传送。网络管理就是保证网络的安全、高效运行,并对出现的网络故障有合适的应对技术,包括故障管理、安全管理、性能管理、日志管理和配置管理等。

6. 用户接口

为了方便用户使用操作系统,操作系统应向用户提供一个友好的接口。该接口通常以命令或系统调用的形式供用户使用,前者供用户在直接操作时使用,后者供用户在编程时使用。在 Windows 等操作系统中,又向用户提供了图形接口。

为了便于用户直接或间接地控制自己的程序,操作系统向用户提供了命令接口。用户可通过该接口向计算机发出命令以实现相应的功能。该接口又可进一步分为联机用户接口和脱机用户接口。

程序接口是为用户程序访问系统资源而设置的,是用户程序取得操作系统服务的唯一途径。现在的操作系统都提供程序接口,如 DOS 操作系统是以系统功能调用的方式提供程序接口,为用户提供的常用子程序有 80 多个,可以在编写汇编语言程序时直接调用。Windows 操作系统是以应用程序编程接口(application programming interface,API)的方式提供程序接口,WIN API 提供了大量的具有各种功能的函数,直接调用这些函数就能编写出各种界面友好、功能强大的应用程序。例如,用 Python 语言编写程序时,通过第三方库 pywin32 可以调用 WIN API 函数,实现相关功能。

图形用户接口(graphical user interface,GUI)采用了图形化的操作界面,用非常容易识别的各种图标将系统的各项功能、各种应用程序和文件直观、逼真地表示出来。可通过鼠标、菜单和对话框来完成对各种应用程序和文件的操作。此时用户已完全不必像使用命令接口那样去记住命令名及格式,轻点鼠标就能实现很多功能。用户被从烦琐且单调的操作中解放出来,能够为更多的非专业人员使用。Windows 系列操作系统因提供方便用户使用的图形用户接口而得到广泛应用。

4.5.3 操作系统实例

最初的计算机没有操作系统,人们通过各种按钮和开关来直接控制计算机运行,自第一个操作系统出现到现在,经过近 70 年的发展,推出了众多的操作系统,为使用各种计算机提供了非常大的方便。下面对几个著名的操作系统进行简要介绍。

1. CP/M 操作系统

最早的操作系统是出现在 1956 年的 GM-NAA I/O。微型计算机的第一个操作系统则是诞生于 1974 年的控制程序/监控程序(control program/monitor,CP/M)。

CP/M 是加里·基尔达尔(Gary Kildall,1942—1994)领导的 Digital Research 公司为 8 位微型计算机开发的操作系统,它能够进行文件管理,具有磁盘驱动功能,可以控制磁盘的读写、显示器的显示以及打印机的打印输出,它是当时操作系统的标准。CP/M 曾经有多个版本,运行在 Intel 8080 CPU 上的 CP/M-80,运行在 8088/8086 CPU 上的 CP/M-86,运行在 Motorola 68000 CPU 上的 CP/M-68K 等。

2. DOS 操作系统

1981 年,IBM 公司首次推出了 IBM-PC,该计算机上安装了微软公司开发的 MS-DOS 操作系统。该操作系统在 CP/M 的基础上进行了较大的扩充,增加了许多内部和外部命令,使该操作系统具有较强的功能及性能优良的文件系统。又因为它配置在 IBM-PC 上,随着该机型及其兼容机的畅销,MS-DOS 操作系统也就成了事实上的 16 位微型计算机机单用户单任务操作系统的标准。

微软-磁盘操作系统(Microsoft-disk operating system,MS-DOS)最早的版本是 1981 年 8 月推出的 1.0 版,一直发展到 1995 年的 7.0 版。在 1990 年微软推出 Windows 3.0 之前,DOS 一直占据微机操作系统的霸主地位,在和 Windows 抗争了几年之后,从 1995 年推出的 Windows 95 开始,DOS 逐步退出了操作系统市场。

早期的 DOS 是不支持汉字处理的,为了能在微型计算机上处理汉字,1983 年我国电子工业部第六研究所推出了基于 MS-DOS 的汉字磁盘操作系统 CC-DOS,以后又推出了若干版本。

3. Windows 操作系统

微软公司从 1983 年开始研发 Windows 操作系统,当时的目的是在 DOS 的基础上增加一个多任务的图形用户界面。1985 年和 1987 年分别推出了 Windows 1.0 和 Windows 2.0,但并没有得到用户的广泛认可,Windows 的流行是从 3.0 版开始的。

1990 年由微软公司推出的 Windows 3.0,以其易学易用、友好的图形用户界面,并能支持多任务和虚拟内存的优点,得以很快地流行开来,开始逐步占领微型计算机操作系统市场。Windows 95 在 1995 年 8 月正式发布,这是第一个不要求使用者先安装 MS-DOS 的 Windows 版本。从此 Windows 9x 便取代 Windows 3. x 以及 MS-DOS 操作系统,成为个人计算机的主流操作系统。

Windows 家族的另一个重要分支是 Windows NT,是一种面向高端微型计算机的操作系统,与支持个人应用的 Windows 9x 有根本的区别,采用客户机/服务器与层次式结合的模型,支持多进程并发,有较强的内置网络功能和较高的系统安全性,主要运行在小型计算机和服务器上。

Windows 2000 是在 Windows NT 5.0 的基础上修改和扩充而成的,分为 Windows 2000 Professional 和 Windows 2000 Sever 两种版本,前者是面向普通用户的,后者则是面向网络服务器的,能够充分发挥 32 位微型机的硬件性能,使其在处理速度、存储能力、多任务和网络计算支持等方面具有小型计算机的性能。

2001 年 3 月,微软公司正式宣布把个人用版本 Windows 98、Windows ME 和商用版本 Windows 2000 合二为一,推出新的版本 Windows XP(eXPerience)。2003 年 3 月推出的 Windows Server 2003 是广泛应用于服务器的操作系统。

之后陆续推出了 Windows Vista、Windows 7、Windows 8、Windows 10、Windows 11 和 Windows Server 2008、Windows Server 2012、Windows Server 2016、Windows Server 2018、Windows Server 2019、Windows Server 2022 等版本。

自 DOS 退出操作系统市场后,Windows 成为人们使用最多的微机操作系统。根据 Statcounter 2023 年 12 月的统计,全球桌面操作系统领域中,Windows 各版本的市场占有率合计为 72.72%(主要是 Windows 10 和 Windows 11),位居第二名的是苹果公司的 macOS,其市场占有率为 16.38%。

4. macOS 操作系统

macOS 是一款运行于苹果 Macintosh 系列计算机上的操作系统,它也是首个在商用领域成功运用图形用户界面的操作系统。2014 年发布的版本是 macOS X 10.10 Yosemite 版,采用了扁平化的设计风格,增加了大量的新特性,针对跨设备跨平台无缝切换的需求,提供了全新的 Handoff(可实现在不同设备中持续同一工作)、iCloud Drive(云盘)等功能,大大提高了在 Mac、iOS 多设备之间使用的连续性。2023 年 6 月 6 日,苹果公司在 2023 苹果全球开发者大会上推出 macOS 13.5 版本(macOS Sonoma),该版本新增功能:支持桌面端的小部件,允许用户自定义壁纸作为屏保;为 Mac 设备引入了 Game Mode,该模式适用于所有 Mac 平台上的游戏;进一步改进了视频会议效果,可以在会议中使用增强现实(AR) 特效。

5. UNIX 操作系统

UNIX 操作系统是一种典型的多用户多任务型操作系统,是一个能在微型计算机、工作站、大型计算机等各种机型上使用的操作系统。

UNIX操作系统起源于美国电报电话公司(AT&T)贝尔实验室在1969年开发的一种分时操作系统,最早的工作集中在文件管理和进程控制上。1970年将该系统移植到了小型计算机PDP-11上,吸收了分时操作系统MULTICS的技术精华,定名为UNIX。1971年11月3日,UNIX第1版(UNIX-V1)正式诞生。1973年C语言出现后,用C语言改写的第3版UNIX具有非常好的可读性和可移植性,为其推广、普及奠定了基础。20世纪70年代中后期,UNIX源代码的免费获取引起了大学和公司的兴趣,更多人的参与为UNIX的改进、完善和普及起了重要作用,最著名的是加州大学伯克利分校的BSD版本。从1977年开始,各公司陆续推出了多种UNIX的商业化版本,如SUN公司的SUN-OS和Solaris,微软公司的XENIX,DEC公司的ULTRIX,IBM公司的AIX,HP公司的HP/UX,AT&T公司的UNIX System Ⅲ、UNIX System Ⅴ、UNIX SVR 4.0和UNIX SVR 4.2等。众多UNIX版本的出现,促进了UNIX的快速发展和应用普及,但也出现互不兼容的问题,针对此问题制定了一些UNIX开发标准,促进了UNIX的标准化。

进入20世纪90年代,由于多处理器系统和计算机网络技术的发展,UNIX也在适应着这一发展趋势,UNIX开始支持多处理器系统和计算机网络,配置了图形用户界面,安全性也得到进一步加强。

6. Linux操作系统

Linux是芬兰赫尔辛基大学的一个大学生林纳斯·托瓦兹(Linus Torvolds)在1991年编写的一个操作系统内核,现在托瓦兹已成为芬兰著名的计算机科学家。托瓦兹在学习操作系统课程时自己编写了一个操作系统原型(这就是最早的Linux),并把这个原型系统放在互联网上,允许自由下载,许多人对这个系统进行了改进、扩充和完善,他们上载的代码和评论对Linux的发展做出了重要贡献。于是,Linux从最初的一个人的作品变成了在互联网上由无数志同道合的程序员们共同参与的一场软件开发活动。Linux遵从国际上相关组织制定的UNIX标准POSIX。它的结构、功能以及界面都与经典的UNIX并无两样。然而Linux的源码完全是独立编写的,与UNIX源码无任何关联。Linux继承了UNIX的全部优点,而且还增加了一条其他操作系统不曾具备的优点,即Linux源码全部开放,并能在网上自由下载。

现在,Linux操作系统是一种得到广泛应用的多用户多任务操作系统,许多计算机公司如IBM、Intel、Oracle、SUN等都大力支持Linux,各种常用软件纷纷移植到Linux平台上。Linux和Windows、UNIX、macOS一起成为操作系统市场的主流产品。

7. VxWorks操作系统

VxWorks是嵌入式操作系统的优秀代表,是美国Wind River公司的产品。VxWorks支持各种工业标准,包括POSIX、ANSI-C和TCP/IP网络协议。VxWorks的核心是一个高效率的微内核,支持各种实时功能,包括快速多任务处理、中断支持、抢占式和轮转式调度。微内核设计减轻了系统负载,并可快速响应外部事件。

2011年11月26日发射并于2012年8月6日着陆(历经8个半月,在太空飞行5.69亿千米)的"好奇号"(Curiosity)火星探测器上使用的就是VxWorks操作系统。VxWorks负责火星探测器的全部飞行控制,包括飞行纠正、载体自旋和降落时的高度控制等,还负责数据收集和与地球上控制中心的通信工作。

VxWorks 广泛应用于网络通信、医疗设备、消费电子品、交通运输、工业控制、航空航天和多媒体设备等领域。

4.6 小结

程序设计能力、程序设计思维是计算机专业学生应具备的基本能力和素质,在计算机成为各行各业基本工具的今天,操作使用计算机已不再是计算机专业人员的优势。计算机专业人员要发挥专业特长,在工作中有竞争力,较强的程序设计能力和软件开发能力是坚实的基础。

首先要熟悉程序设计语言,熟练掌握基本的程序设计方法和程序调试运行环境。虽然初学编程时,程序设计语言的基本知识和基本的程序设计方法的掌握不是很容易,但计算机专业学生在具备一定的程序设计能力的基础上,重点还是要培养和提高算法设计能力。

软件开发是计算机专业人员的主要工作,软件开发能力是计算机专业学生需要培养的最重要能力之一。和软件开发有关的主要知识有程序设计知识和软件开发知识等。

沿用早期的个人编程方法开发规模比较大的软件,导致了软件危机的产生,为了克服软件危机,人们提出了用工程化的方法来开发大型软件,即软件工程方法。代表性的软件工程方法有生命周期法、快速原型法、敏捷开发方法和微软工程等,生命周期法强调把整个软件开发过程分成分析、设计、实施、运行与维护等阶段,完成前一个阶段的工作并经过严格评审后才能开始下一阶段的工作。快速原型法强调尽快建立一个具有主要功能和特性的软件原型提供给用户,供用户进一步提出系统需求,以便于准确确定用户的需求。敏捷开发方法强调快速交付和持续迭代,即分模块为用户提交软件,使用户能尽早看到可用的软件,并结合用户的使用要求逐步完善软件。微软过程在生命周期法的基础上,注重在真实环境下的软件测试与调试。

作为最重要的系统软件,操作系统对于充分利用计算机资源、保证程序的高效正确执行、方便用户使用具有重要作用。操作系统在发展过程中,追求的一个主要目标是不断提高CPU 等设备的利用率,以此来提升计算机的整体性能。操作系统的功能具体包括处理器管理、存储器管理、设备管理、文件管理和网络与通信管理等,并提供良好的用户接口。目前常用的操作系统有 Windows、macOS、UNIX、Linux 和 VxWorks 等。

拓展阅读:比尔·盖茨与微软公司

1955 年 10 月 28 日,比尔·盖茨(Bill Gates,见图 4.14)出生于美国西北部华盛顿州的西雅图,自小酷爱数学和计算机。保罗·艾伦(Paul Alan,1953—2018)是他最好的校友,两人经常在学校的一台 PDP-8 小型计算机上玩三连棋的游戏。

1972 年的一个夏天,他们从《电子学》杂志上得知 Intel 公司推出了一种名为 8008 的微处理器芯片。两人不久就使用该芯片组装出一台机器,可以分析城市内交通监视器上的信息。1973 年比尔·盖茨考入哈佛大学,保罗·艾伦则在波士顿一家叫"甜井"的计算机公司找到一份编写程序的工作,两人经常在一起探讨计算机的事情。1974 年春天,当《电子学》杂志宣布 Intel 推出比 8008 芯片更快的 8080 芯片时,比

图 4.14 比尔·盖茨

尔和保罗预见到类似 PDP-8 的小型计算机的末日快到了。他们看到了新芯片背后适应性强、成本低的个人计算机的发展前景。

1975 年 1 月的《大众电子学》杂志封面上 Altair 8080 微型计算机的图片深深地吸引保罗·艾伦和比尔·盖茨。这台世界上最早的微型计算机,标志着计算机新时代的开端,这是一台基于 8080 微处理器的微型计算机。还在哈佛大学上学的盖茨看到了商机,他要给 Altair 开发 BASIC 语言,盖茨和艾伦在哈佛大学计算机中心奋战了 8 周,为 8080 配上 BASIC 语言,此前从未有人为微型计算机编写过 BASIC 程序,艾伦亲赴 Altair 8080 的生产厂商 MITS 进行演示。这年春天,艾伦进入 MITS,担任软件部主管。学完大学二年级课程,盖茨也进入 MITS 工作。

微软(Microsoft)公司诞生于 1975 年,但当时微软公司与 MITS 公司之间的关系十分模糊,可以说微软公司"寄生"于 MITS 之上。1975 年 7 月下旬,微软公司与 MITS 签署了协议,期限 10 年,允许 MITS 公司在全世界范围内使用和转让 BASIC 及源代码。根据协议,微软公司最多可获利 18 万美元。借助 Altair 的风行,BASIC 语言也推广开来,同时,微软公司又赢得了两个大客户。盖茨和艾伦开始将更多的精力放在自己的公司上。正是 MITS,确定了盖茨和艾伦作为程序员的地位,跻身这个新兴行业。借助于 MITS 公司,积累了微软公司发展的第一批资金,同时他们目睹并参与了 MITS 公司从设计到生产,从宣传到销售服务的全过程,培养了市场意识。

艾伦离开 MITS 公司后不久的 1977 年元旦,盖茨退学了。

1980 年,IBM 公司准备进军 PC 市场,由 IBM 公司研制硬件系统,由微软公司开发一套方便用户使用 PC 的操作系统。1981 年 6 月,MS-DOS 的开发工作基本完成,8 月,IBM PC 问世,这台个人计算机主频是 4.77MHz,CPU 是 Intel 公司的 8088 芯片,主存为 64KB,操作系统就是微软的 MS-DOS。DOS 是磁盘操作系统(disk operation system)的简称,在 1981—1995 年占据 PC 操作系统的统治地位,版本从 1.x 发展到 7.x。

1985 年 6 月,微软公司和 IBM 公司达成协议,联合开发 OS/2 操作系统。根据协议,IBM 公司在自己的计算机上可免费安装,而允许微软公司向其他计算机厂商收取 OS/2 的使用费。当时 IBM 公司在 PC 市场拥有绝对优势,兼容机份额极低,之后兼容机市场却逐步扩大,到 1989 年兼容机占据了市场 80% 的份额。微软公司在操作系统的许可费上,短短几年就赢利 20 亿美元。

相对于以前的操作系统,DOS 取得了很大的成功,但在使用过程中也逐渐暴露出其功能比较弱、安全性低、使用不方便的缺点,作为单用户单任务型操作系统,几乎没有安全性措施,使用者需要记忆大量的英文单词式的命令。微软公司从 1981 年就开始开发后来称为 Windows 的操作系统。希望它能够成为基于 Intel x86 微处理芯片计算机上的标准图形用户接口(graphical user interface,GUI)操作系统。在 1985 年和 1987 年分别推出 Windows 1.0 版和 Windows 2.0 版。但是,由于当时硬件水平和 DOS 操作系统的风行,这两个版本并没有得到用户的广泛认可。此后,微软公司对 Windows 的内存管理、图形界面做了重大改进,使图形界面更加美观并支持虚拟内存。1990 年 5 月推出的 Windows 3.0 开始得到人们的认可。

一年之后推出的 Windows 3.1 对 Windows 3.0 作了一些改进,引入一种可缩放的 TrueType 字体技术,改进了系统的性能;还引入了一种新设计的文件管理程序,改进了系统的可靠性。Windows 3.0 和 Windows 3.1 都必须运行于 MS-DOS 操作系统之上。

几年的应用实践使用户逐渐熟悉和青睐于 Windows,可以与 DOS 分离了,1995 年微软公司推出新一代操作系统 Windows 95,它可以独立运行而无须 DOS 支持。Windows 95 是操作系统发展史上一个非常重要的版本,它对 Windows 3.1 版作了许多重大改进,包括更加优秀的、面向对象的图形用户界面,单击鼠标就能完成大部分操作,极大地方便了用户的学习和使用;全 32 位的高性能的抢先式多任务和多线程;内置的对因特网的支持;更加高级的多媒体支持,可以直接写屏并能很好地支持游戏;即插即用,简化用户配置硬件操作,并避免了硬件上的冲突;32 位线性寻址的内存管理和良好的向下兼容性等。

目前,微软公司的主要产品如下。

操作系统 Windows 系列:Windows 7、Windows 8、Windows 10、Windows 11、Windows Server 2016、Windows Server 2019、Windows Server 2022。

数据库管理系统 MS SQL Server:一种可用于网络环境的大型数据库管理系统,新版本还具备一定的数据仓库和数据挖掘功能。

办公软件 Office 系列:文字处理软件(Word)、电子表格软件(Excel)、桌面数据库(Access)、幻灯片制作软件(PowerPoint)、个人邮件管理软件(Outlook)、网页制作软件(FrontPage)等。

网页浏览器 Internet Explorer(IE)、Edge:IE 是 Windows 95 开始微软各版本 Windows 的默认浏览器,从 Windows 10 开始,自带浏览器改为 Edge。

Microsoft Azure 微软云计算:为全球客户提供多种计算、数据服务、应用服务及网络服务,帮助个人开发者、初创公司、企业机构快速开发、部署、管理应用程序。

媒体播放器 Windows Media Player:用于播放音频和视频。

开发工具包 Visual Studio:包括 Visual Basic、Visual C++、Visual C♯ 等,目前已发布用于.NET 环境的编程工具 Visual Studio.NET。

在线服务 MSN(Microsoft Network):主要用于即时通信(网上聊天等)。

近几年,微软公司向人工智能领域拓展,在认知服务、自然语言处理、语音识别、聊天机器人、智能化办公软件方面都有平台或产品推出,正在把 ChatGPT 技术逐步融入 Windows 11(包括 Edge)、Office 365 等软件中,使用户有更好的 AI 体验。2023 年 2 月,微软推出由 ChatGPT 支持的最新版本人工智能搜索引擎 Bing(必应)和 Edge 浏览器。

微软公司 2024 财年的营业收入为 2451 亿美元,运营利润为 881 亿美元。

习题 4

一、填空题

1. 程序设计语言的发展经历了_____、_____和_____3 个阶段。

2. 能够直接在计算机上执行的是_____程序。

3. 汇编语言源程序由_____构成,高级语言源程序由_____构成。

4. 高级语言分为_____、_____和_____。

5. 写出常用的 3 种高级语言:_____、_____、_____。

6. 结构化程序的 3 种基本结构分别是_____结构、_____结构和_____结构。

7. 4 个用于判断大小的比较运算符分别是 _____、_____、_____ 和 _____。

8. 判断相等的比较运算符是 _____，判断不等的比较运算符是 _____。

9. 3 个逻辑运算符分别是 _____、_____ 和 _____。

10. $85 \leqslant x \leqslant 100$，其对应的 Python 表达式是 _____。

11. a 和 b 中至少有一个能够被 5 整除，其 Python 表达式是 _____。

12. a 是 3 的倍数并且 b 不是 3 的倍数，其 Python 表达式是 _____。

13. 常用的两种分支语句分别是 _____ 和 _____。

14. 两种循环语句分别是 _____ 和 _____。

15. break 语句的作用是 _____。

16. Python 程序中的单行注释用 _____ 符号开头。

17. 算法的特性包括 _____、_____、_____ 和 _____。

18. 算法的评价标准包括 _____、_____、_____ 和 _____。

19. 软件 ＝ _____ ＋ _____。

20. 软件可分为 _____ 和 _____。

21. 系统软件主要包括 _____、_____ 和 _____ 等。

22. 常用的软件开发方法有 _____、_____、_____ 和 _____。

23. 生命周期法将整个软件的开发过程分成 4 个主要阶段：_____、_____、_____、_____。

24. 一个规范的文件名包括两部分：_____ 和 _____。

25. 写出 5 种常用文件的扩展名：_____、_____、_____、_____、_____。

26. 存储器管理功能包括 _____、_____、_____、_____。

27. 设备管理功能包括 _____、_____、_____、_____。

28. 文件管理功能包括 _____、_____、_____、_____。

29. 操作系统的接口包括 _____、_____、_____。

二、名词解释

程序、算法、时间复杂度、空间复杂度、软件、系统软件、应用软件、软件工程、操作系统、进程。

三、简答题

1. 对比说明机器语言、汇编语言和高级语言各自的特点。

2. 说明程序与算法的联系和区别。

3. 简要说明算法的特点。

4. 如何评价算法的优劣？

5. 简述生命周期法的主要步骤及每个步骤的主要工作。

6. 简述敏捷开发方法的主要思路。

7. 简述微软过程的主要步骤及每个步骤的主要工作。

8. 简述操作系统的主要功能。

9. 对比说明几种目前常用的操作系统。

四、编程题

1. 接收从键盘输入的两个正整数，如果一个奇数、一个偶数，则输出两个数之和，否则输出两个数的乘积。

2. 从键盘输入一个摄氏温度值,如果温度在 18～23℃,输出"温度合适!",如果低于 18℃,输出"温度偏低!",如果高于 23℃,输出"温度偏高!"。

3. 从键盘输入三角形的三条边长,如果能够构成三角形,则计算三角形的面积并输出,否则输出提示信息"不能构成三角形"。

4. 从键盘输入若干考试成绩,统计不及格人数和大于或等于 90 分的人数并输出。

5. 输出斐波那契(Fibonnacci)数列的前 n 项,n 的值由键盘输入,数列的定义如下:

$$a_1 = 1, a_2 = 1, a_n = a_{n-1} + a_{n-2}(n \geqslant 3)$$

6. 判断一个整数是否为回文数。所谓回文数,是指一个数的逆序值和自身相等,如 168861、38983 等。要求编写两个程序,分别用用字符处理函数和不用字符串处理函数。

思考题 4

1. 高级语言中,变量一般要先定义再使用,这样规定有什么好处?

2. 如何提高程序设计能力?

3. 如何理解系统软件与应用软件的关系?

4. 如何选择软件开发方法或某些方法的组合?

第 5 章　计算机网络与网络安全

　　20世纪40年代在美国诞生了世界上第一台电子计算机,在80余年的发展历程中,计算机在人类生活的各个领域发挥着越来越重要的作用,人们对计算机的功能也提出了越来越高的要求,计算机网络就是在这个进程中诞生的。包括智能手机在内的微型计算机和计算机网络(互联网、移动互联网、物联网)的出现及快速发展,极大地促进了计算机的广泛普及。现在,国家的经济建设和社会发展及人们的日常生活都已和计算机及计算机网络紧密地联系在一起。

　　计算机及计算机网络的快速发展与广泛应用,使得各行各业以及每个人对计算机和计算机网络的依赖性日益增强。计算机中存放着、网络中传输着关乎个人、单位甚至整个国家切身利益的重要信息。这些信息的泄露、丢失、被篡改,不仅会给个人、单位及国家造成巨大的经济损失,还有可能严重危及国家安全及社会稳定。网络安全越来越受到人们的广泛关注。

5.1　计算机网络的定义与功能

5.1.1　计算机网络的定义

　　计算机网络是计算机技术与通信技术相结合的产物。计算机网络是指将分布在不同地理位置的、具有独立功能的多台计算机及其外部设备,通过通信线路和通信设备连接起来,在网络操作系统、网络管理软件及网络通信协议的管理和协调下,实现资源共享和数据传输的计算机系统。简单来说,计算机网络是自主计算机的互连集合。

　　从概念上说,计算机网络由资源子网和通信子网两部分构成。资源子网由互连的主机或提供共享资源的其他设备组成,提供可供共享的硬件、软件和数据资源。通信子网由通信线路和通信设备组成,负责计算机之间的数据传输。通信子网覆盖的地理范围可以是很小的局部区域,如一间办公室、一栋楼、一个单位大院,也可以是很大的区域,如一个城市、一个国家或地区,甚至可以跨越多个国家。

5.1.2　计算机网络的功能

　　目前,计算机网络已经广泛应用到工业、农业、交通运输、文化教育、商业、国防以及科学研究等领域,日益深入人类社会的各个方面,并在深刻改变着人们的生产、生活方式。计算机网络的主要功能包括资源共享、数据通信和协同工作等。

1. 资源共享

　　这里的资源包括硬件资源、软件资源和数据资源。

　　共享硬件资源可以节约成本。例如,为办公室的每位职员配备一台彩色激光打印机是不必要的浪费,购买一台打印机并且通过网络与各职员的计算机相连,每个人都可以方便地使用这台共享打印机,既满足了工作需要,又节省了开支。可共享的硬件设备还可以是网络中的高性能计算机、大容量存储设备、扫描仪和绘图仪等。

共享软件资源既节约成本,又方便维护管理。例如,对于机器翻译,在服务器上安装运行翻译软件,用户在客户端提交翻译请求,并获得服务器反馈的翻译结果。软件的升级、维护也比较方便。

共享数据资源能够给用户带来很大的方便。例如,学校的教务数据服务器上存放有学生的考试成绩,任课教师、教学管理人员和全体学生都可以通过网络按权限方便地录入/查询相关考试成绩。任课教师可以在规定的时间内录入所主讲课程的成绩,提交之后可以查询,但不能修改;教学管理人员可以查询全校或某学院学生的考试成绩,但无权修改;学生只能查看自己的成绩,但无权修改。

2. 数据通信

计算机网络可以为上网用户提供强有力的通信功能,接收和发送电子邮件、网上聊天、即时传送文件和视频会议等都是计算机网络通信功能的具体体现。

3. 协同工作

在现实生活中,多人间的协同工作是非常普遍的事情。多位程序员共同开发一个软件,多位医生共同为一位病人诊断病情、做手术,这些协同工作以前要求相关人员要集中在一起。通过计算机网络及相应软件(平台)的支持,可以实现分处异地的相关人员协同工作,即实现网上协同,这样可以节省时间和费用。现有的计算机远程医疗系统(包括远程手术)、面向对象软件开发环境能够较好地支持协同工作。当然,计算机协同工作对计算机网络的速度要求较高。

从 2008 年开始,云计算(cloud computing)得到了业界的广泛关注,云计算的基本含义是对于单位用户或个人用户来说,把原本在本地计算机完成的数据存储和数据处理工作更多地通过互联网上的存储和计算资源来进行,有专业公司提供基于互联网的数据存储和数据计算平台。例如,提供云计算和云存储服务的阿里云、华为云等,主要提供云存储服务的百度网盘等。一个云可以包括分布在多地的几十个数据中心和数百万台服务器,通过互联网为单位用户和个人用户提供计算、存储等服务。

5.2　计算机网络的发展历程

计算机网络最早出现于 20 世纪 50 年代,其发展过程可分为 4 个阶段:萌芽阶段、早期发展阶段、标准化阶段和快速发展阶段。

5.2.1　计算机网络的萌芽阶段

20 世纪 50 年代至 60 年代中期属于计算机网络的萌芽阶段。在这一时期,为了能够远程使用主机,出现了面向终端的结构形式,由一台主机和若干终端组成,主机(一台大型计算机)是网络的中心和控制者,终端(键盘和显示器)分布在不同的地理位置上,并通过公共交换电话网(public switched telephone network,PSTN)等通信线路和通信设备与主机相连,用户通过本地的终端使用远程的主机。典型应用是美国航空公司与 IBM 公司在 20 世纪 60 年代初联合开发的飞机票订票系统 SAVRE-Ⅰ,该系统由一台 IBM 大型计算机和全美范围内的 2000 个终端组成。严格来说,这一阶段还不能称为计算机网络,但是有了计算机技术与通信技术的结合,可以看作计算机网络的萌芽。

5.2.2　计算机网络的早期发展阶段

20 世纪 60 年代中期至 70 年代中期属于计算机网络的早期发展阶段。从 20 世纪 60 年代中期开始,出现了多个主机互连的系统,可以实现计算机与计算机之间的通信。这一阶段的典型代表是 1969 年美国国防部高级研究计划署(Advanced Research Project Agency,ARPA)资助建成的 ARPAnet(阿帕网)实验网,该网络最初只有 4 个结点,以电话线路为主干网络。两年后,建成 15 个结点,进入工作阶段,此后规模不断扩大,70 年代后期,网络结点超过 60 个,主机 100 多台,连通了美国东部和西部的许多大学和研究机构,而且通过通信卫星与夏威夷和欧洲地区的计算机网络相互连通。其主要特点是资源共享、分散控制、分组交换、有专门的通信控制处理器和分层的网络协议,这些特点被认为是现代计算机网络的一般特征。现在得到广泛应用的因特网(Internet,也称国际互联网)就是由 ARPAnet 发展来的。

5.2.3　计算机网络的标准化阶段

20 世纪 70 年代中期至 80 年代末属于计算机网络的标准化阶段。随着计算机网络技术的成熟,网络应用越来越广泛,网络规模增大,网络通信变得复杂。各大计算机公司纷纷制定了自己的网络技术标准。IBM 公司在 1974 年推出了系统网络体系结构(system network architecture,SNA),DEC 公司在 1975 年宣布了数字网络体系结构(digital network architecture,DNA),UNIVAC 公司在 1976 年宣布了分布式通信体系结构(distributed communication architecture,DCA)。这些网络技术标准互不兼容,不同厂家生产的计算机和网络产品很难实现互连。这种情况不利于计算机网络的继续发展和用户的使用。

1977 年,国际标准化组织(International Standards Organization,ISO)为适应网络标准化的要求,在研究分析已有的网络体系结构的基础上,着手制定开放系统互连参考模型(open system interconnection/reference model,OSI/RM)。1984 年,ISO 公布了关于开放系统互连参考模型的正式文件。OSI/RM 对推动计算机网络理论和技术的发展,对统一网络体系结构和协议标准起到了积极的作用,促进了计算机网络的广泛应用。

5.2.4　计算机网络的快速发展阶段

20 世纪 80 年代末,计算机网络进入快速发展阶段。从 20 世纪 80 年代末开始,以光纤通信技术、综合业务数字网(integrated service digit network,ISDN)、宽带综合业务综合数字网(B-ISDN)的出现和发展为标志,网络技术进入新的发展阶段。20 世纪 90 年代以来,计算机网络进入快速发展时期,特别是因特网的出现,使计算机网络的应用得到了飞速发展。

随着应用的拓展和深化,传统的因特网也暴露出一些问题和不足,如网络安全、IP 地址数、可扩展性、移动性、QoS(服务质量)、动态路由、智能管理、绿色节能等。为解决这些问题,各国都在积极探索未来网络相关技术方案,通过设立重大研发计划(项目),支持网络体系架构研究设计和网络实验平台构建,以探索新的网络体系并进行测试验证。

美国早在 1997 年就提出了"下一代互联网"(next generation internet,NGI)和"Internet 2"的研究计划;美国国家科学基金会(NSF)设立的"未来互联网设计"(future Internet design,FIND)计划从 2005 年开始资助新型网络体系结构、网络虚拟化、网络感知测量等方向的项目研究；"未来互联网架构"(future Internet architecture,FIA)计划从 2010 年开始资助项目研究,从内容中心网络架构、移动网络架构、网络安全可信机制、分布式数据中心互联网等方面探索未来网络关键机制。

欧盟从 2007 年开始启动以探索全新整体性解决方案、设计运营未来网络架构为目标的"第七框架计划"(7th framework programme,FP7)。目前,主要由欧盟创新框架计划"Horizon 2020"支持信息和通信技术(ICT)的研发,包括未来网络软硬件、基础设施、内容与服务等。

日本国家通信技术研究院(NICT)在 2006 年启动了 AKARI 研究计划,提出了"新一代网络"的概念,在考虑解决与现有网络平稳过渡问题的基础上研究创新的网络架构。NICT 对多个研究项目进行整合,形成新一代网络研究与发展计划,包括网络架构、光、无线和安全等领域的研究,致力于解决现有网络存在的问题并促进未来网络的可持续发展。

我国也积极开展下一代互联网的研究,2003 年启动了中国下一代互联网(China next generation Internet,CNGI)示范工程。从 2007 年开始,启动了"新一代互联网体系结构与协议基础研究""未来互联网寻址机制与结点模型""面向服务的软件定义网络体系结构与关键技术研究"等项目的研究。2018 年科技部启动了宽带通信与新型网络专项、天地一体化信息网络重大工程等研究,期望在网络体系架构方面取得进展和突破。

在网络试验平台方面,美国建设有"网络创新的全球环境"(global environment for networking innovations,GENI)等平台,其目的是探索新的互联网架构以促进科学发展并刺激创新和经济增长。欧盟的试验平台包括"未来互联网研究和实验"(future Internet research and experiment,FIRE)和 Fed4FIRE+等,FIRE 的目的是研究新一代互联网的体系结构,Fed4FIRE+属于欧盟"Horizon 2020"计划项目,旨在构建全球最大的下一代互联网联合试验平台。日本的 NICT 从 2009 年开始部署名为 RISE 的试验平台,其主要目标是提供大规模、真实的软件定义网络(SDN)验证环境。

2013 年我国将"未来网络试验设施"(China environment for network innovation,CENI)列入"国家重大科技基础设施中长期规划(2012—2030)",该项目于 2016 年 12 月正式启动实施。CENI 的目标是提供一个大规模虚拟化网络环境,为新型网络服务部署、新设备的大规模测试、新型网络业务提供测试平台和应用基础环境,满足关于下一代互联网、网络空间安全、天地一体化网络等的试验验证需要。

作为经济社会平稳运行、高质量发展的关键基础设施,计算机网络的应用会继续向深度和广度快速推进,同时应用场景也会对计算机网络性能不断提出新需求,未来网络研究会一直持续进行,其主要发展趋势包括新型网络体系结构、确定性网络控制与服务、去中心化网络应用、空天地海一体化泛在互联、智能化网络与通信等,以满足超低时延(毫秒级)、超高通量带宽(大于 1Tb/s)、超大规模连接(大于 1000 亿个连接)的需求。

5.3　计算机网络的分类

计算机网络有多种分类方式,根据网络覆盖的地理范围大小,可以将计算机网络分类为个人区域网、局域网、广域网与互联网,这也是比较常用的一种分类方式。

5.3.1 个人区域网

个人区域网(personal area network, PAN)一般用于个人日常的工作场所、生活场所等,如一间办公室的范围、居家范围等。常见的场景有:把打印机、鼠标、智能手机、数码相机等与笔记本计算机进行无线连接,为笔记本计算机和外设之间传输数据带来很大的方便;把智能手机与智能手环等智能穿戴设备进行无线连接,实现手机与穿戴设备间的信息同步与传输;智能手机与耳机无线连接等。可采用2.4GHz无线技术、蓝牙(bluetooth)技术等组建个人区域网。

5.3.2 局域网

局域网(local area network, LAN)覆盖的地理范围可以是一间办公室、一栋楼、一个楼群、一个校园或一个企业的厂区等。相对于广域网,局域网具有覆盖范围小、传输速率高、传输延迟小、误码率低等特点。

目前最常见的局域网技术是以太网,网络传输速率从早期以太网(10Mb/s)、快速以太网(100Mb/s)、千兆位以太网(1000Mb/s)、万兆位以太网(10Gb/s)不断发展到目前的40G以太网(40Gb/s)。其中 b/s(bits per second)指每秒传输的二进制位数,网络传输速率一般按位或称比特(bit, b)计,存储器的存储容量按字节(Byte, B)计。

5.3.3 广域网与互联网

广域网(wide area network, WAN)覆盖的地理范围从几十千米到几千千米,可以覆盖一个地区、一个国家以及更大的范围。因特网可以看作一个最大范围的广域网。

无论从地理范围还是从网络规模来讲,互联网(internet)都是最大的一种网络。从地理范围来说,它可以是全球计算机的互连,这种网络的最大的特点就是动态性,整个网络随时都可能有新的计算机接入。ARPAnet 的建立,产生了网络互连的概念,即将各个独立的网络连接成一个更大的网络,ARPAnet 采用 TCP/IP 后,网络互连的想法变成了现实,使用网络互连设备,出现了互连各种网络而形成的网,称为互联网。其中基于 ARPAnet 发展起来的互联网称为 Internet,第一个字母大写以示和一般 internet 的区别,Internet 翻译成中文为因特网或国际互联网。严格来说,国际互联网(因特网)和互联网是有区别的,凡是互连多个网络形成的网络都可称为互联网(internet),国际互联网(因特网)是互联网中的一种,但由于国际互联网(因特网)是目前唯一得到广泛应用的互联网,所以一般情况下,人们对二者不做区分,而且把 Internet 称为互联网用得更多一些。在本书中,如不做特别说明,Internet、因特网、互联网和国际互联网的含义是相同的。

除了按覆盖范围分类外,还可以根据网络所用数据传输介质的不同,将计算机网络分类为有线网和无线网。

(1)有线网:采用双绞线和光缆等作为传输介质的计算机网络,计算机通过网线接入网络。

(2)无线网:以大气层作为传输介质,计算机以无线方式接入网络,采用无线电波、微波、红外线等方式传输信息。

5.4　计算机网络的拓扑结构

网络中各个结点(计算机、打印机、交换机、路由器等设备)及其通信线路的互连模式称为网络的拓扑结构。目前常用的网络拓扑结构主要有星状结构、树状结构和网状结构等。

5.4.1　星状结构

星状结构的网络如图 5.1 所示,各工作结点都通过单独的通信线路与中心结点直接连接,工作结点之间的数据传输需要通过中心结点的转发才能实现。目前用于中心结点的设备一般是交换机,具有数据的存储转发功能。

星状结构的优点是,结构简单、易于维护和扩充;某个工作结点出现故障不会影响其他结点和全网的工作。缺点是,由于每个工作结点都需要用单独的通信线路与中心结点连接,需要的连接线较多;要求中心结点具有很高的可靠性,因为一旦中心结点出现故障,将导致整个网络瘫痪。

图 5.1　星状结构

目前,用双绞线连接的小型局域网多采用这种结构,由一台交换机和若干计算机(主机)组成,双绞线的成本比较低。

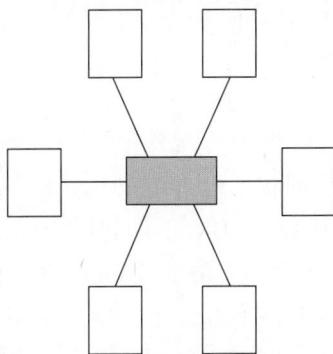

5.4.2　树状结构

树状结构的网络是从星状结构演变过来的,如图 5.2 所示,各结点按一定的层次连接起来,其形状像一棵倒置的树,顶端是一个带分支的根结点,每个分支还可延伸出子分支。

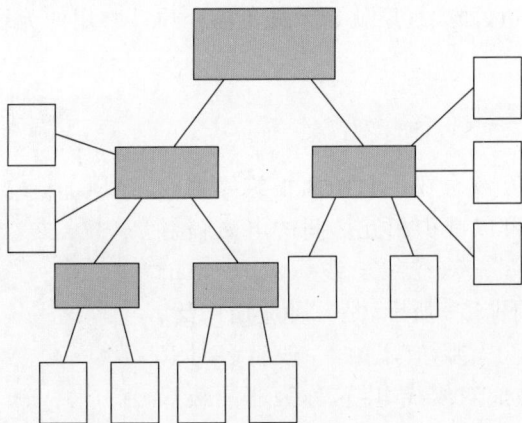

图 5.2　树状结构

树状结构的优点是,易于扩充网络结点和分支;某一分支的结点或线路发生故障,很容易将其从整个网络中隔离出来,可靠性高。缺点是,和星状结构类似,使用的连接线较多;整个网络对根结点的依赖性大,一旦根结点出现故障,将导致全网不能正常工作。

现在规模大一点的局域网多采用这种结构,由多级交换机可以连接更多的结点计算机。

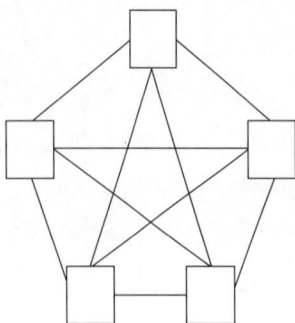

图 5.3　网状结构

5.4.3　网状结构

网状结构的网络如图 5.3 所示,每个结点通过多条线路与其他结点相连,数据从一个结点传输到另一个结点有多条路径可以选择。

网状结构的优点是,冗余的数据传输线路使网状结构具有更高的可靠性和传输速度,数据传输时通过路径选择(路由),可以绕过出现故障或繁忙的结点。缺点是,结构复杂,连接成本比较高,不易管理和维护。

网状结构适用于建立广域网,如中国教育和科研网(China Education and Research Network,CERNET),其中心结点设在清华大学,在北京(北京大学、北京邮电大学)、沈阳(东北大学)、南京(东南大学)、上海(上海交通大学)、武汉(华中科技大学)、广州(华南理工大学)、西安(西安交通大学)、成都(电子科技大学)设有地区结点,地区结点之间的连接采用的就是网状结构,构成 CERNET 的主干网。

各学校的局域网可以直接接入 CERNET 的地区结点或地区结点下一级的核心结点。

5.5　计算机网络的传输介质

传输介质是通信子网中数据发送方和接收方之间的物理通路。网络中常用的传输介质可分为有线和无线两大类。

双绞线和光纤是目前常用的有线传输介质。

在空中利用电磁波发送和接收信号进行通信属于无线传输。地球上的大气层为大部分无线传输提供了物理通道,即大气层就是无线传输介质。常用的无线传输方式包括无线电波、微波和红外线等。

5.5.1　双绞线

双绞线由螺旋状相互绞合在一起的两根绝缘铜线组成,线对绞合在一起可以减少相互之间的电磁辐射干扰,提高数据传输质量。双绞线电缆(twisted pair cable)由双绞线构成,如图 5.4 所示,是一种应用广泛、价格低廉的网络线缆。在实际应用中,一般将多对双绞线封装于绝缘套里做成双绞线电缆,称为非屏蔽双绞线电缆,如果绝缘套中还有一个屏蔽层的话,称为屏蔽双绞线电缆。双绞线电缆一般简称为双绞线,如不

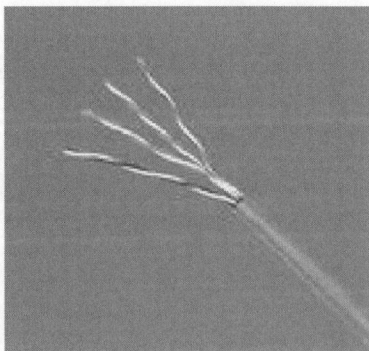

图 5.4　双绞线

做特别说明,本书所说双绞线指双绞线电缆。屏蔽双绞线能防止信息被窃听,也可阻止外部电磁干扰的侵入,比同类非屏蔽双绞线具有更高的数据传输速度和传输质量,但价格相对较高,安装也比非屏蔽双绞线困难。

目前,双绞线广泛应用于局域网中,通常使用的是由 4 对双绞线组成的非屏蔽双绞线,其传输距离一般不超过 100m。如果需要增加传输距离,可在两段双绞线之间安装中继器

或交换机。

目前常用的双绞线有超 5 类线和 6 类线。

相较于 5 类线,超 5 类线具有衰减小、串扰少的特点,并且具有更高的信噪比、更小的时延误差。超 5 类线主要用于千兆位(1000Mb/s)以太网。

6 类线提供 2 倍于超 5 类线的带宽,其传输性能远高于超 5 类线,适用于传输速率高于 1Gb/s 的应用场景。

对于传输速度要求更高的网络,还可以选用速度更快、综合性能更高的超 6 类线、7 类线等,当然这些双绞线的成本也更高一些。

5.5.2　光纤

光纤是光导纤维的简称,是能传导光波的石英玻璃纤维,由纯石英以特别的工艺拉丝而成,单根光纤非常的细而且易断,因此需要外加保护层。将一定数量的光纤组织在一起,外加保护层、保护套构成光缆(fiber optical cable),如图 5.5 所示,一根光缆中少则只有一根光纤,多则包括数十至数百根光纤。日常应用中,光缆和光纤的含义相同,本书所说光纤指光缆。光纤不同于双绞线将数据转换为电信号传输,而是将数据转换为光信号在其内部传输。光缆具有容量大、传输速率快、传输距离长、抗干扰能力强等优点;不足之处是连接比较困难,早期的光纤成本较高,多用于主干网的建设,随着成本的不断降低,近几年光纤的应用越来越广泛,光纤到小区、光纤到户已很常见。

图 5.5　光缆

由于光纤中传输的是光信号,而计算机处理的是数字信号,所以要使用光调制解调器(俗称光猫),发送端计算机中的数字信号经由发送端光猫转换为光信号(调制)在光纤中传输,进入接收端计算机之前由接收端光猫把光信号转换为数字信号(解调)。

5.5.3　无线传输方式

基于大气层的无线传输不需要架设或铺埋线缆,其优点是数据传输受地理位置的限制较小、使用方便,不足之处是容易受到障碍物和天气的影响。

无线传输方式包括无线电波、微波和红外线等。

无线电波是指在空中传播的电磁波。通过无线电波传输信息的原理是,导体中电流强弱的变化会产生无线电波,通过调制可将要传输的信息加载于无线电波之上,当电波通过空间传播到达接收端,电波引起的电磁场变化又会在导体中产生电流,通过解调将信息从电流变化中提取出来,就达到了信息传输的目的。

微波是指频率在 300MHz～300GHz 的电磁波,即波长在 1m(不含 1m)～1mm 的电磁波,由于微波频率比一般的无线电波频率高,通常也称为"超高频电磁波"。当两点间直线距离内无障碍物时就可以使用微波传输信息,微波通信具有容量大、传输质量好、抗灾害能力强的特点,通过多级中转站转发可以传输很远的距离。其缺点是易受障碍物的影响。

红外线是太阳光线中位于红光外侧的、看不见的光线,可以用来传输信息。红外线传输具有不易被人发现和截获、保密性强、抗电气干扰性强的优点,缺点是必须在直视距离内通信、受天气影响较大。

5.6 计算机网络体系结构

计算机网络体系结构(computer network architecture)指计算机之间相互通信的层次、各层次中的协议和层次之间接口的集合。为了降低网络设计的复杂性和提高网络的可靠性,以及为了提高网络系统的开放性和互操作性,计算机网络一般都按分层的方式组织和设计协议。

分层体系结构,是将系统按其实现的功能分成若干层,每一层是功能明确的一个子部分。最低层完成系统功能的最基本的部分,并向其相邻高层提供服务。层次结构中的每一层都直接使用其低层提供的服务(最低层除外),完成其自身确定的功能,然后向其高层提供"增值"后的服务(最高层除外)。分层体系结构使得系统的功能逐层加强与完善,最终完成系统要完成的所有功能。

层次结构的优点在于使每一层实现相对独立的功能,每一层不必知道下一层功能实现的细节。只要知道下层通过层间接口提供的服务是什么以及本层应向上一层提供什么样的服务,就能独立地进行本层的设计与开发。另外,由于各层相对简单独立,故容易设计、实现、维护、修改和扩充,增加了系统的灵活性。

层次的划分要适当。层次太多会导致系统处理时间增加和数据包包头长度增加,影响网络的传输速度。层次太少会造成每层的功能不明确,相邻层之间的界面不易确定,降低协议的可靠性。大部分网络体系结构划分为4~7层。

计算机网络由多个互连的自主计算机组成,计算机之间的数据传输实际上是指计算机上的对等层实体之间进行数据交换,这里的实体是指计算机上能够发送和接收数据的进程或硬件设备。要想让通信双方的计算机上的两个对等层实体进行数据传输,两个实体间必须就传输内容、如何传输及何时传输等事项事先做好约定。

为在计算机网络中进行数据交换而建立的规则、标准或约定称为网络协议(network protocol),简称为协议。网络协议由语法、语义和时序3个要素组成。语法是数据与控制信息的结构与格式;语义解释控制信息的含义,说明完成何种功能以及做出何种响应;时序是对事件实现顺序的详细说明,也称为同步。网络协议一般有两种描述形式,一是便于人们阅读理解的文字描述形式,二是便于计算机识别的程序代码形式。不管哪种形式,都需要对网络上的数据交换过程做出精准描述。

5.6.1 开放系统互连参考模型

开放系统互连参考模型(open system interconnection/reference model,OSI/RM)由国际标准化组织(ISO)制定,是一个标准化的、开放式的计算机网络层次结构模型。OSI/RM由7层组成,自下而上分别为物理层、数据链路层、网络层、传输层、会话层、表示层和应用层,如图5.6所示。

1. 物理层

物理层(physical layer)的功能是在传输介质(双绞线和光缆等)上传输原始的由0和1

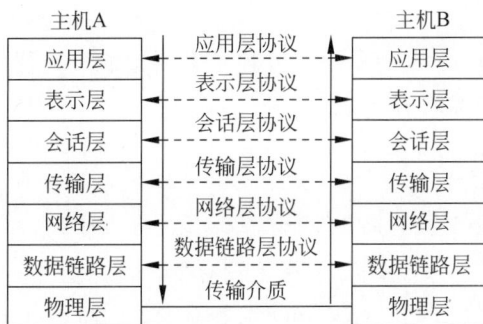

图 5.6　OSI 参考模型

组成的比特流,物理层并不关心传输数据的语义和结构。当一方发送二进制比特流时,物理层确保对方能正确地接收。在物理层,传输的双方有一致的通信规程,即物理层协议。物理层协议又称为物理层接口标准,主要定义数据终端设备和数据通信设备的物理和逻辑连接方法。

2. 数据链路层

数据链路层(data link layer)的主要功能是将原始的物理连接改造成无差错的、可靠的数据传输链路。在数据链路层要将比特流组合成帧(frame)传送,使传送的比特流具有语义和规范的结构。该层的功能还有物理地址寻址、流量控制、数据的检错和重发等。

3. 网络层

网络层将数据链路层提供的帧组成数据包(packet),包中封装有网络层包头,其中含有逻辑地址信息——源结点和目的结点的网络地址。网络层(network layer)的功能是对通信子网的运行进行控制,主要任务是如何把网络层的协议数据单元——数据包从源结点传输到目的结点。网络层实现的功能主要包括路由选择和网络互联,路由选择为在通信子网上传输的数据包选择合适的传输途径,网络互连实现数据包的跨网传输。

4. 传输层

传输层(transport layer)也叫运输层,是工作在端到端或主机到主机的功能层次。传输层的功能就是在通信子网的环境中实现端到端的数据传输管理、差错控制、流量控制和复用管理等,为高层用户提供可靠的、透明的、有效的数据传输服务。该层的数据单元也称作数据包,但是,当使用 TCP(传输控制协议)传输数据时,数据单元称为段(segment),当使用 UDP(用户数据报协议)传输数据时,数据单元称为数据报(datagram)。

5. 会话层

会话层(session layer)也称为会晤层或对话层,在会话层及以上的高层次中,数据单元统称为报文(message)。会话层不参与具体的传输,它提供包括访问验证和会话管理在内的建立和维护应用之间通信的机制,如服务器验证用户登录便是由会话层完成的。

6. 表示层

表示层(presentation layer)主要用于处理在两个通信系统中交换信息的表示方式。不同的机器系统采用的信息编码及表示方法可能不尽相同,使用的数据结构也不一样。为了解决采用不同方法表示的信息能在通信系统中进行交换,表示层采用抽象的标准方法定义数据结构,并采用标准的编码形式。数据压缩和加密也是表示层可提供的表示变换功能。

7. 应用层

应用层(application layer)是开放系统互连参考模型的最高层,其功能是为特定类型的网络应用提供访问 OSI 环境的手段。

5.6.2 TCP/IP 参考模型

从理论上来讲,OSI 参考模型所定义的网络体系结构比较完整,是国际上广泛认可的网络标准,但由于实现困难、运行效率低,实际上没有哪个商家能生产出完全符合 OSI 标准的网络产品。20 世纪 90 年代初,由 ARPAnet 发展而来的因特网在世界范围内得到了迅速发展和广泛应用,因特网所采用的体系结构是 TCP/IP 参考模型。实现多个网络的无缝连接是 TCP/IP 参考模型的主要设计目标。TCP 是指传输控制协议(transmission control protocol,TCP),IP 是指互联网协议(internet protocol,IP)。TCP/IP 参考模型共 4 层,自下向上分别是主机-网络层、互联层、传输层和应用层,OSI 参考模型与 TCP/IP 参考模型的层次对应关系如图 5.7 所示。

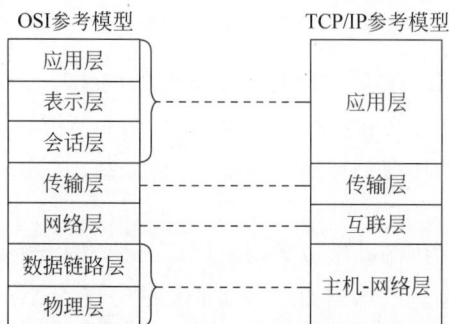

图 5.7 OSI 参考模型与 TCP/IP 参考模型的层次对应关系

1. 主机-网络层

主机-网络层(host-to-network layer),也称为网络接口层,位于 TCP/IP 参考模型的最底层,与 OSI 参考模型的物理层、数据链路层对应,负责将相邻高层提交的 IP 报文封装成适合在物理网络上传输的帧格式并传输,或将从物理网络接收到的帧解封,从中取出 IP 报文并提交给相邻高层。

2. 互联层

互联层(internet layer)也称为网际层,负责将报文独立地从源主机传输到目的主机,不同的报文可能会经过不同的网络,而且报文到达的顺序可能与发送的顺序有所不同,但是互联层并不负责对报文的排序。互联层在功能上与 OSI 参考模型中的网络层对应。

3. 传输层

传输层(transport layer)负责在源主机和目的主机的应用程序间提供端到端的数据传输服务,使主机上的对等实体可以进行会话,相当于 OSI 参考模型中的传输层。传输层有两个协议,传输控制协议(TCP)和用户数据报协议(user datagram protocol,UDP)。TCP是可靠的、面向连接的协议,保证通信主机之间有可靠的数据传输。UDP 是一种不可靠的、无连接的协议,优点是协议简单、效率高,缺点是不能保证正确传输。

4. 应用层

应用层(application layer)对应于 OSI 参考模型的会话层、表示层和应用层的功能,提供用户所需要的各种服务,应用层的主要协议有简单电子邮件协议(simple mail transfer protocol,SMTP),负责互联网中电子邮件的传递;超文本传输协议(hypertext transfer protocol,HTTP),提供 WWW 服务;文件传输协议(file transfer protocol,FTP),用于交互式文件传输;域名(服务)系统(domain name system,DNS),负责域名到 IP 地址的转换。

计算机网络一般不能连续地传输任意数量的数据,发送方要把待传输的数据文件先分成若干数据块(数据单元),然后以数据块为基本单位发送,接收方收到数据块后,再把相关的数据块组合成完整的数据文件。数据在传输过程中,在不同的层次上数据单元有不同的名字,帧、数据包、段、数据报、报文等概念都表示数据单元,但也有一些差别,其差别的介绍超出了本书的范围,读者可以在学习"计算机网络"课程时仔细体会。

5.7　常用的网络连接设备

1. 调制解调器

调制解调器(modem)是一种可以将数字信号转换成模拟信号(modulation,称为调制),也可以将模拟信号转换成数字信号(demodulation,称为解调)的网络设备。计算机能够产生和接收数字信号,电话线上传输的是模拟信号,当利用公用电话网上网时,需要在计算机和电话线路之间接入调制解调器。计算机发出的数字信号,调制解调器将其转换为模拟信号在电话线上传输;电话线上传来的模拟信号经调制解调器转换成数字信号,被本地计算机接收。类似地,当用光纤(光缆)作传输介质时,由于光纤(光缆)中传输的是光信号,需要有设备进行数字信号与光信号的转换,这样的设备称为光调制解调器。根据调制解调器的英文读音,人们把调制解调器昵称为"猫",相应地,把光调制解调器昵称为"光猫"。

2. 中继器

中继器(repeater)也称为重发器或转发器,是一种在物理层上互连网段的设备,具有对信号进行放大、补偿、整形和转发的功能。电子信号通过传输介质时会发生信号衰减,有效传输距离受到限制(例如,双绞线的传输距离一般不超过 100m),中继器可以把从一段线缆接收到的信号经过放大、补偿和整形后,转发到另一段线缆上,延长信号的有效传输距离,扩展网络的覆盖范围。

3. 交换机

交换机(switch)是由输入输出端口以及具有交换数据包等数据单元能力的转发逻辑组成的网络设备。交换机在同一时刻可进行多个端口之间的数据传输。交换机的主要优点是使各个结点独占全部带宽,实现高速网络通信。

4. 路由器

路由器(router)作用于 OSI 参考模型的网络层,根据网络层的信息,采用某种路由算法,为在网络上传送的数据包从多条可能的路径中选择一条合适的路径。

使用路由器可以实现具有相同或不同类型的网络的互联,网关也可以完成这一功能,但网关是在 OSI 参考模型的高层(从传输层到应用层),实现不同高层协议之间的互相转换。路由器是在 OSI 参考模型的网络层实现这一功能。路由器与网桥相比也有明显的优点,具有更强的异构网互联能力、更强的拥塞控制能力和更好的网络隔离能力。

5. 网络适配器

网络适配器(network adapter)是把网络结点(计算机)连接到传输介质(双绞线等)的一种接口部件,以插卡的形式安装在计算机上,所以通常称为网卡。为了与不同传输介质实现连接,网卡的接口类型也有多种,如与双绞线连接的 RJ-45 接口、与光缆连接的 FC 接口等。

6. 无线 AP

AP 是接入点(access point)的英文缩写,无线 AP 也称为无线接入点,是用于无线网络的无线交换机,接入有线交换机或路由器。手机、笔记本计算机等移动设备接入网络的接入点,主要用于家庭、楼宇、校园、企业园区等场景,其覆盖距离可达几十米至上百米,接入的无线终端和接入的网络属于同一个子网。大多数无线 AP 还带有接入点客户端模式,可以和其他 AP 进行无线连接,拓展网络的覆盖范围。

5.8 互联网技术

计算机发展到如此广泛普及的程度,得益于两个主要因素,一是价格低廉的微型计算机的出现(包括智能手机),二是具有丰富资源、强大通信功能的互联网的出现。

5.8.1 互联网的发展

互联网是目前全球最大的、开放式的、由众多网络互连而成的计算机网络。互联网是在 ARPAnet 的基础上发展起来的,1969 年,在美国国防部高级研究计划署(ARPA)的资助下,建立了 ARPAnet(阿帕网),这个网络最初只有 4 个结点,分别是加利福尼亚大学洛杉矶分校、加利福尼亚大学圣芭芭拉分校、斯坦福研究院和位于盐湖城的犹他州州立大学。

1972 年,在首届国际计算机通信会议上首次公开展示了 ARPAnet 的远程分组交换技术,ARPAnet 成为现代计算机网络诞生的标志。1983 年,ARPAnet 分裂为两部分,一部分是专用于国防的 MilNet,另一部分仍称为 ARPAnet。也是在这一年,ARPA 把 TCP/IP 作为 ARPAnet 的标准协议正式启用,这是 ARPAnet 对计算机网络技术做出的又一重大贡献。

1986 年,美国国家科学基金会(NSF)利用 ARPAnet 中使用的 TCP/IP,将分布在美国各地的 5 个为科研教育服务的超级计算机中心互连,形成了 NSFnet。NSFnet 由 3 个层次组成:主干网、各个区域网和众多的校园网。由于 NSF 的鼓励和资助,很多大学和研究机构纷纷把自己的局域网接入 NSFnet,NSFnet 逐步取代 ARPAnet 成为因特网的主干网。与此同时,很多国家相继建立了自己的主干网,并接入因特网,成为因特网的组成部分。几年以后,由于网络通信量的急剧增长,需要对 NSFnet 进行进一步的升级改造,这个工作由高级网络服务公司(Advanced Network & Service,ANS)完成,ANS 由美国的 IBM、MCI 和 Merit 三家公司在 1990 年联合组建。

因特网最初目的是支持教育和科研工作的开展,不以营利为目的。但是,随着因特网规模的不断扩大、应用服务的不断发展以及全球化需求的不断增长,商业组织开始介入因特网领域,并使因特网走向商业化。商业化促进了因特网的更快发展和更广泛的普及。

1987 年 9 月 14 日,在北京计算机应用技术研究所发出了中国第一封电子邮件"Across

the Great Wall we can reach every corner in the world."(越过长城,走向世界),揭开了中国人使用互联网的序幕。

1994 年 4 月 20 日,中国国家计算机与网络设施(National Computing and Networking Facility of China,NCFC)工程连入因特网的 64K 国际专线开通,实现了与因特网的全功能连接。从此中国被国际上正式确认为真正拥有全功能因特网的国家。当时的 NCFC 工程包括中国科学院网、清华大学校园网和北京大学校园网等。

目前我国用户接入互联网可以通过中国移动、中国电信、中国联通等互联网服务提供商(Internet service provider,ISP)进行,个人用户选择一个服务商即可,单位用户可以选择一个服务商,也可以选择几个服务商共同提供网络接入服务。

截至 2024 年 12 月,我国网民规模达 11.08 亿人,互联网普及率达 78.6%。

虽然互联网在部分国家已经达到了相当普及的程度,但在一些发展中国家还处于比较低的应用水平,出现了所谓的数字鸿沟。就是在同一国家的不同地区,也可能存在数字鸿沟问题。

数字鸿沟(digital divide)指通过互联网或其他信息技术获取信息的差异和利用信息、网络以及其他技术的能力、知识和技能的差异。简单说数字鸿沟就是获取数字信息和利用数字信息能力的差异。具体体现就是人均计算机台数、总人口中的上网人数等在不同国家之间、不同地区之间以及不同人群之间存在明显的差异。虽然近几年在一些方面有缩小差距的趋势,但并没有明显的好转。信息技术和信息资源在经济建设和社会发展中发挥着日益重要的作用,是一种竞争实力的体现,影响着一个国家和地区的经济发展,也影响着一个人的经济收入。数字鸿沟有加大国家之间、地区之间及个人之间贫富差距的趋势,严重影响着各地区经济和社会的和谐发展,日益引起了人们的关注。

5.8.2　IP 地址和域名

连接在互联网上的每台计算机都必须有一个唯一的地址,发送信息的计算机在通信之前必须知道接收信息计算机的地址,这个地址称作 IP 地址。在 TCP/IP 中,IPv4 地址由两部分组成:网络标识(netid)和主机标识(hostid),网络标识确定了主机所在的物理网络,主机标识确定了某一物理网络上的一台主机。

每个 IP 地址是一个 32 位的二进制数,可以表示为用小数点分开的 4 个十进制整数,如 10100110 01101111 00011001 00101001 便是一个有效的 IP 地址,可以表示成 166.111.25.41。

IP 地址有 4 种格式,即有 4 类网络地址:A 类、B 类、C 类和 D 类,比较常用的是前 3 类地址,其格式如图 5.8 所示。

A 类地址用于特大规模网络,地址的最高位固定为 0,随后的 7 位为网络标识,最后 24 位为网络内的主机标识,一个分配了 A 类地址的网络,网络内主机最多可接近 16 777 216 台(0、127、255 等数值有特殊意义,不能用于一般的 IP 地址)。地址 1.2.225.4 就是一个 A 类地址。

B 类地址用于较大规模网络,地址的最高 2 位固定为 10,随后的 14 位为网络标识,最后 16 位为网络内的主机标识,一个分配了 B 类地址的网络,网络内主机最多可接近 65 536 台。地址 166.111.25.41 就是一个 B 类地址。

C 类地址用于较小规模网络,地址的最高 3 位固定为 110,随后的 21 位为网络标识,最

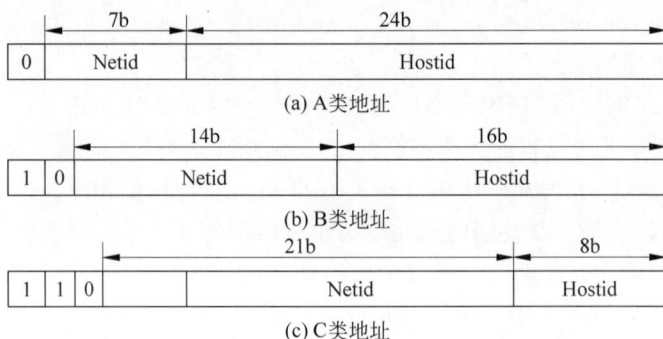

图 5.8　IP 地址格式

后 8 位为网络内的主机标识,一个分配了 C 类地址的网络,网络内主机最多可接近 256 台。地址 202.206.3.135 就是一个 C 类地址。

由于数字地址难以记忆和准确输入,人们就用易于记忆的用字母表示的计算机名来代替用数字表示的地址,同样每台计算机应该有一个唯一的名字以便能区别于网上的其他计算机,网络中用于标识一台计算机的名字通常由 4 部分组成,各部分之间用"."分开,格式为"主机名.组织名.组织类型名.国家或地区名"。

用字母表示的计算机名叫域名(domain name),因特网最初采用的是非层次结构的命名系统。当网络规模变大后,这种非层次结构的命名系统就很难进行管理。因此在 1983 年因特网开始采用层次结构的命名树,如图 5.9 所示,它实际上是一棵倒过来的树,树根在最上面。

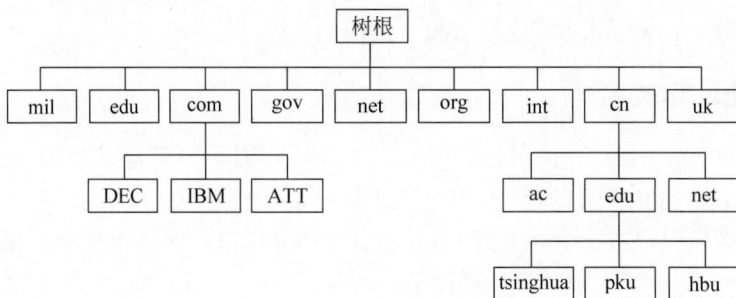

图 5.9　域名命名结构

因特网将所有联网主机的名字空间划分为许多不同的域(domain)。树根下是最高一级的域。美国共分 6 个域(与地理位置无关),即 com(商业机构)、edu(教育单位)、gov(政府部门)、mil(军事组织)、net(网络服务公司)、org(非 com 类机构),命名树中的名字一律不分大小写。每个域又分为许多子域,如在 com 下面有 DEC,IBM、ATT(AT&T 公司)等,子域的名字必须是各不相同的。每个公司下面如何划分子域,则由该公司自己决定。最高一级的域还有一个叫 int,是供国际组织使用的。在最高一级的其他域名一般都是由两个字母组成的国家或地区名,例如 cn(中国)、uk(英国)、fr(法国)、jp(日本)等。每个国家或地区自己决定其下属子域的划分方法。我国下属的子域名大体上采用美国的划分方法,但也有所不同,如用 ac 代表科研机构等。

一个完整的域名就是将最低层到最高层的域名串起来,在域名之间加上一个点。例如,

cs. pku. edu. cn 是北京大学计算机学院的域名,可以看出域名比较容易记忆。因特网起源于美国,因此美国的国家名不必加上。如 cs. purdue. edu 是美国普渡(Purdue)大学计算机系的域名。

因特网通信协议要求在发送和接收数据时必须使用数字表示的 IP 地址,因此一个应用程序在与用字母表示域名的计算机上的应用程序通信之前,必须将域名翻译成 IP 地址,因特网提供了一种自动将域名翻译成 IP 地址的服务。将域名翻译成 IP 地址的软件叫作域名系统(domain name system,DNS),每个组织都有一个域名服务器(即在因特网的命名树的每一个结点上都有一个域名服务器),用于存放该组织所有计算机的域名及其对应的 IP 地址,当某个应用程序需要将一个计算机域名翻译成 IP 地址时,这个应用程序就与域名服务器建立连接,将域名发送给域名服务器,域名服务器检索并把正确的 IP 地址回送给应用程序。当某个域名服务器找不到所需地址的主机名时,就将地址转换请求向着树根的方向传给上一级的域名服务器,这样一直找下去,直至找到所需的主机名,若找不到,说明给出的主机域名是错误的。

32 位的 IP 地址是 IPv4(Internet protocol version 4)的要求,IPv4 是网络发展初期设定的 IP 协议版本,随着互联网的快速发展,需要连入互联网的主机数急剧增加,IPv4 的最大问题是网络地址资源有限,难以满足现实发展的需要。因此,人们提出新的版本 IPv6(Internet protocol version 6)。与 IPv4 相比,IPv6 在网络传输速度、网络服务质量、网络管理、网络安全性等方面都有较大改进,但最主要的优点是 IP 地址扩展为 128 位,极大地扩展了因特网的地址空间。

由于 IPv6 地址过长,采用以冒号分隔的 8 组 4 位十六进制形式书写,例如:

240e:343:5262:ef00:418c:c5e2:4983:8b3a

IPv6 可以给每台上网设备提供一个全球唯一的 IP 地址,由于涉及互联网底层设备的更换、IPv4 地址到 IPv6 地址的无缝过渡等多种因素,IPv6 目前正处在不断取代 IPv4 的过程中。

5.8.3　互联网接入方式

一些网络服务商提供互联网接入服务并提供多种接入方式,不同单位和个人可以根据自身情况选择合适的接入方式。

1. 拨号接入

拨号接入是使用电话线接入 Internet 的方式,通过拨号方式上网。由于计算机处理的是数字信号,而电话线上传输的是模拟信号,所以在计算机和电话线之间要连接调制解调器,调制解调器负责把计算机发出的数字信号转换成模拟信号通过电话线传输,或者是把电话线上传输来的模拟信号转换成数字信号提供给计算机处理。

此种接入方式的优点是简单方便,只要有一台计算机、一台调制解调器、一根电话线和相应的通信软件即可。它的缺点是网络传输速率比较慢,只有 56Kb/s,属于窄带接入方式;完全占用电话线,上网时不能接打电话。

2. ISDN 接入

综合服务数字网(integrated services digital network,ISDN)俗称一线通,ISDN 接入也是一种使用电话线接入因特网的方式,但相对于拨号接入,一是传输速率有了明显的提高,可以达到 128Kb/s；二是上网的同时可以接打电话或收发传真。

小单位用户可以使用这种方式，可以同时接入计算机、电话机和传真机。

3. xDSL 接入

数字用户线路（digital subscriber line，DSL）是以铜质电话线为传输介质的传输技术组合，包括 ADSL、HDSL、SDSL、VDSL 和 RADSL 等，统称为 xDSL。各种 DSL 的主要区别体现在传输速率、传输距离以及上下行速度是否对称 3 方面。

曾经应用较多的是非对称数字用户线路（asymmetric digital subscriber line，ADSL）技术。ADSL 是一种非对称的 DSL 技术，所谓非对称是指用户线的上行速度与下行速度不同，上行速度低，下行速度高，特别适合传输多媒体信息业务，如视频点播、多媒体信息检索和其他交互式业务。ADSL 在一对铜线上支持上行速率 512kb/s～1Mp/s，下行速率 1～8Mb/s，有效传输距离为 3～5km，是继拨号接入、ISDN 接入之后的一种更快捷、更高效的接入方式。

小型单位、家庭用户和网吧用这种方式比较多。

在互联网发展的早期，由于铺设光缆和双绞线的成本比较高，个人用户或小单位上网用现成的电话线比较多，拨号接入、ISDN 接入、xDSL 接入都曾得到应用。随着光缆和双绞线成本的不断降低，基于电话线的接入方式已基本被淘汰。

4. 光纤接入

光纤接入是以光缆（光纤）为传输介质的因特网接入方式，有光纤到路边（fiber to the curb，FTTC）、光纤到小区（fiber to the zone，FTTZ）、光纤到楼宇（fiber to the building，FTTB）、光纤到楼层（fiber to the floor，FTTF）、光纤到办公室（fiber to the office，FTTO）、光纤到家庭（fiber to the home，FTTH）等多种方案。光纤接入特点明显，速度快、障碍率低、抗干扰性强。

随着光纤成本的不断降低，光纤接入方式由主要用于骨干网，逐渐应用于到路边、到小区、到楼宇、到家庭的连接，越来越多的家庭实现了由光纤接入互联网。

5. 移动网接入

只要能使用移动电话（手机）的地方，就可以通过移动网接入互联网。随着 4G、5G 时代的到来，移动网络接入能够更好地满足人们不同的需要。

这种方式比较适用于不便于连接有线网络和 Wi-Fi 的场景，例如汽车、共享单车、POS 机的联网以及计算机应急上网等。一般按流量计费，大流量时费用高，小流量很便宜。

6. 局域网接入

一个局域网接入互联网有两种方式：一是通过局域网的服务器、高速调制解调器和电话线路，在 TCP/IP 软件支持下，把局域网接入互联网，局域网中所有计算机共享一个 IP 地址；二是通过路由器或交换机在 TCP/IP 软件支持下，把局域网接入互联网，局域网中所有计算机都可以有自己的 IP 地址，也可以共享 IP 地址，共享 IP 地址需要地址转换，可以由路由器完成地址转换任务，这种接入方式成本比较高，适合比较大型的单位用户。

7. Wi-Fi 接入

Wi-Fi 是目前得到广泛使用的一种无线网络传输技术，实际上就是把有线网络信号转换成无线信号，供有 Wi-Fi 功能的台式计算机、笔记本计算机、平板计算机、手机等上网使用，可以节省手机的流量费。目前家庭、学生宿舍多采用这种方式上网，从互联网服务商

(ISP)到家、宿舍是有线连接(一般是光纤连接),在家或宿舍用双绞线连接一个无线路由器(新型光猫集成有无线路由器的功能),就可以把有线信号转换成 Wi-Fi 信号,供家里或宿舍内的多台设备无线上网,智能手机、笔记本计算机、平板计算机等都可以。一些机场、商场、宾馆、会议中心等公共场合也提供 Wi-Fi 信号。

5.8.4　互联网服务

随着互联网的迅速发展,其提供的服务不断增多,逐步融入社会生活的各个领域。根据中国互联网络信息中心(China Internet Network Information Center,CNNIC)2025 年 1 月发布的《第 55 次中国互联网络发展状况统计报告》,网民使用率的统计为即时通信 97.6%、网络视频 96.6%、短视频 93.8%、网络支付 92.8%、网络购物 87.9%、搜索引擎 79.2%、网络直播 75.2%、网络新闻、73.2%、网络音乐 67.5 %、网上外卖 53.4%、网络文学 51.9%、在线办公 51.5%、在线旅行预订 9.5%、网约车 48.7%、互联网医疗 37.7%。

1. 万维网与网络新闻

WWW(World Wide Web)简称 Web,中文名称为万维网,是由全球各种信息(数字、文本、图像、视频、动画和音频等)所组成的信息资源网络,是因特网上使用范围最广的一种信息发布和访问模式,为用户提供了包括声音、图像、动画等在内的多媒体信息。

WWW 起源于位于瑞士日内瓦的欧洲粒子物理实验室(法语:Conseil Européen pourla Recherche Nucléaire,英语:European Laboratory for Particle Physics,简称 CERN),1989 年 3 月,英国学者蒂姆·伯纳斯-李(Tim Berners-Lee)提出一项计划,目的是使科学家们能很容易地阅读同行们的论文,此计划的后期目标是使科学家们能在服务器上创建新的文档。为了实现此计划,蒂姆创建了一种新的语言来传输和呈现超文本文档,这种语言就是超文本标记语言(hypertext markup language,HTML)。用于操纵 HTML 和其他 WWW 文档的协议称为超文本传输协议(hypertext transfer protocol,HTTP)。HTTP 使用了统一资源定位器(uniform resource locator,URL)这一概念。简单地说,URL 就是文档在全球信息网上的"地址"。URL 用于标识因特网或者与因特网相连的主机上的任何可用的数据对象。1992 年 7 月,WWW 在 CERN 内部得到了广泛的应用,并逐渐向因特网扩展。到 1993 年 1 月,全世界已有 50 个 WWW 服务器,各种浏览器软件开始发行。同年 2 月,伊利诺伊大学香槟分校的国家超级计算机中心(National Center for Supercomputing Applications,NCSA)发行了一个新的浏览器软件,WWW 初具规模。

所有的 Web 网页都是由超文本标记语言编写的,HTML 是一种格式化语言,一个 HTML 文件是包含文本和一些标记的 ASCII 文本文件,标记用于指定超文本文件在浏览器中的显示方式。

超文本传输协议是客户端浏览器和 Web 服务器之间的应用层通信协议,也即浏览器访问 Web 服务器上的超文本信息时使用的协议,它保证超文本文档在主机间的正确传输。

WWW 采用的是客户机/服务器工作模式。首先,用户通过客户端程序与服务器进行连接,然后,用户通过客户端的浏览器向 Web 服务器发出查询请求,服务器接收到请求后,解析该请求并进行相应的操作以得到客户所需的信息,并将查询结果返回客户机。最后,当一次查询请求完成后,服务器关闭与客户机的连接。

常用的浏览器软件有 Chrome、Edge、Opera、Firefox、Safari 和 360 浏览器等。

2. 电子邮件

电子邮件(electronic mail,E-mail)是因特网上应用最为广泛的功能之一。相对于传统的实物邮件,电子邮件的最大特点是快捷、方便、费用低廉。电子邮件已成为亲朋好友之间交流信息的一种重要形式。

使用电子邮件的前提是拥有自己的电子信箱,即 E-mail 地址,实际上就是在邮件服务器上申请一块用于存储邮件的存储空间。电子邮件地址的典型格式为 username@mailserver。其中,mailserver 代表邮件服务器的域名,username 代表用户名,符号@读作 at,意为"在"。例如,某 E-mail 地址为 abc@mail.hbu.edu.cn,其含义为在计算机 mail.hbu.edu.cn 上用户名为 abc 的电子邮件地址。

发送电子邮件使用的是简单邮件传输协议(simple mail transfer protocol,SMTP),该协议用于在因特网上对电子邮件进行传送。使用 SMTP 可确保电子邮件以标准格式进行选址与传送。接收电子邮件使用的是邮局协议(post office protocol version 3,POP3)或因特网报文访问协议(Internet message access protocol,IMAP)。POP3 协议是脱机协议,当用户连接到 POP3 服务器后,将服务器中的邮件下载到用户端进行处理,服务器上不再保留。而 IMAP 则属于联机协议,邮件一直保留在 IMAP 服务器上,用户可以在任何地方连接服务器处理邮件,除非用户删除邮件,否则邮件将一直保留在服务器中。

SMTP 的优点是简单,但只能传输 ASCII 码文本文件。多用途因特网邮件扩展(multipurpose Internet mail extensions,MIME)弥补了 SMTP 的不足,可以传输各种类型的数据,如声音、图像、表格、二进制数据等。

E-mail 系统由邮件服务器和邮件客户端组成,属于客户机/服务器工作模式。邮件客户端主要完成电子邮件的编辑、发送、接收、答复、转发和删除等处理。而邮件服务器从邮件客户端接收电子邮件,寻找邮件的接收者,对邮件进行缓冲保存,从而完成对电子邮件的存储转发,并为接收者发送新邮件到达的提示信息。

个人获得电子邮件地址的主要途径有两个,一是从本单位的邮件服务器管理部门申请,二是从新浪、搜狐、网易等网站申请。

如同手机短信,在给人们带来方便的同时,垃圾短信、垃圾邮件也带来一些麻烦,如何识别、过滤垃圾邮件成了人们研究的课题,现在已有一些垃圾邮件过滤软件与设备,帮助人们识别出垃圾邮件。

有一些客户端电子邮件软件可以帮助人们管理自己的多个邮件账号及邮件,如 Windows Live Mail、Outlook Express、FoxMail 等,可以实现邮件排序和地址保存等功能。

3. 搜索引擎与信息检索

网络用户上网除了收发电子邮件、浏览网页之外,还经常查询资料。虽然因特网上的知识包罗万象,但是要想查找到特定的信息,也并不是一件很容易的事情,这时通常需要使用搜索引擎来帮助用户实现信息检索。常见的搜索引擎有百度(www.baidu.com)和搜狗(www.sogou.com)等。利用搜索引擎可以方便地搜索出网页、图片、新闻、软件、视频/短视频等诸多信息,只要用户输入相应的搜索关键词,搜索引擎就会返回若干包含该关键词信息的 URL,用户通过该链接便可以获得所需的信息。

4. 博客与微博

博客来源于 blog(Web log),中文含义为网络日记,博客(blogger)就是写 blog 的人,通过在网络上发表文章(帖子)来表达个人的思想和观点,当然也包括对计算机等感兴趣的学术问题的探讨。博客是继电子邮件、电子公告、网上聊天之后出现的第 4 种网络交流方式。

微博(weibo)是微博客(microblog)的简称,是一个基于用户关系分享、传播与获取信息的平台。与博客相比,微博限制在 140 字以内,更便于手机操作,具有更快的传播速度。

5. 文件传输

FTP 服务即文件传输服务,它允许因特网上的用户将一台计算机上的文件传送到另一台计算机上,FTP 服务是由 TCP/IP 的文件传送协议(file transfer protocol,FTP)支持的。FTP 服务解决了远程传输文件的问题,无论两台计算机相距多远,只要它们都连入因特网并且都支持 FTP,这两台计算机之间就可以进行文件的传送。

FTP 实质上是一种实时的联机服务。在进行工作时,用户首先要登录到目的服务器上,之后用户可以在服务器的目录中寻找所需文件。FTP 几乎可以传送任何类型的文件,如文本文件、二进制文件、图像文件、声音文件和数据压缩文件等。一般的 FTP 服务器都支持匿名(anonymous)登录,用户在登录到这些服务器时无须事先注册用户名和密码,只要以 anonymous 为用户名和自己的 E-mail 地址作为密码就可以访问该 FTP 服务器了。使用匿名 FTP 进入主机时,通常只能下载文件,而不能上传文件或修改主机中的文件,除非主机管理员允许匿名用户拥有这些权限并对主机做出相应的配置。

6. 电子商务与电子政务

电子商务(electronic commerce,EC)到目前仍然没有一个严格统一的定义,其基本含义是利用电子工具进行商务活动,目前主要是指利用互联网进行商务活动,可以实现消费者的网上购物、商户之间的网上交易和在线电子支付等。

电子商务主要有 B2B、B2C 和 C2C 三种模式。B2B(business to business)指企业与企业之间进行网上交易,阿里巴巴(http://china.alibaba.com)和中国制造网(http://www.made-in-china.com)都属于 B2B 模式。B2C(business to consumer)指企业与消费者之间进行网上交易,为消费者提供了一种新的购物方式——网上购物,京东网(https://www.jd.com/)就属于 B2C 模式。C2C(consumer to consumer)指消费者与消费者之间进行网上交易,卖方可以提供商品上网拍卖,买方可以自行选择商品进行竞价,淘宝网(http://www.taobao.com)就属于 C2C 模式。

电子商务对于降低交易成本,增强市场竞争力,增加销售利润,提高服务质量具有重要作用,很有发展前途。但完善的电子商务受到数据通信技术、网络互连技术、数据库/数据仓库技术、网络安全技术、电子支付技术、电子交易认证技术等因素的制约。

电子政务(electronic government,EG)是指政府机构在其管理和服务职能中运用现代信息技术,实现政府组织结构和工作流程的重组优化,超越时间、空间和部门分隔的制约,建成一个精简、高效、廉洁、公平的政府运作模式。

7. 电子公告板系统

电子公告板系统(bullet in board system,BBS)是互联网上常用的信息服务系统之一。提供 BBS 服务的网站称为 BBS 网站,不同的 BBS 网站各具不同的风格和特色。BBS 能提供各种各样的讨论话题,如小说、音乐、电影、网络技术等。BBS 为用户提供如下具体服务:选择进入某个主题的讨论区;阅读讨论区中感兴趣的文章;针对讨论主题或他人的文章发表自己的看法;把自己需要解决的问题发布出来,请求他人提供帮助;为他人提出的问题提供帮助或答案。总之,通过 BBS,用户之间可以完成文件传输、信息交流、经验交流、资料查询以及在线聊天等功能。

BBS 网站有 Web 界面和文本界面两种类型,现在大多数 BBS 网站同时提供两种界面。Web 界面可以通过浏览器访问,文本界面需要通过远程登录方式访问。

例如,对于北京大学 BBS——北大未名,在浏览器中直接输入 https://bbs.pku.edu.cn 就可以进入其 Web 界面。

此外,因特网还可以提供即时通信(网上聊天)、网络游戏、网络音乐、网络视频等服务,需要注意的是,这些功能的使用要适当,不要耽误太多的时间。

5.9 网络安全概述

随着计算机网络,特别是互联网的出现和广泛应用,电子邮件、即时通信、网络购物、网络视频、网络银行和网络支付等网络服务应运而生,这确实给人们的工作和生活带来了很大的方便,但也出现了一些负面作用。接入互联网的计算机或内部网络感染上从互联网传来的计算机病毒或受到黑客的恶意攻击,造成数据的丢失甚至整个计算机系统和网络系统的瘫痪,影响人们的正常生活,甚至带来严重的经济损失和安全风险。

5.9.1 网络安全威胁

对网络安全的威胁大致可以归为 3 类,即恶意软件、非法入侵和网络攻击。

1. 恶意软件

恶意软件(malware)是有恶意目的的软件的总称,要么用于恶作剧,要么起破坏作用,主要有计算机病毒、蠕虫、特洛伊木马和间谍软件。

计算机病毒(computer virus)指能够自我复制的具有破坏作用的一组指令或一段程序代码。

蠕虫(worm)是一种独立存在的程序,利用网络和电子邮件进行复制和传播,危害计算机系统的正常运行。之所以称为蠕虫,是因为在当时的 DOS 环境下,这类程序发作时会在屏幕上显示一个类似虫子的图案。

特洛伊木马(Trojan horse)简称木马,名称来源于希腊神话《木马屠城记》。一个完整的木马程序一般由两部分组成,一部分是服务端程序,另一部分是控制端程序。若一台计算机被安装了木马的服务端程序(通过接收电子邮件或下载软件等操作),则称为中了木马。安装有控制端程序的计算机可以通过网络来控制中了木马的计算机,窃取数据、篡改或删除文件、修改注册表、重启或关闭操作系统等行为都有可能发生。

间谍软件(spyware)指从计算机上搜集信息,并在未得到该计算机用户许可的情况下便将信息传递到第三方的软件,包括监视键盘操作、搜集机密信息(密码、信用卡号等)、获取电子邮件地址、跟踪浏览习惯等。

严格来说,计算机病毒(这时可以称传统病毒)、蠕虫、特洛伊木马和间谍软件各有区别,但由于其作用和危害有许多相同之处,又往往联合作用危害计算机系统安全,所以也有人将它们统称为计算机病毒,本书采用这种说法,把以上几种恶意软件统称为计算机病毒。

2. 非法入侵

非法用户通过技术手段或欺骗手段或两者结合的方式,以非正常方式侵入计算机系统或网络系统,窃取、篡改、删除系统中的数据或破坏系统的正常运行,这些行为属于非法入侵。如利用操作系统和网络协议漏洞侵入系统,骗取、窃取或破译合法用户的账号和密码后进入系统等。合法用户通过非正常手段使用了超出其权限的功能也属于非法入侵。

3. 网络攻击

网络攻击指通过向网络系统或计算机系统集中发起大量的非正常访问的行为。网络攻击可导致计算机无法响应正常的服务请求。由于非正常服务请求的干扰,致使系统拒绝了正常的服务请求,称为拒绝服务(denial of service,DoS)攻击。如向某个电子邮箱集中发送大量的垃圾邮件(spam),占满其存储空间,致使其无法接收正常的电子邮件;向某网站集中发起大量的恶意访问,占满其通信带宽,致使其无法响应正常的访问。

目前,对计算机系统安全的威胁呈多样化趋势,有的威胁只具有上述一种方式的特征,有的威胁兼具以上两种方式甚至三种方式的特征。

2025 年 1 月,瑞星公司发布《2024 年中国网络安全报告》,指出,2024 年瑞星"星核"平台共截获病毒样本总量 6848 万个,病毒感染次数 8474 万次,病毒总体数量比 2023 年同期下降了 19.02%。其主要特点包括:①勒索病毒和挖矿病毒依然是网络安全的主要威胁。在截获的病毒样本中,勒索病毒样本 42.43 万个,感染次数为 15.33 万次;挖矿病毒样本 403.92 万个,感染次数为 16.97 万次。②人工智能技术的介入让网络威胁更加隐蔽和高效。以 ChatGPT 为代表的 AI 大模型,能够生成语法和逻辑几近完美的钓鱼邮件,不仅能够绕过传统垃圾邮件过滤器,还能实现自动化和个性化攻击,大大提高了攻击成功率。③银狐木马病毒持续活跃。银狐木马作为近几年国内最流行的远控木马,在 2024 年保持着较高的活跃度,而且攻击团伙积极地尝试新技术以及提高更新频率来对抗安全软件。

为广泛开展网络安全宣传教育、增强全社会网络安全意识、提升广大网民的安全防护技能、营造健康文明的网络环境,从 2014 年开始,每年举办一次"国家网络安全宣传周"活动,2024 年第十一届网络安全宣传周的主题是"网络安全为人民,网络安全靠人民"。网络安全宣传周的主要活动包括网络安全知识讲座、打击网络违法犯罪专题讲座、公众体验展览、青少年网络安全知识竞赛、网络安全宣传作品大赛等活动。

5.9.2 网络安全概念

和网络安全相近的概念还有信息安全和计算机系统安全,3 个概念目前都没有严格的定义。网络安全的基本含义是采取有效措施保证网络运行的安全;信息安全的基本含义是采取有效措施保证信息保存、传输与处理的安全;计算机系统安全的基本含义是保证计算机系统运行的安全。就目前的实际情况来看,这里所说的信息,主要是存在于计算机系统中的信息以及传输在网络中的信息;计算机网络的主要功能是传输信息(网络通信)和存储信息的共享(网络存储和资源共享);计算机系统主要包括计算机硬件(包括网络设备)和存储在计算机中的信息(各种软件和数据)。所以,在本章中对网络安全、信息安全和计算机系统安全 3 个概念不加区分,都是指采取有效措施保证计算机、计算机网络及其中存储和传输的信息的安全,防止因偶然或恶意的原因使计算机软硬件资源或网络系统遭到破坏及数据遭到泄露、丢失和篡改。保证计算机网络的安全,不仅涉及技术问题,还涉及管理和法律等问题,可以从 3 方面保证计算机系统的安全:技术安全、管理安全和法律安全。

1. 技术安全

技术安全指从技术层面保证计算机系统中硬件、软件和数据的安全。一是根据系统对安全性的要求,选购符合相应安全标准的软硬件产品;二是采取有效的反病毒技术、反黑客技术、防火墙技术、数据加密技术和认证技术等技术措施。

对于计算机软硬件产品,最有影响的安全标准是 TCSEC 和 CC。TCSEC 是美国国防部于 1985 年颁布的《可信计算机系统评估准则》(*trusted computer system evaluation criteria*,TCSEC),之后又对此进行了扩展。TCSEC 按系统可信程度由低到高分为 7 个等级(D、C1、C2、B1、B2、B3、A1)。CC(*common criteria*)是建立在包括美国的 TCSEC 在内的多个国家安全准则基础之上的一个通用的安全准则,1999 年被国际标准化组织(ISO)采用为国际标准,2001 年被我国采用为国家标准。目前,CC 已成为评估软硬件产品安全性的主要标准,CC 也分为 7 个安全级别(EAL1、EAL2、EAL3、EAL4、EAL5、EAL6、EAL7),如操作系统 Windows 10 和 Sun Solaris 8 等,数据库管理系统 Oracle 9i 和 DB2 V8.2 等都达到了 CC 的 EAL4 级别。在计算机网络协议的选取上,也有多种安全协议可选。

2. 管理安全

管理安全指通过提高相关人员安全意识和制定严格的管理措施来保证计算机系统的安全,主要包括软硬件产品的采购、机房的安全保卫、系统运行的审计与跟踪、数据的备份与恢复、用户权限的分配、账号密码的设定与更改等方面。实际上,很多安全事故都是由于管理措施不到位及内部人员的疏忽造成的,如自己的账号和密码不注意保密导致被他人利用,随便使用外来移动存储设备导致计算机感染病毒,重要数据不及时备份导致破坏后无法恢复等。

3. 法律安全

法律安全指有完善的法律体系以保证对危害计算机系统安全的犯罪和违规行为进行有效的打击和惩治。随着计算机犯罪行为的不断出现,各国制定了比较完善的打击计算机犯罪的法律体系,同时加强了对计算机犯罪行为的侦查和审判队伍的建设。

技术安全、管理安全和法律安全在保证网络安全上是相辅相成的,是不容忽视的。技术安全固然值得重视,需要不断研究开发出各种新的技术措施,使不法行为难以得逞。如果没有严格的管理措施,系统管理人员和一般用户没有良好的安全意识,可能会出现计算机被盗、不设账号和密码或设置不合理或不注意保管等问题,这时再好的技术措施也是无用的。同样,如果没有法律制裁的威慑,只靠管理措施和安全技术是很难遏制恶作剧者或犯罪分子肆无忌惮的破坏行为的。

5.10 网络安全技术

5.10.1 反病毒技术

1. 计算机病毒的定义

1994 年颁布的《中华人民共和国计算机信息系统安全保护条例》给出的计算机病毒定义是,计算机病毒指编制或者在计算机程序中插入的破坏计算机功能或者毁坏数据,影响计算机使用,并能自我复制的一组计算机指令或者程序代码。简单地说,计算机病毒指可以在计算机运行过程中能把自身准确复制或有修改地复制到其他程序体内的一段具有破坏性的程序。

计算机病毒程序可以是独立存在的一个完整程序,也可以是嵌入其他程序中的一个程序段。本书中,把计算机病毒(这时可以称传统病毒)、蠕虫、特洛伊木马和间谍软件统称为计算机病毒或恶意软件。

近几年流行的计算机病毒主要是勒索病毒和挖矿病毒。

勒索病毒在 2017 年出现,这类病毒主要以邮件、程序木马、网页挂马等形式进行传播,危害很大。这种病毒利用各种加密算法对文件进行加密,被感染者一般无法自行解密,需要支付一定的赎金拿到解密密钥后才有可能破解。勒索病毒的主要攻击目标是存在大量无法及时修复的漏洞的 Windows 7 和 Windows XP 等老旧操作系统。

2018 年以来出现了"挖矿"病毒,"挖矿"病毒是一段代码或者一个软件,利用主机或者操作系统的高危漏洞,并结合高级攻击技术在网上传播,控制中毒计算机进行"挖矿",为特定人员赚取虚拟货币。所谓"挖矿"就是高强度的计算,需要投入大量财力购买高性能计算机,有人想到利用木马病毒控制网络上他人的计算机群组成机群来完成计算工作,这就是所谓的"挖矿"病毒,也称为"挖矿"木马。"挖矿"病毒占用中毒计算机资源,消耗电力资源,严重影响计算机的正常工作。

2. 计算机病毒的危害

不管是良性病毒,还是恶性病毒,计算机病毒都有破坏或干扰计算机系统正常运行的危害。

(1) 破坏系统资源。大部分病毒在发作时直接破坏计算机系统的资源,如改写主板上 BIOS 中的数据、改写文件分配表和目录区、格式化磁盘、删除文件、改写文件等,导致程序或数据丢失,甚至整个计算机系统和网络系统的瘫痪。

(2) 占用系统资源。有的病毒虽然没有直接的破坏作用,但通过自身的复制占用大量的存储空间,甚至占满存储设备的剩余空间,以致影响正常程序及相应数据的运行和存储。计算机病毒(无论是寄生存在还是独立存在)的运行要抢占内存空间、接口设备和 CPU 运行时间等系统资源。计算机病毒占用系统资源,即使没有严重的破坏行为,也会影响正常程序的运行速度。

3. 计算机病毒的传染途径

计算机病毒主要通过外存设备和计算机网络两种途径传播。

(1) 通过外存设备传染。这种传染方式是早期病毒传染的主要途径,使用了带有病毒的外存设备(移动硬盘、光盘和 U 盘等),计算机(硬盘和内存)就可能感染上病毒,并进一步传染给在该计算机上使用的外存设备。这样,外存设备把病毒传染给计算机,计算机再把病毒传染给外存设备,如此反复,使计算机病毒蔓延开来。

(2) 通过计算机网络传染。这种传染方式是目前病毒传染的主要途径,这种传染方式使计算机病毒的扩散更为迅速,能在很短的时间内使网络上的计算机受到感染。病毒会通过网络上的各种服务对网络上的计算机进行传染,如电子邮件、网络下载和网络浏览等。

4. 计算机病毒的预防

(1) 普及病毒知识。通过各种途径向计算机用户普及计算机病毒知识,使用户了解计算机病毒的基本常识和严重危害,严格遵守有关计算机系统安全的法律法规,强化信息时代的社会责任感,既要有保护自己的计算机系统安全的意识,也要认识到编写和传播计算机病毒是一种违法犯罪行为。制毒之心不可有,防毒之心不可无。

(2) 严格管理措施。根据计算机及网络系统的重要程度,制定严格的、不同级别的安全管理措施,如尽量避免使用他人的外存设备,如果确有需要,也应先进行查杀病毒处理;不要从网络上下载来历不明的软件,不要打开陌生的电子邮件和网络链接;系统盘和存放重要文件的外存设备要加以写保护,重要数据要经常进行备份,而且应该有多个备份。

(3) 强化技术手段。强有力的技术手段能有效预防病毒的传染,如安装防火墙,可以预防病毒对系统的入侵,或发现病毒欲传染系统时向用户发出警报。

5. 计算机病毒的查杀

就目前的实际情况来看,严格的预防措施只能尽可能减少计算机病毒传染的可能,还不能完全避免病毒的感染,感染病毒后,有效的检查和杀除手段就是安装合适的正版杀毒软件并经常及时升级。杀病毒软件具有检查是否感染上某种或某类病毒的功能,有的杀毒软件能查出几百种甚至几千种病毒,并且大部分杀病毒软件可同时杀除检查出来的病毒。杀病毒软件在清除计算机病毒时,一般不会破坏系统中的正常数据。现在的杀病毒软件都有良好的菜单提示,安装、升级和使用都非常简单和方便。

目前,国内用户常用的杀毒软件有瑞星杀毒软件、江民杀毒软件、金山毒霸、卡巴斯基杀毒软件、诺顿杀毒软件、360 安全卫士等。Windows 等操作系统自身也带有防病毒和防火墙功能。

"魔高一尺,道高一丈。"查杀病毒技术和编制病毒的技术在相互较量中提高,一种新的病毒出现后,相应的杀毒技术和杀毒软件就会出现。综合采取预防与查杀措施,就能保护计算机及网络系统安全运行。

我国建有国家计算机病毒应急处理中心(网址:https://www.cverc.org.cn/),是我国唯一的负责计算机病毒应急处理的专门机构,其主要职责是快速发现和处置计算机病毒疫情与网络攻击事件,保卫我国计算机网络与重要信息系统的安全。从其网站上可以及时了解计算机病毒预报及相关的查杀知识。

5.10.2 反黑客技术

1. 黑客概念

黑客一词源自英文 Hacker,原指热心于计算机技术、水平高超的计算机专家,特别指高水平的编程人员。1998 年,日本出版的《新黑客字典》对黑客的定义:喜欢探索软件程序奥秘并从中增长其个人才干的人,他们不像绝大多数计算机使用者,只规规矩矩地了解别人指定了解的范围狭小的部分知识。

黑客有能力发现计算机系统的漏洞,根据目的的不同,可分成如下 3 类:

(1) 白帽黑客(white hat hacker)。白帽黑客发现系统漏洞后,会及时通报给系统的开发商。这一类黑客有利于系统的不断完善。

(2) 黑帽黑客(black hat hacker)。黑帽黑客发现系统漏洞后,会试图制造一些损害,如删除文件、替换主页、盗取数据等。黑帽黑客具有破坏作用,也称为骇客(cracker)。

(3) 灰帽黑客(gray hat hacker)。灰帽黑客大多数情况下是遵纪守法的,但在一些特殊情况下也会做一些违法的事情。

少数黑客为了个人私利,利用以非法手段获取的系统访问权入侵计算机系统、破坏重要数据的恶意行为慢慢玷污了黑客的名声。现在,黑客一词泛指那些专门利用系统漏洞在计算机网络上搞破坏或恶作剧的人。

2. 黑客攻击方式

黑客攻击计算机(网络)系统可分为非破坏性攻击和破坏性攻击两类。非破坏性攻击一般只是为了扰乱系统的运行,并不盗取系统中的数据,常采用拒绝服务攻击等方式,这可以看作网络攻击;破坏性攻击是以侵入他人计算机系统、盗取系统中的保密信息、破坏目标系统的数据为目的,通常采用程序后门、获取密码、网络钓鱼等方式,这可以看作非法入侵。

1) 程序后门

程序员在编写一些功能复杂的程序时,一般采用模块化的程序设计方法,将整个系统分解为多个功能模块,分别编写和调试,这时的后门是一个模块的秘密入口。在程序开发阶段,后门便于测试、更改和增强模块功能。正常情况下,完成设计之后需要去掉各个模块的后门,不过有时由于疏忽或其他原因(如便于日后对模块的测试或维护等)后门没有去掉,黑客会用穷举搜索法发现并利用这些后门侵入系统。

2) 获取密码

通过获取系统管理员或一般用户密码,进而窃取系统的控制权。几种常用的密码获取方法如下。

(1) 简单猜想。很多人用自己或家人的出生日期、电话号码或吉祥数等作为密码,对于这样的密码,黑客有时通过简单的猜想就能获取。

(2) 字典攻击。先把猜想到的可能的密码(数量较大)存入字典库,然后使用字典库中的数据不断地进行账号和密码的反复试探,试图探测出用户的账号和密码。

(3) 暴力猜解。尝试用所有可能的字符组合去试探用户的密码。

(4) 网络监听。通过对网络状态、信息传输和信息内容等进行监视和分析,从中发现账号和密码等私密信息,这是目前黑客使用最多的密码获取方法。

3) 网络钓鱼

获取密码是通过技术手段得到他人的个人信息,而网络钓鱼(phishing)则是通过欺骗手段获取他人的个人信息,然后窃取用户的重要数据或资金。

① 发送含有虚假信息的电子邮件。以垃圾邮件的形式大量发送欺诈性邮件,以中奖、对账等内容引诱用户在邮件中填入账号和密码,或是以各种紧迫的理由要求收件人登录某网页提交用户名、密码、身份证号、信用卡号等信息,获取这些信息后盗窃用户资金。

② 建立假冒的网上银行、网上证券网站。建立域名和网页内容都与真正网上银行、网上证券交易平台极为相似的网站,引诱用户输入账号、密码等信息,进而通过真正的网上银行、网上证券系统或者伪造银行储蓄卡、证券交易卡盗窃资金。

③ 利用虚假的电子商务活动。在自建的电子商务网站,或是在比较知名的电子商务网站上发布虚假的商品销售信息,骗取用户的购物汇款。

④ 利用木马等技术手段。木马制作者通过发送邮件或在网站中隐藏木马等方式大肆传播木马程序,当感染木马的用户进行网上交易时,木马程序即以键盘记录的方式获取用户账号和密码,并发送给指定邮箱,用户资金将受到严重威胁。

⑤ 利用用户的弱密码设置。不法分子利用部分用户贪图方便设置弱密码(简单密码)的漏洞,对用户的密码进行猜测和破译。

实际上,不法分子在实施网络诈骗的犯罪活动过程中,经常采取以上几种手法交织、配合进行,还有的通过手机短信及 QQ、微信、MSN 等聊天工具实施网络诈骗。

4) 拒绝服务攻击

拒绝服务攻击是使用超出被攻击目标处理能力的大量数据包消耗系统可用带宽资源,最后致使网络服务瘫痪的一种攻击手段,拒绝服务攻击一般是一对一的,即利用一台计算机通过网络攻击另一台计算机。分布式拒绝服务(distributed denial of service,DDoS)攻击则是利用多台已经被攻击者控制的机器对某一台单机发起攻击,这种方式可以集中大量的网络带宽,对某个特定目标实施攻击,威力更大,短时间内就可以使被攻击目标带宽资源耗尽,导致被攻击系统瘫痪。分布式拒绝服务攻击也称为洪水攻击。2000 年,黑客使用 DDoS 连续攻击了 Yahoo、eBay 和 Amazon 等许多知名网站,致使一些站点中断服务长达数小时甚至几天。2018 年 9 月,大型社交媒体平台 Facebook 遭受黑客攻击,5000 万用户的数据受到影响。

3. 黑客的防范

可以通过如下措施来防范黑客的攻击。

(1) 使用安全级别比较高的正版的操作系统、数据库管理系统等软件,并注意给软件系统及时打补丁,修补软件漏洞;安装入侵检测系统、防火墙和防病毒软件,并注意及时升级。软件漏洞指软件设计上的缺陷或软件编写时产生的错误,这样的缺陷或错误可以被黑客等不法人员利用,通过植入木马、计算机病毒等方式来窃取或破坏被击中计算机系统中的数据等资源,甚至造成整个计算机系统的瘫痪。软件漏洞也称为软件 bug。补丁指为修补软件系统在使用过程中暴露的漏洞而发布的小程序,修补软件漏洞俗称打补丁。虽然各种应用软件和系统软件都可能存在漏洞,发现漏洞后也都需要打补丁,但现在的软件漏洞和打补丁更多的是针对操作系统软件而言的。

(2) 不要轻易打开和相信来路不明的电子邮件;不要从不明网址下载软件;在进行网上交易时要认真核对网址,看是否与真正网址一致;不要轻易输入账号、密码、身份证号等个人信息;尽量避免在网吧等公共场所进行网上电子商务交易。

(3) 不要选诸如身份证号码、出生日期、电话号码、吉祥数等作为密码,这样的密码很容易破译,称为弱密码,建议用有一定长度的大小写字母、数字和特殊字符的混合密码。

5.10.3 防火墙技术

1. 防火墙概念

如何既能和外部互联网进行有效通信,充分利用互联网上的丰富信息,又能保证内部网络或计算机系统的安全?防火墙技术的出现就是为了解决这一问题。

防火墙(firewall)是建立在内、外网络边界上的过滤封锁机制,是计算机硬件和软件的结合,其作用是保护内部的计算机或网络免受外部非法用户的侵入。内部网络被认为是安全和可信赖的,而外部网络(一般是指互联网)被认为是不安全和不可信赖的。防火墙的作用,就是防止不希望的、未经授权的通信进出被保护的内部网络,通过边界控制来保证内部网络的安全。防火墙并不阻止合法用户的正常访问。

防火墙的本义指古代建造和使用木质结构房屋时，为防止外部火灾的蔓延将房屋引燃，人们将不怕火烧的石块堆砌在房屋周围作为屏障，这种石墙被称为防火墙。现在所说的用于网络环境的防火墙是借用了古代真正用于防火的防火墙的喻义，它指的是隔离在本地计算机或网络与外部网络之间的一道防御系统。

2. 防火墙的功能

防火墙的主要功能如下。

（1）访问控制。通过禁止或允许特定用户访问特定资源，保护内部网络的数据和软件等资源，防火墙需要识别哪个用户可以访问哪类资源。

（2）内容控制。根据数据内容进行控制，如可以根据电子邮件的内容识别出垃圾邮件并过滤掉垃圾邮件。

（3）日志记录。防火墙能记录下经过防火墙的访问行为，同时能够提供网络使用情况的统计数据。当发生可疑访问时，防火墙能进行适当的报警，并提供网络是否受到监测和攻击的详细信息。

（4）安全管理。通过以防火墙为中心的安全方案配置，能将所有安全措施（如密码、加密、身份认证和审计等）配置在防火墙上。与将网络安全问题分散到各个主机上相比，防火墙的这种集中式安全管理更经济、更方便。

（5）内部信息保护。利用防火墙对内部网络的划分，可实现内部网重点网段的隔离，从而防止局部重点或敏感网络安全问题对全局网络安全的影响。还有，内部网络中某些信息往往会引起攻击者的兴趣，因而暴露出内部网络的某些安全漏洞。例如，Finger（一个查询用户信息的程序）服务能够显示当前用户名单以及用户详细信息，DNS（域名服务器）能够提供网络中各主机的域名及相应的 IP 地址。防火墙能够封锁这类服务，以防止外部用户利用这些信息对内部网络进行攻击。

提供防火墙产品的主要生产商有美国思科系统公司（Cisco Systems，Inc.）、Juniper 网络公司和我国的华为技术有限公司、杭州华三通信技术有限公司（H3C）等。

5.10.4　数据加密技术

1. 加密的概念

即使安装了防火墙及杀毒软件，也难以完全防止信息被窃取。为此，可以再实施一种安全措施——加密（encryption）。

加密是把明文通过混拆、替换和重组等方式变换成对应的密文。明文是加密前的信息，有着明确的含义并为一般人所理解。密文是对明文加密后的信息，往往是一种乱码形式，一般人很难直接读懂其真实含义，密文需要按加密的逆过程解密成明文后，才能理解其含义。因此，在信息传输前，甲乙双方约定好加密、解密方式，甲方对明文加密后以密文形式传输给乙方，乙方收到密文后按约定方式解密还原成明文，就能理解甲方所发信息的真实含义。在信息传输过程中，即使有甲乙之外的第三方通过非法途径窃取了传输的密文信息，如果不能同时获取加密、解密约定，是很难直接从密文读懂其真实含义的。所以，加密技术进一步保证了信息传输的安全性。

当然，如果加密、解密约定也被第三方窃取，那信息传输的安全也就丧失了，这时可以说第三方破译了甲乙双方的密文传输，这种保密与窃密的斗争在情报战题材的电视剧和电影中经常出现,甲乙双方极力想办法保密自己的信息传输,有时经常更换加密、解密方式,而第三方(敌方)也在尽力想办法破译甲乙双方的信息传输。

2. 古典加密方法

(1) 恺撒密码。恺撒密码(Caesar cipher)是由古罗马人恺撒发明的,通过移位的方式实现对原始信息的加密。恺撒密码也称为单字符替换,即对不同位置的字符采用相同的移位方式。

【例 5.1】 采用恺撒密码对 computer 进行加密。

设置 26 个英文字母与数字的对应关系如下:

```
a  b  c  d  e  f … u   v   w   x   y   z
0  1  2  3  4  5 … 20  21  22  23  24  25
```

对明文中的每个字符右移一位(变换成下一个字符)就可以实现对明文的加密。

对于英文单词 computer 中的每个字符右移一位,就变换成了字符串 dpnqvufs,computer 的含义是"计算机",dpnqvufs 的含义就难以理解了。

从这个例子可以看出,加密是一种变换技术,把人们能理解的明文变换成不能理解的密文。

这种简单移位的加密方法是很容易破译的。用最简单的思路就可以对密文进行右移 1 位、2 位、3 位……,左移 1 位、2 位、3 位……的逐一试探,就能破译。特别是现在借助于计算机,就更容易破译了。

(2) 多字符替换。单字符替换的优点是实现简单,缺点是容易破译。稍微复杂的方式是多字符替换,即不同位置的字符采用不同的替换方式。

【例 5.2】 采用(+1,-1,+2)的替换方式对 computer 加密。

对明文中的第 1 个字符右移 1 位,第 2 个字符左移 1 位,第 3 个字符右移 2 位,第 4 个字符又是右移 1 位,如此进行下去,完成明文中所有字符的替换。

对 computer 进行(+1,-1,+2)模式的多字符替换后的密文为 dnoqtvfq,密文的含义仍是难以理解的。

破译这种加密方式难度要大一些,特别是手工破译,工作量比较大。但借助于计算机,还是比较容易破译的。

3. 现代加密方法

(1) 私钥加密。私钥加密指加密和解密使用同一个密钥,而且这个密钥属于通信的甲乙双方私有,不能公开让第三方知道。私钥加密也称为单密钥加密或对称密钥加密。形象地说,锁信箱和开信箱用的是同一把钥匙,密钥要保密存放,一旦密钥被攻击者窃取,就无密可保。

代表性的私钥加密算法是数据加密标准(data encryption standard,DES)算法。DES算法是由 IBM 公司在 20 世纪 70 年代开发的,曾经得到了广泛的应用。1998 年之后,不再使用 DES,改用更难以破译的 AES(advanced encryption standard)算法。

(2) 公钥加密。公钥加密是与私钥加密相对的一种加密方法。公钥加密有两个不同的密钥,一个用于加密,是公开的,称为公钥;另一个用于解密,是不公开的,称为私钥。可以这样设想:我有一个保密信箱,锁信箱和开信箱用的是两把不同的钥匙,锁信箱的钥匙是公开的,就挂在信箱上,谁要是想把信件秘密给我,就可以放在信箱中,并用公开的钥匙锁上信箱。公开的钥匙只能锁信箱,不能打开信箱,打开信箱用的是另一把保密的钥匙,我自己拿着,其他人不知道。这样任何人都可以往我的保密信箱中投放秘密信件,但只有我自己能打开信箱取出信件,从而实现了秘密通信。

代表性的公钥加密算法是 RSA(Rivest-Shamir-Adleman)算法,是由罗纳德·利维斯特(Ronald L. Rivest)、阿迪·沙米尔(Adi Shamir)和伦纳德·阿德勒曼(Leonard M. Adleman)于 1978 年在美国麻省理工学院研发出来的,为此,三人共同获得 2002 年度的图灵奖。

RSA 算法实际上是利用了数论领域这样一个事实:虽然把两个大素数相乘得到一个合数是非常容易的,但要把一个很大的合数分解为两个素数却十分困难,至今没有任何高效的分解方法。

5.10.5　安全认证技术

加密技术保证信息在发送方和接收方之间的保密传输,即使第三方窃取了传输的信息,由于不能解密也不能理解其真正含义。除此之外,对于网上传输的信息,还应保证其内容完整,即发送方不能抵赖、接收方或第三方不能伪造和篡改,安全认证技术可以实现这些功能。

1. 消息认证

通信双方在一个不安全的信道上传输信息,可能面临着被第三方截取,进而对信息进行篡改或伪造的隐患,若接收方收到的是被第三方伪造或篡改的信息,可能会造成非常严重的后果。

消息认证技术用于检查发送方发送的信息是否被篡改或是伪造的,消息认证系统的核心是一个认证算法。

为了发送信息,发送方先将信息和认证密钥输入认证算法,计算出信息的认证标签,也称为消息认证码(message authentication code,MAC),然后将信息和认证标签一同发出;接收方收到信息和认证标签后,把信息和相同的认证密钥输入认证算法,也计算出认证标签,检查这个计算出的认证标签与接收到的认证标签是否相同。若相同,认为信息不是伪造的,也未被篡改,接收该信息;若不相同,则认为信息是伪造的或被篡改过,舍弃该信息。

2. 数字签名

消息认证用来保护通信双方免受第三方的攻击,却无法防止通信双方的欺骗与抵赖行为。在只有消息认证的方式下,由于接收方和发送方使用相同的认证密钥,生成一个认证标签并不困难,接收方可以伪造一个消息或篡改接收到的信息,声称是由发送方发过来的。由于接收方可以伪造或篡改信息,发送方也就可以不承认自己发送过的信息,他可以说是接收方自己伪造或篡改的,因为接收方也不能证明信息一定是发送方发出的。

现实生活中,人们为了防止申请书、批准书、商业合同等文件的伪造、篡改和抵赖,采用亲笔签名的方式予以确认。对于亲笔签名的纸质文本,签名者事后无法抵赖,持有者也不能篡改或伪造。

对应于亲笔签名,人们把在电子文档中附加的数字认证信息称为数字签名(digital signature),也称为电子签名。《中华人民共和国电子签名法》中对电子签名的定义是:电子签名是指数据电文中以电子形式所含、所附用于识别签名人身份并表明签名人认可其中内容的数据。数据电文是指以电子、光学、磁或者类似手段生成、发送、接收或者储存的信息。

简单地说,数字签名是只有信息的发送者才能产生的、与发送信息密切相关的、他人无法伪造的一个数字串,它同时也是对发送者发送信息的真实性的一个证明。

用户 A 使用数字签名技术给用户 B 发送信息的过程如下:

① 用户 A 准备好一个要发送给用户 B 的电子信息 M。

② 用户 A 用公开的单向 Hash 函数对信息 M 进行变换,生成信息摘要 M_H,然后用自己的私钥 D_A 对信息摘要 M_H 加密,对 M_H 加密的结果就是信息 M 的数字签名。

③ 用户 A 将数字签名附在信息 M 之后,连同信息 M 和相应的数字签名一起发送给用户 B。

④ 用户 B 收到信息 M 和相应的数字签名 M_H 后,一是使用相同的单向 Hash 函数对信息 M 进行变换,生成信息摘要,二是使用用户 A 的公钥 E_A 对数字签名进行解密,得到用户 A 针对 M 生成的信息摘要。

⑤ 用户 B 比较两个信息摘要,如果两者相同,则可以确信信息在发送后并未作任何改变,也不是伪造的,可以接收来自用户 A 的信息 M;如果不相同,说明信息 M 是伪造的或已经被篡改,放弃该信息。

5.11 计算机系统安全法律法规与职业道德

计算机及计算机网络的快速发展和广泛应用,极大地促进了经济发展和社会进步,也给人们的日常生活带来了很大的方便,在一定程度上改变着人们的生活方式、工作方式,甚至思维方式。同时也出现了一些新的问题,如编制和传播计算机病毒、盗取他人的账号和密码、蓄意攻击他人的计算机系统、发送垃圾邮件、泄露自己掌握的他人个人信息等不道德行为和犯罪行为,既给他人和社会带来危害,也使自己走上违法犯罪的道路。

我国逐步建立起了比较完善的打击计算机犯罪和惩治违法违规行为的法律法规体系,包括《中华人民共和国刑法》《中华人民共和国治安管理处罚法》《中华人民共和国网络安全法》《中华人民共和国个人信息保护法》《中华人民共和国数据安全法》《中华人民共和国电子签名法》《中华人民共和国著作权法》《中华人民共和国计算机信息系统安全保护条例》《中华人民共和国计算机信息网络国际联网管理暂行规定》等。

作为未来的计算机专业人员,要认真学习并严格遵守法律法规。除了严格遵守法律法规和一般的道德规范外,还要严格遵守计算机领域的职业道德,不以自己的专业特长作为谋取个人不法利益的工具和手段。如果把计算机及网络环境看作一个虚拟社会的话,那么在真实社会中应遵守的道德规范和应有的责任意识同样适用于虚拟社会,无法一一列出,重点列出和计算机系统安全有关的几条:

(1) 不要盗窃和蓄意破坏他人的软硬件资源及数据资源。

(2) 不要编制计算机病毒程序,不要故意传播计算机病毒给其他计算机系统。

(3) 要严格管理因工作需要而掌握的他人个人信息或单位的内部数据,不要泄露他人的个人信息和单位的内部数据。

(4) 不要蓄意攻击他人的计算机系统或网络系统。

(5) 不经对方许可,不要发送商业广告等宣传类邮件,这种垃圾类邮件既浪费他人的时间,也会影响其正常的收发邮件。

(6) 不要蓄意破译他人的账号和密码。

（7）要严密保护自己的账号和密码，不得泄露给他人。

（8）不要通过网络欺骗等手段，窃取金钱和机密信息。

（9）不要滥用个人的计算机系统权限以谋取个人的不法利益。

（10）不要使用超越自己合法权限的功能。

5.12　小结

　　计算机之所以能够进入千家万户，逐渐成为人们学习、工作和娱乐的基本工具，主要得益于 3 方面。一是微型计算机的出现和快速发展，使计算机的成本快速下降；二是操作系统功能的不断完善和强大，使计算机的操作使用越来越简单方便；三是互联网的快速发展和网络服务的不断丰富，网络应用给人们带来了很大的方便。

　　计算机网络就是自主计算机的互连集合，主要包括个人区域网、局域网、广域网与互联网等形式。互联网得到了最广泛的应用，为人们的工作、学习提供了网络新闻、电子邮件、信息检索、博客、微博、文件传输、电子商务、电子政务、BBS 等多种服务，影响并在一定程度上改变着人们的生活方式、工作方式，甚至思维方式。

　　计算机及网络的广泛应用，极大地促进了经济发展和社会进步，方便了人们的日常工作和生活，但也伴随着出现了计算机病毒、黑客、网络攻击等问题，甚至有人走上了违法犯罪的道路。本章介绍的反病毒技术、反黑客技术、防火墙技术、数据加密技术和安全认证技术，再加上高度的道德责任意识、严格的管理制度及完善的法规体系，就能有效地保证计算机及网络系统的安全运行及信息的安全传输。

拓展阅读：IBM 公司与计算机制造

　　IBM 公司的前身是计算制表记录公司（Computing Tabulating Recording Company，CTR 公司）。1911 年，制表机公司（Tabulating Machine Company）、计算度量公司（Computing Company）和国际时间记录公司（International Time Recording Company）合并，成立了计算制表记录公司。其中的制表机公司的创始人就是 1886 年建造第一台机电式制表机的赫尔曼•霍勒瑞斯。霍勒瑞斯当时在美国人口统计局工作，发明了自动穿孔卡片制表机，1896 年霍勒瑞斯创办了自己的制表机公司，生产改进型的制表机。

　　计算制表记录公司有 1200 多人，是个集秤磅、时钟、计算制表机于一体的经营多种业务的公司，公司成立不久就欠债近 400 万美元。为摆脱困境，公司于 1914 年聘请小有名气的现金出纳机推销商托马斯•沃森（Thomas J. Watson）为经理。沃森看中了霍勒瑞斯发明的制表机，认为这种机器只要经过改进，肯定会在快速发展的美国工商业中得到广泛应用，穿孔卡片的自动功能会对各大公司繁重的账目报表处理大有帮助。

　　1924 年，计算制表记录公司更名为国际商业机器公司（International Business Machines Corporation），即计算机领域人们非常熟悉的 IBM 公司。

　　沃森对公司的经营管理确实在行，他执掌的 IBM 公司果然给美国商界和产业界带来一场管理上的革命，这场革命的主角就是沃森慧眼相中的制表机，而制表机的主角又是打孔卡片。自第一次世界大战以来，打孔卡片就开始广为人知，美国军方用它来进行军备、医药等方面的数据管理，规范、简明、系统性好。接着又用于企业的管理，每个雇员或每一产品的各种信息,都可以按时分类,在一张张卡片上记录下来,自动制表机定期自动加、减、乘、除、累计存档,印成报表。自罗斯福新政后,企业需要向联邦政府提供大量的统计报表,处理这些报表,当时最好的方法就是使用制表机。

IBM 公司的成百上千台制表机卖给政府部门,被称为 IBM 卡的打孔卡片融入人们的日常生活,上班要打卡,就医要打卡,就餐也要打卡。

在第二次世界大战中,IBM 公司生产的打孔卡片制表机在后勤系统和前线指挥系统受到广泛欢迎,成千上万的军官和士兵的军购要制成图表,轰炸机的命中率、伤亡和战俘等信息,巨大战争机器上的每一个细节,都可用 IBM 卡片一一记录下来。当时每位应征入伍的人都有一张卡片,记录了详细的个人信息。IBM 公司在为战争提供有力支持的同时,自身也得以快速发展,公司销售额从 1940 年美国参战前的 4600 万美元,变为战后 1945 年的 1.4 亿美元,成为全美知名的大企业。

但是,打孔卡片制表机的成功,却使 IBM 公司没有及时跟上现代计算机的发展节奏。1935 年推出的 IBM 601 计算器,能在一秒内完成乘法运算。1936 年美国哈佛大学教授霍华德·艾肯基于巴贝奇的设计方案,用机电方法实现了分析机,这就是 Mark-I 机电式计算机,在研制过程中,得到了 IBM 公司的资助。

1946 年 3 月,IBM 公司的执行副总裁查理·柯克和他的助理小托马斯·沃森(老托马斯·沃森的儿子)到宾夕法尼亚大学莫尔学院参观刚刚研制完成的 ENIAC,详细了解了这台机器的用途:为了提高火炮的射程和精度,必须计算弹道也即炮弹在每一个飞行瞬间的位置,这种计算的计算量大得惊人,以前用手工计算,需要一天的时间,用计算分析仪,也得 15min,而现在用 ENIAC 计算只要 20s。

虽然这次莫尔学院之行给小托马斯·沃森和查理·柯克留下了深刻的印象,但当时却没有意识到,这样一个庞大、昂贵、又不可靠的机器会成为商品(作为公司的经营者,他们要的不仅是先进的研究成果,更注重的是这样的成果能不能转化成商品,能否给公司带来实际的收益),而且会体积越来越小、功能越来越强、成本越来越低、使用越来越方便,直到有一天进入千家万户,无情地淘汰 IBM 公司引以为自豪的打孔卡片制表机。

1947 年,IBM 公司的一位老资格工程师提出一个研制计划,与埃克特-莫奇利公司竞争,制造一台磁带和穿孔卡片两用的计算机,预计投资 75 万美元,而通常穿孔卡片制表机只要 2 万美元,老沃森否决了这一计划。这使得 IBM 公司进入现代电子数字计算机领域的时间延后了 5 年。也就是说,在 1946—1950 年这一现代计算机的初创阶段,IBM 公司没有参与。这对于靠第一台机电计算机起家的 IBM 公司来说,不能不说是一个遗憾。实际上,包括老沃森在内的 IBM 公司的一些领导人一度认为只需要 25 台通用计算机就能满足全美国的需要。好在沃森父子及时改变了看法,才使 IBM 公司凭借自己强大的财力和市场竞争力,后来居上并长期保持计算机制造业霸主地位,其设计理念和技术标准对计算机的发展起了决定性作用。

计算机技术在快速发展,IBM 公司的老用户对日益增多的卡片不断提出抱怨,促使沃森父子不得不重新审视计算机的开发问题。1951 年,IBM 公司决定开发商用电子计算机,聘请冯·诺依曼担任公司的科学顾问,1952 年 12 月 IBM 公司研制出第一台存储程序电子数字计算机——IBM 701。IBM 701 字长 36 位,内存容量 2048 字,配备有磁鼓、磁带机、卡片机等输入输出设备,使用了 4000 个电子管和 12 000 个锗晶体二极管,运算速度为 1.2 万次/秒定点加法运算。

从 IBM 701 开始,IBM 公司逐步占据了计算机制造业的霸主地位。

第一代电子管计算机主要有科学计算用计算机 IBM 701、IBM 704、IBM 709,数据处理用计算机 IBM 702、IBM 705、IBM 650 等。

第二代晶体管计算机的主流产品有科学计算用大型计算机 IBM 7090、IBM 7094-Ⅰ、IBM 7094-Ⅱ,数据处理用大型计算机 IBM 7080,中小型通用晶体管计算机 IBM 7074、IBM 7072,小型数据处理用晶体管计算机 IBM 1401 等。

第三代计算机的代表性产品是 IBM 360 系列,该机型实现了计算机生产的通用化、系列化和标准化,主要产品还有 IBM 370 系列、IBM 3030 系列等,IBM 3030 系列中的 3033 计算机运算速度达到 500 万次/秒。

第四代计算机的主流产品是 1979 年 IBM 公司推出的 4300 系列、3080 系列以及 1985 年的 3090 系列。1982 年推出的 3084K 计算机,运算速度达 2500 万次/秒。1990 年之后,IBM 公司陆续推出 IBM 390 系列、IBM eServer z 系列、zEnterprise EC12 系列、IBM z13、IBM z14、IBM z15、IBM z16 大型计算机。2022 年 4 月推出的 IBM z16 把人工智能加速器集成在其芯片上,可进行大规模的实时人工智能推理,采用量子安全加密技术,客户可以对实时交易进行规模化分析,适用于信用卡、医疗健康和金融交易分析等应用场景。

多年来,IBM 公司一直在高性能计算机领域保持着竞争优势。1991 年,IBM 公司的“深思Ⅱ”(Deep Thought Ⅱ)计算机获得美国计算机学会举办的计算机国际象棋锦标赛冠军,1997 年 5 月,“深思”的换代产品——“深蓝”计算机战胜俄罗斯的国际象棋特级大师卡斯帕罗夫。2008 年 6 月,IBM 公司推出当时世界上最快的超级计算机“走鹃”(Roadrunner),运算速度超过 1000 万亿次/秒浮点运算。2012 年,IBM 公司研制出的超级计算机“红杉”(Sequoia),其峰值运算速度达到 2.01 亿亿次/秒。2018 年,IBM 公司研制出当时世界上速度最快的超级计算机“顶点”(Summit),其峰值运算速度达到 20 亿亿次/秒。

近几年,IBM 公司积极参与人工智能技术的研发,2011 年 2 月,IBM 公司的“沃森”(Watson)系统在美国的一档智力竞猜电视节目中击败该节目历史上两位最成功的人类选手,Watson 所基于的自然语言处理和机器学习技术已经在时尚、金融、医疗、旅游、法律、教育、交通等领域得到应用。

IBM 公司在微型计算机领域也曾有不俗的表现,一度成为事实上的产品标准,其他厂商的微型计算机只有和 IBM 公司微型计算机兼容才能销售出去,而也正是这些兼容厂商在激烈的竞争发展中分享了 PC 市场。2005 年 5 月 1 日,我国的联想集团以 17.5 亿美元正式完成对 IBM 公司全球 PC 业务的收购,至此 IBM 公司退出了 PC 市场,专注于服务器、大型机和巨型机市场以及云计算、人工智能、物联网、大数据分析和安全领域的服务与解决方案提供,2024 年营业收入达 627.53 亿美元。

IBM 公司的成功得益于科学的市场经营战略,基于以往的市场营销经验,从一开始进入计算机领域就面向商业、面向产品、面向服务。IBM 公司是从穿孔卡片发展起来的,拥有一大批商业客户。当它转向生产计算机时就想到了这些宝贵的客户资源,着重研制商用计算机,把具有通用化、系列化、标准化和良好兼容性的计算机产品推销给老客户,不仅产品质量好,而且服务周到。IBM 公司信奉这样一个理念——聪明的客户并不是买最好的计算机,而是买最能解决问题的计算机。因此,尽管当时有些公司的计算机的性能比 IBM 公司的好,但还是 IBM 公司的产品更受欢迎。在美国,人们常称 IBM 公司为"蓝色巨人"。一方面反映了它的实力雄厚,另一方面代表了售后服务做得好,IBM 公司的工作人员,经常是身穿蓝色西服上门服务。

习题 5

一、填空题

1. 计算机网络由_____子网和_____子网构成。

2. 根据覆盖范围,可以将计算机网络分为_____、_____、_____和_____。

3. 计算机网络是_____技术和_____技术相结合的产物。

4. 根据网络所用数据传输介质的不同,可以将计算机网络分为_____和_____。

5. 目前常用的网络拓扑结构主要_____、_____和_____。

6. 计算机网络的主要功能有_____、_____和_____。

7. 目前常用的有线传输介质有_____和_____。

8. 无线传输方式主要有_____、_____和_____。

9. 计算机网络协议由_____、_____和_____ 3 个要素组成。

10. 开放系统互连参考模型(OSI/RM)由_____层组成。

11. TCP/IP 参考模型共分 4 层,自下向上分别是_____、_____、_____和_____。

12. 写出 4 种常用的网络连接设备:_____、_____、_____、_____。

13. 互联网是在 ARPAnet(阿帕网)的基础上发展起来的,ARPAnet 诞生于_____年。

14. 我国在_____年发出第一封电子邮件。

15. _____年我国被国际上正式确认为真正拥有全功能因特网的国家。

16. 写出我国的 3 个互联网服务提供商(ISP):_____、_____、_____。

17. IPv4 地址由两部分组成:_____和_____。

18. 每个 IPv4 地址是一个 32 位的_____,可以表示为用小数点分开的 4 个_____。

19. IPv4 的 A 类地址的最高 1 位固定为_____,随后的_____位为网络标识。

20. IPv4 的 B 类地址的最高 2 位固定为_____,随后的_____位为网络标识。

21. IPv4 的 C 类地址的最高 3 位固定为_____,随后的_____位为网络标识。

22. 网络中用于标识一台计算机的域名通常由 4 部分组成,各部分之间用点(.)分开,这 4 部分依次为_____、_____、_____、_____。

23. 每个 IPv6 地址是一个_____位的二进制数,可以写成_____组_____位的十六进制数。

24. 写出目前常用的 3 种互联网接入方式:_____、_____、_____。

25. 写出 4 种常用的互联网服务:_____、_____、_____、_____。

26. 对网络安全的威胁大致可以归为 3 类,包括_____、_____和_____。

27. 网络安全可从 3 方面保障,分别是_____、_____和_____。

28. CC 已成为评估软硬件产品安全性的主要标准,分为_____个安全级别。

29. 计算机病毒的主要危害有_____和_____。

30．计算机病毒主要通过_____和_____两种途径传播。

31．黑客可以分成 3 类，分别是_____、_____和_____。

32．黑客攻击计算机(网络)系统主要包括_____、_____、_____和_____等方式。

33．防火墙的主要功能包括_____、_____、_____、_____和_____。

34．现代加密方法分为_____和_____。

35．RSA 加密算法的三位发明人共同获得 2002 年度的_____奖。

二、名词解释

计算机网络、个人区域网、局域网、互联网、云计算、数据包、数字鸿沟、IP 地址、域名、网络安全、计算机病毒、黑客、防火墙、加密、私钥加密、公钥加密、数字签名。

三、简答题

1．简述计算机网络的功能。

2．对比说明常用的计算机网络传输介质。

3．简要说明计算机网络的分类。

4．简要介绍互联网的几种主要接入方式。

5．简述计算机病毒的传染途径和预防措施。

6．简述黑客的主要攻击方式。

7．简述防火墙的主要功能。

8．给出使用数字签名的信息发送过程。

思考题 5

1．简要说明 OSI/RM 中各层的作用及分层的优点，以现实生活中的实例来说明分层的优点。

2．计算机网络中，为什么要把待传输的数据文件分成数据块后再进行传输，接收方如何把相关的数据块组织成数据文件？

3．语言都有统计特性，对于英语来说，最常用的字符是 a，最常用的 3 字符单词是 the，利用这一特性能给出恺撒密码的解密方法吗？对于多字符替换，这种特性还有用吗？

4．查阅有关文献分析：借助于现有的合数分解为素数的方法和一台普通的微型计算机，分解一个合数 n(二进制数形式的长度为 1024 位)需要多长时间？

5．如何理解技术安全、管理安全和法律安全各自的重要性？

6．自行查阅有关计算机系统安全的法律法规，学习了解相关内容。

第6章 物联网与大数据

人工智能的三大支柱分别为算力、算法和大数据。在大数据的支持下,才能训练好人工智能大模型。物联网、互联网和移动互联网都是采集大数据的重要渠道,而且基于物联网生成的数据量更大。一定意义上讲,没有物联网、互联网和移动互联网,就没有大数据和大数据技术的产生。反过来,物联网应用也需要人工智能技术的支持。实际上,智能交通、智慧物流、智慧医疗、智慧农业等应用都是物联网、大数据、人工智能等共同发挥作用的结果。

6.1 物联网的起源与发展

物联网(internet of things,IoT)是指通过射频识别、红外感应器、全球定位系统、激光扫描器等信息传感设备,按约定的协议,把物品与互联网相连接,进行信息交换和通信,以实现对物品的智能化识别、定位、跟踪、监控和管理的一种网络。

简而言之,物联网是物物相连的互联网,是互联网的延伸和应用拓展,它将各种信息传感设备与网络结合起来,实现了任何时间、任何地点,人与物、物与物之间的互联互通。

物联网概念最早出现于比尔·盖茨 1995 年所著《未来之路》(*The Road Ahead*)一书中,比尔·盖茨在书中提到了物联网概念,只是当时受限于无线网络技术、计算机硬件技术及传感设备的发展,并未引起人们太多的重视。

1999 年,美国 Auto-ID 首先提出物联网的概念,此时的物联网主要是建立在物品编码、射频识别技术和互联网的基础上,通过互联网络实现物品的自动识别和信息共享。

2005 年,国际电信联盟(ITU)发布了《ITU 互联网报告 2005:物联网》,正式提出了物联网的概念。报告指出,无所不在的物联网通信时代即将来临。

在中国,物联网曾经被称为传感网。中国科学院早在 1999 年就启动了传感网的研究,并建立了一些适用的传感网。2011 年,工业和信息化部发布了《物联网"十二五"发展规划》,目标是到 2015 年我国初步完成物联网产业体系构建。2021 年 9 月,工业和信息化部等 8 部门联合印发《物联网新型基础设施建设三年行动计划(2021—2023 年)》,明确指出到 2023 年底,在国内主要城市初步建成物联网新型基础设施。2022 年 9 月,中国互联网协会发布了《中国互联网发展报告(2022)》,报告中指出,中国物联网市场规模已达 2.6 万亿元。

6.2 物联网体系结构

物联网的体系结构描述了物联网的部件组成,以及部件之间的相互关系,是对物联网的总体概述。了解了物联网的体系结构,可以对物联网有一个整体性的认识。

6.2.1 物联网体系结构

从物联网的功能上来说,物联网应具有信息的全面感知、信息的可靠传输、信息的智能处理、面对不同应用的解决方案等特征。据此可以将物联网分为 4 层：感知层、网络层、处理层和应用层，如图 6.1 所示。

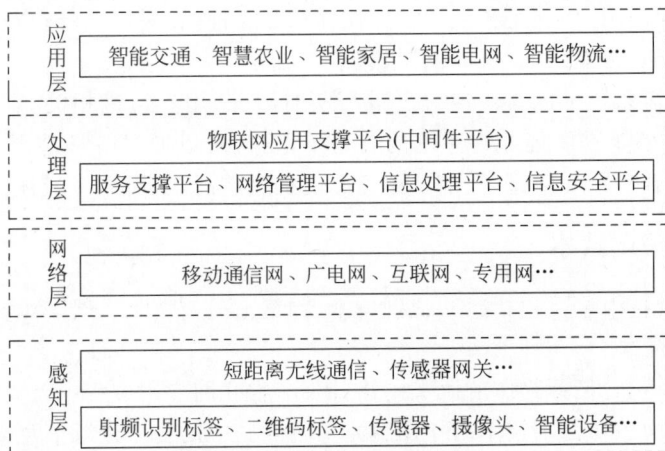

图 6.1　物联网体系结构

1. 感知层

感知层是整个物联网的基础，其主要功能是采集物理世界的各种信息，实现对物理世界信息的感知和识别，并将采集到的数据传输到数据处理平台，或接收数据处理平台发来的控制信息，实现对物的自动控制。

对信息的感知和识别需要依靠各种具有感知或识别功能的设备，如传感器、二维码标签、射频识别标签、摄像头、全球定位系统（GPS）等。感知层所涉及的主要技术包括射频识别技术、传感和控制技术、短距离无线通信技术等。

例如，智能物流系统中物品上的二维码标签，智能交通系统中街道上的摄像头，智慧农业系统中的各种温度、湿度传感器等，都是用于感知信息的，都属于这些系统中的感知层。

2. 网络层

网络层的作用是进行信息传输，是物联网信息传输和服务支撑的基础设施。它通过各种不同的网络，如互联网、移动互联网、短距离无线通信网等，在感知层、处理层和应用层之间高效、可靠、安全地进行数据和指令的传输，以实现人与物、物与物之间的互联互动。

例如，在智能物流系统中，从快递员收取快件，到快件送达分拣中心、自动分拣、路途运输，再到目的地分拣中心、客户到驿站取快件，整个流程中，需要短距离无线通信技术和远程有线通信技术的结合，才能实现信息的有效传输与处理，实现物流的智能化。

3. 处理层

处理层的作用是对感知层传来的数据进行存储、管理和分析。由于感知层的各种感知设备在不间断地产生数据，所以从感知层传向处理层的数据可以说是海量数据，那么如何合理高效地处理如此规模巨大的数据，提取其中的有效信息，则是物联网需要解决的一个关键问题。处理层利用大数据、人工智能、云计算等技术和平台来支撑海量数据的存储、处理和分析。

例如，在智能物流系统中，处于处理层的各管理系统（云仓储、云运输等）可以对采集来的仓储、运输、配送、采购等方面的数据进行存储、处理和分析，以实现智能仓储管理、智能运输管理、智能配送管理和智能采购管理等功能。

4. 应用层

应用层直接面向用户,满足各领域的应用需求。目前,物联网已经在很多领域中获得广泛使用,如智能交通、智能工业、智能家居、智能物流等。

例如,智能物流系统可以对快递包裹进行实时跟踪,用户通过相关 App 可以随时查看快递包裹的到达位置;在智能交通系统的支持下,司机可以通过各种地图 App(百度地图、高德地图等)随时查看路况信息,提前了解道路的拥堵情况,从而选择最佳出行路线。

6.2.2 物联网关键技术

物联网的关键技术主要包括感知识别技术、网络与通信技术、云计算与大数据技术等。

1. 感知识别技术

物联网是一个包含亿万物体的巨大网络,因此,物联网应用过程中首先需要解决的就是"物"的识别问题,而感知识别技术的作用就是对物联网中的物体进行信息采集和身份识别,从而自动识别物联网中的各种物体,实现对物体的管理和控制。对物体的感知识别是物联网各种应用的基础。

目前常用的感知识别技术主要包括传感器技术、条形码技术和射频识别技术等。

1) 传感器技术

传感器是一种检测装置,能感知到被检测物品的信息,并将检测到的信息转换为所需要的形式输出。人类可以通过眼睛、耳朵、鼻子等感官来感知外部世界,类似地,传感器就是物联网的感官系统,是物联网中不可缺少的信息采集手段。

传感器的种类很多,在物联网中有着广泛的应用。例如,在智能家居中用到的温度传感器、湿度传感器等;在智慧农业中的土壤温度、湿度传感器、土壤 pH 值传感器等。图 6.2 给出了一款温度传感器和一款土壤温度湿度传感器。

2) 条形码技术

条形码技术是一种常用的自动识别技术,也是物联网感知层实现过程中的关键技术之一。条形码是将宽度不等的多个黑条和空白,按照一定的编码规则排列,用以表达一组信息的图形标识符。条形码又分为一维条形码(简称条形码)和二维条形码(简称二维码)。

一维条形码由纵向的黑条和白条组成,条纹下通常会有英文字母或数字,如图 6.3(a) 所示。一维条形码技术成熟、扫码设备简单,在零售业、仓储管理和物流管理、图书管理等众多领域中被广泛应用。例如,超市的商品外包装上都有一维条形码,购物结账时扫描条形码即可获取商品名称、价格等信息,商品的销售情况也自动进入了超市的销售管理系统。

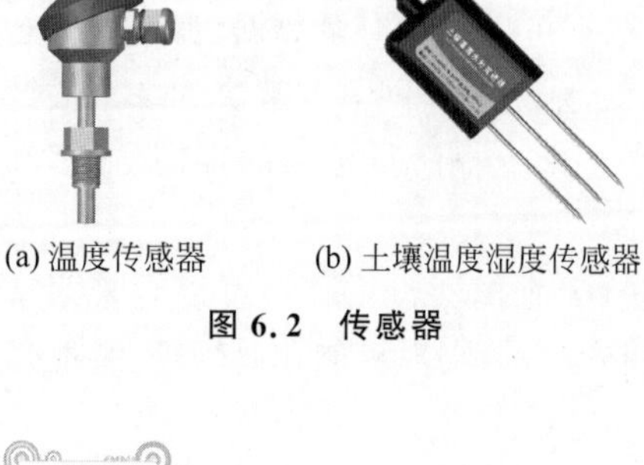

(a) 温度传感器　(b) 土壤温度湿度传感器

图 6.2　传感器

(a) 一维条形码

(b) 二维码

图 6.3　条形码

一维条形码存在信息量有限、只能表达字母和数字、不具备纠错功能等不足。二维码是在一维条形码的基础上扩展来的。与一维条形码相比,二维码具有信息容量大、编码范围广、容错能力强、译码可靠性高、成本低等优点。

二维码可分为堆叠式/行排式二维码和矩阵式二维码,其中较为常见的是矩阵式二维码。矩阵式二维码以矩阵的形式组成,在矩阵相应元素位置上用"点"表示二进制的 1,用"空"表示二进制的 0,并由"点"和"空"的排列组成代码。图 6.3(b)所示的二维码中,黑色小方块表示 1,白色小方块表示 0。

目前,二维码已得到了广泛应用,扫描二维码可以实现手机支付、账号登录、信息获取、防伪溯源等功能。例如,扫描共享单车的二维码,用户信息和单车信息都会被发送给共享单车的云管理系统,用户信息和单车信息验证无误之后,即可开锁使用单车。

3) 射频识别技术

射频识别(radio frequency identification,RFID)技术也是物联网感知层的一项关键技术,它可以对物品进行无接触自动识别,具有自动化程度高、识别速度快、可实现多标签同时识别等优点,在生产和生活中得到了广泛应用,例如常见的公交卡、门禁卡、校园卡中都嵌入了 RFID 芯片。

RFID 系统主要由 RFID 标签、RFID 读写器和天线 3 部分组成。

RFID 标签,如图 6.4 所示,用于存储待识别物品的标识信息,通常被安置在被识别物品的表面。

RFID 读写器利用射频技术读取或者改写 RFID 标签中的数据信息,并且可以把这些读出的数据信息传输到主机进行管理和分析。

天线用于发射和接收射频信号,通常内置在标签和读写器中。

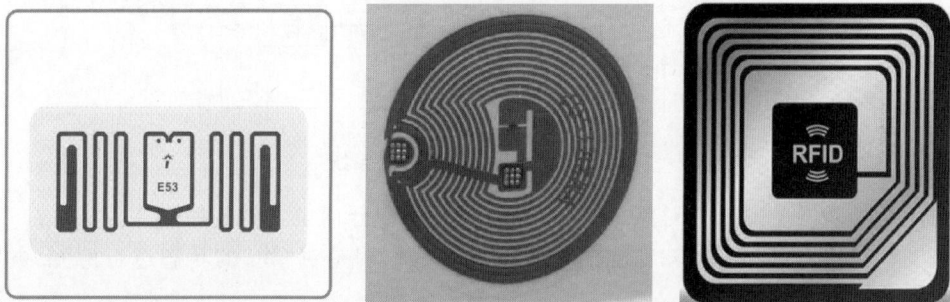

图 6.4　RFID 标签

2. 网络与通信技术

目前,常用的短距离无线通信技术主要包括蓝牙、无线局域网(Wi-Fi)、射频识别(RFID)、近场通信(NFC)、ZigBee 等,远程通信技术包括互联网、3G/4G/5G 移动通信网络、卫星通信网络等。

3. 云计算与大数据技术

物联网中的数据不仅数据量巨大,而且数据类型丰富、结构复杂,那么如何有效存储、集成、处理和分析这些数据是物联网处理层需要解决的关键问题。云计算和大数据技术的出现,为物联网中海量数据的有效存储和快速处理分析提供了强大的技术支撑。所以,云计算和大数据技术是物联网应用层能提供多种服务的基础保障。

6.2.3 物联网的反馈与控制

物联网不仅包括数据的采集、传输、存储和展示,还包括对采集到的数据的挖掘分析,以及基于分析结果所采取的决策、反馈和控制动作,以实现物联网应用系统的自动化和智能化。例如,智能电网调度、城市交通智能控制等。

1. 反馈控制

反馈控制是指将系统的输出量(被控量)返送到输入端,与输入量(期望值)进行比较,并利用二者的偏差进行控制的过程,如图 6.5 所示。其特点是当输出量与输入量之间出现偏差时,就会产生一个相应的控制动作去降低或消除这个偏差,使输出量与输入量趋于一致。

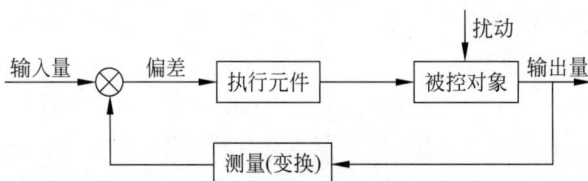

图 6.5 反馈控制示意图

2. 物联网的反馈控制

物联网把具有信息传感功能的设备或物品通过网络进行连接,从而形成了一个巨大的传感器智能网,可具有"全面感知、可靠传输、智能处理"的综合功能。要达到这样的功能,物联网需要具有物、感、智、控 4 种属性,这 4 种属性形成了一个完整的反馈控制系统,在智能处理的基础上实现对物的自动控制,如图 6.6 所示。

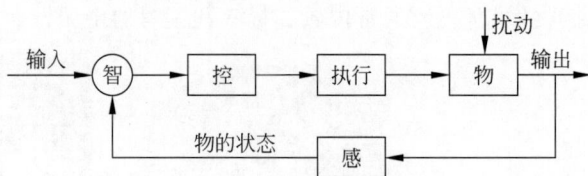

图 6.6 物联网反馈控制系统

物:是物联网中的被控对象,可以是处于物联网中任何位置的任何物或人;

感:是传感器等具有感知功能的设备/元件,其作用是对"物"的状态进行感知,并将感知数据传输到信息处理平台;

智:是物联网中的智能终端;

控:是物联网中对"物"进行控制的执行元件,除了传统控制系统的执行元件之外,还包括"物"中的嵌入式处理器和软件系统。

例如,在智慧农业的自动灌溉系统中,土壤湿度传感器可以检测土壤湿度,并将检测数据传输到智慧农业数据处理平台,数据处理平台接收到土壤湿度数据之后,会对数据进行分析,如果分析结果认为土壤缺水,则会启动自动灌溉设备对土地进行灌溉。在这个自动灌溉系统中,土壤(湿度)是被控对象,是物联网中的"物";土壤湿度传感器具有感知土壤湿度和传输数据的功能,是物联网中的"感";数据处理平台可以存储和分析接收到的数据,并根据分析结果进行相应处理,属于物联网中的"智";最后,自动灌溉设备接收到数据处理平台发出的灌溉指令,并执行该指令,属于物联网中的"控"。

6.3　物联网应用

物联网的应用十分广泛,已遍及智能交通、智能物流、智能家居、智慧医疗、智能安防、智慧农业等很多个领域。以下简单介绍基于物联网的智能家居、智能物流和智慧场馆管理。

6.3.1　基于物联网的智能家居

智能家居,是以住宅为平台,利用综合布线技术、网络通信技术、安全防范技术、自动控制技术、音视频技术,将与家居生活相关的设备集成起来,构建可集中管理、智能控制的住宅设施管理系统,从而提升家居的安全性、便利性、舒适性、艺术性,并营造环保节能的居住环境。

智能家居是以物联网为基础的,它通过信息传感设备将家中的各种设备,如照明、安防、窗帘、家用电器等,有机结合在一起,并与互联网连接起来,提供家电控制、照明控制、防盗报警、环境监测等多种功能,从而实现家居的智能化。

智能家居系统基于对家居环境的温度、湿度、亮度、是否有人活动、声音大小、震动等信息的感知、分析,来自动控制电视、空调、热水器、灯光、影音系统等设备的工作。还可以通过手机 App 等方式远程控制和监控家中的设备,随时了解家中的安全情况。例如,可以远程控制家中空调定时打开,以保证下班到家有合适的室温;可以远程查看家中老人的日常活动情况;等等。与普通家居相比,智能家居能够提供全方位的信息交互功能,让家居生活变得更舒适,更方便,更安全,甚至更节能环保,让人们可以更加轻松惬意地享受生活。

6.3.2　基于物联网的智能物流

智能物流是利用集成智能化技术,使物流系统能模仿人的智能,具有思维、感知、学习、推理判断和自行解决物流中某些问题的能力。

智能物流能够实现信息采集和信息处理的自动化,实时集成货物信息,跟踪货物的配送状态,实现货物的即时追踪,准确实时了解配送信息,确保货物的安全和顺利递送。

智能物流能够实现物品在分拣、运输、装卸、存储等操作环节的自动化,从而提高工作效率,节省人力物力。例如,智能物流中使用的智能分拣系统不仅可以大大提高分拣效率,而且还可以很大程度上提高分拣的准确率。图 6.7 为京东"小红人"分拣机器人。

图 6.7　京东"小红人"分拣机器人

总之,智能物流将物联网技术应用于物流业的运输、仓储、配送、包装、装卸等基本活动环节,实现货物运输过程的自动化运作和高效率优化管理,提高物流行业的服务水平,降低成本,减少自然资源和社会资源消耗。

6.3.3　基于物联网的智慧场馆管理

2023 年 9 月 23 日在杭州开幕的第 19 届亚洲运动会广泛使用了物联网技术,借助物联网技术实现了对场馆的智慧化管理和维护。通过使用传感器和智能设备,场馆可以实时监测设备运行状态、能源消耗情况,及时进行故障检测和修复。参赛选手和观众也能够通过智能手环或手机等设备与场馆互动,实现快速进入、定位和购物等便捷体验。

物联网技术使得亚运村的所有设备实现了互联互通,形成了一个智能、高效的"物联网社区"。通过物联网,运动员可以随时了解健身房、游泳池等设施的使用情况,从而更加合理地安排训练时间。同时,工作人员可以实时监控亚运村的水电供应、环境卫生等状况,确保亚运会的顺利进行。

作为亚运会足球比赛场地的温州体育中心体育场草坪下方装有 18 个传感器,可对草坪根部温度、湿度、酸碱度和氮磷钾含量以及对草坪表面的光照强度、日照时数和太阳辐射进行数据采集,并把数据自动上传到云平台的数据中心进行分析,工作人员可在手机、计算机上直接查看数据和分析结果,实现对草坪的科学养护和智能养护。

6.4　大数据基础

当我们在网上购物时,购物网站总是给我们推荐相关商品以及经常被一起购买的商品。当我们打开手机上的各种 App 浏览信息、观看视频时,也会发现不同人的同一 App 的首页所推荐的内容不尽相同,App 的推荐几乎都是每个人非常感兴趣的内容,似乎这些 App 对我们都非常了解。其实以上这些现象都是大数据推送的结果,现在,人们在日常生活中也经常谈及"大数据"这个词,那么到底什么是大数据,它又如何影响着我们的生活呢? 接下来从大数据的起源、相关概念、典型应用等方面对大数据做一个初步的介绍。

6.4.1　大数据的起源

随着互联网、物联网的广泛应用以及信息技术的不断发展,大数据技术成为近些年发展非常迅速的新兴计算机技术。

"大数据"这个词在 20 世纪 80 年代被提出,《自然》(*Nature*)杂志于 2008 年 9 月以大数据为题推出了封面专栏,大数据进一步进入人们的视野。2009 年以来,大数据成为了互联网科技领域的一个热词。著名的管理咨询公司麦肯锡公司在 2011 年发布了一份关于大数据的研究报告,认为大数据时代已经到来。

大数据的"大",其直接体现就是数据量巨大。而巨量的数据也是大数据技术的基础,因为数据量偏小时,对数据的研究、分析结果就可能会出现比较大的偏差,从而大大降低结果的可信度。所以,大数据技术的发展基础首先是拥有巨量的数据。

进入 21 世纪之后,随着互联网、移动互联网技术的快速发展,以及手机等智能设备的普及,越来越多的人开始使用互联网,并且在互联网上完成越来越多的事情,人们的生活越来越数字化。当人们在网上浏览信息、聊天、购物、发表自己的观点时,相应的数据也就随之产生了。即基于互联网、移动互联网的数字化生活方式催生了大数据和大数据技术。

近几年,随着智慧农业、智慧城市、智能物流等物联网应用系统的广泛建设与应用,数据的产生实现了自动化。这些应用系统中的各种感知设备,如环境监测中的温度传感器、湿度传感器等,智能安防和智能交通的大量摄像头等,都在源源不断的自动地产生大量的数据。数据产生方式的自动化更进一步加快了数据产生的速度。

大量的数据产生之后,只有对数据进行分析研究,才能发现数据所蕴含的价值。对数据进行分析研究,就需要考虑数据的存储、传输以及处理等技术问题。现阶段,运算速度快、存储容量大、传输速度快的高性能计算机与计算机网络,以及快速发展的分布式技术、云计算技术为大数据的存储、传输、处理提供了有效支撑,催生了大数据(处理)技术。

6.4.2　大数据的概念与特征

关于大数据,目前还没有一个统一的定义。一般认为,大数据(bigdata)是指在一定时间内无法用传统数据库软件工具采集、存储、管理和分析其内容的数据集合,具有数据量(volume)大、数据类型(variety)多、处理速度(velocity)快和价值密度(value)低四大特征,简称 4V 特征。

1. 数据量大

大数据的首要特征就是数据量大,以致无法在合理的时间内用传统的技术对数据进行获取、存储和处理。目前,很多应用场景中产生的数据都具有了大数据的特征。例如,微信、微博、各视频平台、各购物网站、遍布大街小巷的摄像头等,都无时无刻不在产生大量数据。大数据的数据量已经达到了 PB、EB、ZB,甚至更大的量级。依据互联网数据中心(IDC)发布的《数据时代 2025》报告,随着 5G、物联网的发展,2010—2021 年数据呈现爆发式增长状态,2020 年全球数据量为 60ZB,2021 年达到 70ZB,预计 2025 年全球数据量将达到 175ZB。

数据存储容量单位的换算关系为 1ZB=1024EB,1EB=1024PB,1PB=1024TB,1TB=1024GB,1GB=1024MB,1MB=1024KB,1KB=1024B。

2. 数据类型多

大数据的数据来源具有多样性,像微信、微博、搜索引擎、网络平台、摄像头等,都是数据的来源,这些不同的来源产生了文本、数值、图像、音频、视频等多种不同类型的数据。如果从数据结构的角度分类这些数据,可以将其分为结构化数据、半结构化数据和非结构化数据。这些形式多样、结构不一的数据也让大数据处理和分析技术面临着新的挑战。

3. 处理速度快

大数据中的数据不仅类型多,而且产生的速度快,所以对其处理的速度也快,以保证处理和分析的时效性。

在这个数字化时代,各种网络平台(购物网站、短视频平台等)、物联网中的各种感知设备,每时每刻都在产生数据,因此数据的产生速度和增长速度都非常快。而且在很多实际应用中,对数据处理结果的时效性要求较高,这就要求大数据处理技术能够快速地处理数据,以满足实际应用的时效性需求,如果数据的处理时间超过时效要求,处理结果也就失去了实用价值。例如,客户提交某次线上购物订单后,如果系统能及时推荐与客户订单相关的物品信息,客户或许会考虑购买所推荐的物品,如果推荐信息超过一定时限,客户可能早已离开该购物网站,推荐也就没有意义了。

4. 价值密度低

由于大数据一般都是原始数据,其价值密度比较低。大数据中蕴含的价值分散在海量的数据中。大数据技术的一项非常重要的工作就是从海量数据中挖掘有价值的信息,这也是大数据技术研发的重点领域。例如,某品牌连锁超市的客户购物数据,可能一天的购物数据所蕴含的价值并不大,但一年的数据中可能蕴含着很多有价值的信息:全年热销商品的档次,一年中各个季度、月度的销售趋势及热销商品,哪些商品经常被一起买走,哪些促销模式更有效,流失了哪些客户及其原因,新增了哪些客户及其特点,等等。这些信息对于下一年度的进货、促销、客户服务等营销策略制定具有很好的指导作用。

6.4.3　大数据与物联网

大数据技术关注的重点是对海量数据的存储、处理和挖掘分析,在海量数据中发现潜在的价值。物联网技术则是实现物物相连,实现任何时间、任何地点,人与物、物与物的互联互通。二者关系密切、相互促进。一方面,物联网感知层中配置的大量的不同类型的传感器等感知设备源源不断产生大量数据,物联网是大数据的重要来源,促进了大数据技术的发展。另一方面,借助于高效能的大数据技术,才能实现对物联网中采集到的大数据的有效存储、分析和处理,才能发挥出物联网的价值,促进物联网的智能化和在更多领域的广泛应用。

6.5　大数据技术

大数据技术是指一系列与处理大数据相关的技术,包括大数据的采集、存储、挖掘分析、可视化显示等。

从大数据处理的整个流程来看,大数据技术主要包括数据的采集和预处理、数据的存储与管理、数据的挖掘分析和数据的可视化显示等。

6.5.1　数据的采集和预处理

数据采集是大数据处理流程的第一个环节,也是非常重要的一个环节。不同来源的数据,可以通过不同的方式采集。例如,可以通过传感器获取检测目标的温度、湿度、烟雾浓度等数据,通过摄像头获取目标场景中的影像数据,通过网络爬虫获取相关网站的数据,等等。

由于采集设备、数据来源可能受到干扰等因素的影响,采集到的原始数据可能存在不准确、不完整、分散、零乱、标准不统一的情况,所以,在存储数据之前需要先对原始数据进行清洗、整合和转换等预处理工作。数据清洗的目的是过滤掉不正确或重复的数据、把不完整的数据补充完整;数据整合和转换则是将分散、零乱的数据进行合并,并对数据进行规范化处理。经过对原始数据的预处理,得到正确、完整、有效的数据,以保证数据挖掘分析结果的可信度。

6.5.2　数据的存储与管理

采集的原始数据经过预处理之后,需要存储到计算机系统中,以便于后续的使用。传统的数据存储和管理技术主要包括文件系统、数据库、数据仓库、并行数据库等。然而,大数据不仅数据量大,而且数据结构复杂,包括结构化数据、半结构化数据和非结构化数据,因此,传统的数据存储和管理技术不能很好地满足大数据的存储和管理需求。

大数据的存储和管理主要采用分布式文件系统和一些新型数据库。

分布式文件系统是一种通过网络实现文件在多台主机上进行分布式存储的文件系统，能够较好地满足大规模数据存储的需求。例如，HDFS(hadoop distributed file system)就是一个用于存储和管理大规模数据集的分布式文件系统，它具有较快的读写速度、很好的容错性和可伸缩性。

新型数据库主要包括 NewSQL 数据库和 NoSQL 数据库。

NewSQL 数据库是对各种新的、可扩展的、高性能的数据库的简称，它们在保持关系数据库特性的基础上，增加了对海量数据的存储管理功能。目前，具有代表性的 NewSQL 数据库包括 Spanner、Clustrix、VoltDB 等。

NoSQL 数据库泛指非关系数据库。NoSQL 数据库中的数据之间没有关系，具有扩展性好、数据结构灵活等特点，能够支持海量数据的存储。目前，具有代表性的 NoSQL 数据库包括 Redis、MongoDB、HBase 等。

6.5.3　数据的挖掘分析

数据准备好之后，就可以进入数据挖掘分析阶段了。数据挖掘分析的目的是通过对海量数据进行深入研究和概括总结，得到有价值的结果，以便服务于人们的生产和生活。这也是大数据技术的中心工作。

在数据挖掘分析阶段，可以使用数据挖掘、机器学习、人工智能、预测分析、统计分析等工具和技术，发现数据中隐藏的、有价值的规律性、趋势性信息或数据之间隐藏的某些关联。例如，通过对网购数据的挖掘分析，可以发现不同客户群体的购买习惯和未来购买意愿，还可以发现哪些商品经常被一起买走，等等。

6.5.4　数据的可视化显示

数据的可视化显示是指以图形的方式来展示数据，通常是处理后的结果数据。数据可视化技术可以把数据以更加直观、生动的形式呈现给用户。由于人眼对颜色、形状等特征的变化非常敏感，所以，将数据进行可视化，可以更直观地表示数据的发展趋势、数据的分布情况、数据之间的关联、数据之间的对比关系等，如图 6.8 所示的历年"双 11"全网成交总额及增长率，可以清晰、直观地表示数据的变化趋势。对数据进行可视化，也可以让用户更加快

图 6.8　历年"双 11"全网成交总额及增长率

速地理解数据、认知数据的动态变化,例如,可视化百度地图实时数据可以让用户直观看到相关路段的拥堵和顺畅情况,以便选择合适的出行路线。

6.5.5 大数据处理框架 Hadoop

Hadoop 是一个开源分布式计算平台,为用户提供分布式基础架构,被公认为行业大数据标准开源软件。Hadoop 的核心是 HDFS 分布式文件系统和 MapReduce 分布式计算框架。HDFS 支持大规模数据的存储,它可以将数据划分为若干块,并将数据存储在多台服务器上。MapReduce 可以将数据分解为多部分进行并行处理,然后再将各部分的处理结果进行合并形成最终结果。在 Hadoop 环境下,程序员可以轻松地编写分布式并行程序,完成大规模数据的存储和计算。

Hadoop 在分布式环境下提供了大规模数据的处理能力,并且具有高效性、高可扩展性、高容错性、成本低等优点。目前 Hadoop 已在多个领域得到广泛应用,如百度、淘宝、腾讯、华为等都在使用 Hadoop。

6.6 大数据应用

最早应用大数据的是著名的管理咨询公司——麦肯锡公司。麦肯锡公司看到各种网络平台上的海量个人信息具有非常大的商业价值,于是投入大量人力、物力进行研究,并于 2011 年发布了一份报告《大数据:创新、竞争和生产力的下一个前沿》,该报告对大数据的影响力、关键技术和应用领域进行了详细分析。

随着大数据技术的发展,大数据也不断地向各个行业进行渗透。大数据已经无处不在,在互联网、生物医学、物流、金融、零售、电信、能源、城市管理、安全、娱乐等各个不同的领域中,都有大数据的应用。

接下来,简单介绍 3 种大数据的典型应用:基于大数据的流行疾病预测、基于大数据的市场营销和基于大数据的电商数据处理。

6.6.1 基于大数据的流行疾病预测

流行病是人类社会长期面临的一个问题,威胁着人们的身体健康和生命安全,尤其是前几年新型冠状病毒感染的爆发,让人们对流行病带来的威胁有了更深刻的切身体验。

流行病一旦爆发,就已经错过了最佳防控时机,往往会给很多人的生命和健康带来威胁,也会给社会带来重大的经济损失。所以,如果能够提前预测流行病的爆发,提早进行防控干预,就可以减少流行病对人类的威胁,并降低经济损失。

在传统的公共卫生管理中,疾控中心会根据下级医疗机构上报的患者数据进行分析,然后发布报告,由于这个从上报数据到数据分析、发布报告的过程比较长,所以,报告发布之时,疾病可能已经呈爆发之势了。

基于大数据的流行疾病预测则是根据互联网上的实时数据对流行疾病的趋势进行预测,所以其预测速度更快,更便于提早实施预防措施。

基于大数据进行流行疾病预测的一个经典案例就是谷歌(Google)公司预测流感趋势。2009 年,谷歌公司发布的冬季流感预测结果与美国疾病控制和预防中心(CDC,简称美国疾控中心)监测结果的相关性高达 97％,如图 6.9 所示。需要注意的是,谷歌公司的预测报告比 CDC 的报告提前了 1～2 周。

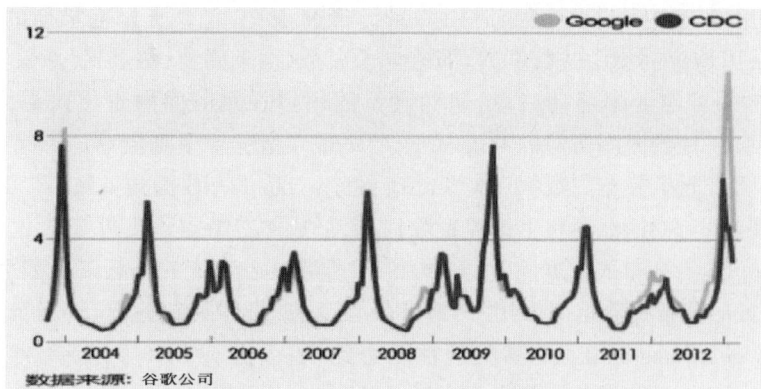

图 6.9　谷歌公司冬季流感预测与美国疾控中心数据对比

我国相关政府部门也在 2010 年开始与百度等互联网科技公司合作,尝试通过对大数据的挖掘分析,实现流行疾病的预警管理。百度疾病预测就是具有代表性的互联网疾病预测服务。它根据流行病发生和传播的规律,以及网民在百度搜索的有关流行病的相关信息,形成预测模型。百度疾病预测除了使用百度搜索数据之外,还使用了微博、百度知道的与疾病相关的数据,进一步提高了预测的准确性。

6.6.2　基于大数据的市场营销

随着生活数字化的普及,企业能够以前所未有的速度收集客户的海量行为数据,如客户的消费习惯、地理位置、消费时间以及社交信息等,企业通过大数据技术对这些海量数据进行分析,预测客户的消费偏好,然后根据预测结果,对客户进行精准的广告投放,为客户提供最能满足其需要的商品、信息或者服务等。

基于大数据的市场营销,一个经典案例是某企业瓶装水的营销。该企业作为国内知名的饮用水生产企业,在 2004—2007 年曾遭遇增长瓶颈,销售额一直维持在 20 亿元人民币左右,但从 2008 年开始,凭借"数据驱动决策"成功实现每年 30％～56％的增长速度,到 2015年,年销售额已经达到 150 亿元人民币。

该企业拥有 7 个生产基地、数十家工厂,150 万家销售门店以及一万多名业务员,在生产、销售、调度、物流、营销等各方面,时刻都产生着大量的数据。以业务员为例,每名业务员每天都要拿着移动终端拜访 15 个销售门店,每家门店拍摄 10 张照片,连同销售数据一起上传到服务器。服务器汇总的海量数据能够用于进行商品的相关性分析。可以分析出包装、价格等商品因素以及性别、年龄等消费者因素对销售的影响。

该企业采用的海量信息实时分析系统使总部能够实时了解到不同地区、不同门店自产瓶装水和竞争对手的销售情况,并能做出预测,及时做出生产、运输、销售等环节的策略调整,以期不断拓展市场。如果没有互联网和计算机技术的支持,很难做到信息的及时上传与实时分析。

6.6.3　基于大数据的电商数据处理

很多人都用的支付宝到 2020 年时用户量已经突破 10 亿。支付宝早期的 IT（信息技术）基础设施采用传统的集中式数据库，随着电子商务（网上购物、网上支付）的快速发展，特别是在"双 11""618"等促销活动时段，遇到大量的用户在短时间内集中购买、集中支付的"潮汐式""爆发式"对数据库访问的冲击，传统的集中式数据库很难应对。为此，蚂蚁集团完全自主研发了国产原生分布式数据库 OceanBase，该产品具有数据强一致、高可用、高性能、在线扩展、高度兼容 SQL 标准和主流关系数据库、低成本等特点。支付宝从 2014 年开始逐渐迁移到 OceanBase 分布式数据库上，到 2017 年所有核心系统的全部流量都由 OceanBase 支撑。OceanBase 分布式数据库采用"三地五中心"城市级容灾新标准，数据量达到 PB 级，2020 年 5 月，OceanBase 的在线事务处理性能达到 7.07 亿 tpmC（每分钟系统处理的新订单个数）。

6.7　小结

物联网是物物相连的互联网，是互联网的延伸和应用拓展。从物联网的功能上来说，物联网应具有信息的全面感知、信息的可靠传输、信息的智能处理、面对不同应用的解决方案等特征。可以将物联网分为感知层、网络层、处理层和应用层。物联网的关键技术主要包括感知识别技术、网络与通信技术、云计算与大数据技术等。物联网不仅包括数据的采集、传输、存储和展示，还包括对采集到的数据的挖掘分析，以及基于分析结果所采取的决策、反馈和控制动作，以实现物联网应用系统的自动化和智能化。物联网的应用十分广泛，已遍及智能交通、智能物流、智能家居、智慧医疗、智能安防、智慧农业等多个领域。

大数据是指在一定时间内无法用传统数据库软件工具采集、存储、管理和分析其内容的数据集合，具有数据量大、数据类型多、处理速度快和价值密度低四大特征。大数据技术是指一系列与处理大数据相关的技术，主要包括数据的采集和预处理、数据的存储与管理、数据的挖掘分析和数据的可视化显示等。Hadoop 软件在分布式环境下提供了处理大数据的能力，其核心是 HDFS 分布式文件系统和 MapReduce 分布式计算框架，具有高效性、高可扩展性、高容错性、成本低等优点。大数据已经广泛应用于互联网、生物医学、物流、金融、零售、电信、能源、城市管理、安全、娱乐等各个不同的领域。

拓展阅读：王选与激光照排

王选（1937—2006，见图 6.10），祖籍江苏无锡，出生于上海市，1958 年在北京大学数学力学系计算数学专业毕业后参加工作。曾任北京大学教授，中国科学院院士，中国工程院院士，2001 年国家最高科学技术奖获得者。

20 世纪 70 年代以前的相当长的时间内，印刷领域广泛使用的是铅字印刷，这和北宋时期毕昇发明的活字印刷没有什么本质的区别，排字工人的工作量非常繁重，排版效率低，印刷质量差，如何利用先进的现代技术改革排版和印刷模式是需要研究解决的重大课题。1975 年，一个偶然的机会，王选听说了国家"汉字信息处理系统工程"研究项目，这个项目于 1974 年 8 月立项，通称"七四八工程"，其中的"汉字精密照排系统"引起了他的浓厚兴趣。

如果将计算机技术引入印刷行业,无疑将引起我国报业、出版印刷业等媒体传播领域一场深刻革命,更将对计算机信息技术在我国的普及应用起到推动作用。

当时日本流行的是光学机械式二代照排机,采用机械方式选字,体积大,功能差;欧美流行的是阴极射线管式三代照排机,对底片灵敏度要求很高,国产底片不容易过关;英国正在研制激光照排四代机,但还没有形成产品。当时国内从事汉字照排系统研究的单位,采用二代机或三代机的模拟存储方法,但由于与西文相比,汉字字形的信息量非常大(英文大小写一共才有 52 个字母,而汉字最少也得使用近 7000 个才能满足最基本的印刷需要),难以解决存储和输出等技术难题。1976 年王选作出了一个大胆的科学决策:采取跨越式发展的技术路线,跨过第二代和第三代照排系统,直接研制第四代激光照排系统。

图 6.10　王选

选择激光照排方案,需要解决汉字字形信息量太大的难题。王选在 1976 年决定使用"轮廓描述方法"描述汉字字形,为保证字形变大变小时的质量,还提出并实现了用"参数描述方法"控制字形变倍和变形时敏感部位的质量,而西方在大约 10 年后的 80 年代中期才开始采用类似技术。这些方法使字形信息量压缩约 500 倍,达到当时世界最高水平。

把汉字字形信息压缩后存入计算机,还必须将其快速还原和输出。当时小型计算机运算速度很慢,如果用软件实现压缩信息的还原,一秒大约只能还原一个汉字。由于王选有多年的硬件实践经验,并懂得微程序,在 1979 年他提出了适合硬件实现的、失真最小的高速还原汉字字形算法,并编写微程序予以实现,使还原速度达到每秒 250 字。后来他又设计出一种加速字形复原的超大规模专用芯片,实现了高速和高保真的汉字字形复原和变倍、变形,使复原速度上升到每秒 710 字,达到当时汉字输出的世界最快速度。

在这些技术创新的基础上,1976—1993 年,王选先后主持设计并实现了六代汉字激光照排控制器,采用双极型微处理器与专用芯片相结合的技术,在计算能力和存储能力较低的计算机系统上完成了页面描述语言的解释处理,使我国的电子出版技术处于世界先进水平,共获得 8 项中国专利,1 项欧洲专利,成为我国第一位欧洲专利获得者。

1991—1994 年,王选率领他的团队不断创新技术,又引发了我国报业和印刷业的三次技术跨越。一是跨过报纸的传真机传版作业方式,直接推广以页面描述语言为基础的远程传版新技术;二是跨过传统的电子分色机阶段,直接研制开放式彩色桌面出版系统;三是规划和组织研制新闻采编流程计算机管理系统,使报社实现网络化生产与管理。这些电子出版新技术的应用,推动和促进了整个印刷行业的技术和设备改造,书刊和新闻出版业呈现空前繁荣。

现在我们都在享受着王选的研究成果,图书、报纸和杂志上的精美图片和文字都是通过激光照排系统印刷上去的。为了纪念王选"自主创新,锲而不舍"的精神,2006 年 10 月,中国计算机学会的"创新奖"正式更名为"王选奖",每年评选一次。

注:国家最高科学技术奖授予下列科学技术工作者:①在当代科学技术前沿取得重大突破或者在科学技术发展中有卓越建树的;②在科学技术创新、科学技术成果转化和高技术产业化中,创造巨大经济效益或者社会效益的。国家最高科学技术奖每年授予人数不超过 2 名。2000 年开始评选国家最高科学技术奖。国家最高科学技术奖奖金设立之初为每

人 500 万元,其中 450 万元由获奖者自主选题,用做科研经费,50 万元属获奖者个人。从 2018 年度的获奖者开始,奖金调整为每人 800 万元,全部由获奖者个人支配。

习题 6

一、填空题

1. RFID 系统主要由_____、_____和_____三部分组成。

2. 常用的短距离通信技术有_____、_____、_____。

3. RFID 系统中,用于发射和接收射频信号的是_____。

4. 物联网的主要特征包括信息的_____、_____、_____、面对不同应用的解决方案等特征。

5. RFID 属于物联网的_____层。

6. 2PB =_____TB,3TB =_____MB。

7. Hadoop 的核心是_____和_____。

8. 大数据的存储和管理主要采用_____文件系统和一些新型数据库。

9. 大数据数据结构复杂,包括_____、_____和_____。

10. 数据预处理包括_____、数据整合和转换等步骤。

二、名词解释

物联网、一维条形码、二维码、大数据、分布式文件系统。

三、简答题

1. 简述物联网的 4 层体系结构。

2. 简述物联网的反馈控制系统。

3. 简述一维条形码和二维码。

4. 简述大数据的概念和特征。

5. 简述大数据的主要应用领域。

思考题 6

1. 如何理解物联网、大数据和人工智能的关系?

2. 如何构建一个无人超市?

下篇：人工智能基础知识

自从 1956 年正式提出"人工智能"（artificial intelligence，AI）术语以来，在近 70 年的发展历程中，人工智能经历了三个快速发展时期和两次低谷，其影响范围逐渐由人工智能学术界向各专业领域拓展。随着 ChatGPT、Sora、DeepSeek 等预训练大模型的出现，人工智能得到政府、高校、科研机构、企事业单位与社会大众的广泛关注与使用。

实现人工智能的方法主要包括推理方法、搜索方法和机器学习/深度学习方法，目前的人工智能主要是在大算力、大数据的支持下基于深度学习方法实现的，广泛应用于计算机视觉、自然语言处理、智能机器人、自动驾驶、AI 大模型等领域，为人们的日常工作与生活带来了极大的方便。

我国高度重视人工智能的发展。2018 年 10 月 31 日，中共中央政治局就人工智能发展现状和趋势举行第九次集体学习。中共中央总书记习近平在主持学习时强调，人工智能是新一轮科技革命和产业变革的重要驱动力量，加快发展新一代人工智能是事关我国能否抓住新一轮科技革命和产业变革机遇的战略问题。要深刻认识加快发展新一代人工智能的重大意义，加强领导，做好规划，明确任务，夯实基础，促进其同经济社会发展深度融合，推动我国新一代人工智能健康发展。国务院颁布实施《新一代人工智能发展规划》，李强总理 2024 年和 2025 年连续两年在《政府工作报告》中部署"人工智能＋"行动。

人工智能作为新一轮产业变革的核心驱动力，将催生新技术、新产品、新产业、新模式，引发经济结构重大变革，深刻改变人类生产生活方式和思维模式，实现社会生产力的整体跃升。人工智能在给经济社会发展带来重大机遇的同时，也会带来新挑战。在大力发展人工智能的同时，必须高度重视可能带来的安全风险挑战，确保人工智能安全、可靠、可控，健康持续发展。

本书下篇介绍人工智能概述、人工智能的实现方法、人工智能应用、人工智能的未来发展等内容。

第7章 人工智能概述

1956 年夏季,时任美国达特茅斯学院数学系助理教授的约翰·麦卡锡(John McCarthy,1927—2011)和时任美国哈佛大学助理研究员的马文·明斯基(Marvin Lee Minsky,1927—2016)在位于美国新罕布什尔州汉诺威镇的达特茅斯学院组织了一个讨论机器智能的小型研讨会,会上第一次正式使用了"人工智能"这一术语,标志着人工智能学科的诞生。经过近 70 年的发展,特别是最近几年的快速发展,催生了一批实用化人工智能系统和产品。例如,人脸识别、语音识别、机器翻译、无人驾驶汽车、快件的自动分拣机器人、聊天机器人、智能导航、机器人律师等,给人们的日常工作和生活带来了很大的便利,极大地促进了经济社会的快速发展。

7.1 人工智能的定义

2016 年,由谷歌公司旗下的 DeepMind 公司基于深度学习模型开发的围棋程序"阿尔法狗"(AlphaGo)以 4∶1 的成绩战胜围棋世界冠军李世石,产生了很大的影响。2017 年 5 月,AlphaGo 的改进版 AlphaGo Master 以 3∶0 击败当时排名世界第一的围棋世界冠军柯洁。2017 年 10 月,新一代围棋程序 AlphaGo Zero 在无任何数据输入的情况下,在自学围棋 40 天后击败了 AlphaGo Master。AlphaGo 与 AlphaGo Zero 的区别在于,AlphaGo 以数百万人类围棋高手的棋谱为训练集来学习提高下棋水平,AlphaGo Zero 没有用到任何人类棋谱,在自我博弈的过程中通过自学的方式提高下棋水平。

"阿尔法狗"多版本围棋程序的发布并战胜人类围棋顶尖高手,使人工智能再次成为热门词汇,高频率出现在网络、电视、广播、报纸等各种媒体上。2022 年以来推出的 ChatGPT、Sora、DeepSeek 等人工智能大模型,以其强大的智能功能,助推人工智能热度不断升高,得到了政府部门、学校、研究机构、公司企业、风险投资商与社会大众的高度关注与广泛使用。

那么,什么是人工智能呢?

人工智能是相对于人的智能来说的,人的智能也称为生物智能。简单说,人从出生就具备一定的智能,并伴随环境交互、实践、学习、思考等行为逐步提升。但要详细解释人的智能是如何产生和发展的,还有许多环节无法解释清楚。关于人的智能还有很多未知领域需要深入研究探索。所以,智能的产生与物质的本质、宇宙的起源、生命的本质一起被列为自然界的四大奥秘。

人工智能,顾名思义,就是以人工方式在计算机上生成的智能,通过计算机软硬件形成的智能,即在合适的计算机硬件的支持下,通过计算机程序实现的智能,所以人工智能也称为机器智能。人工智能有多种定义,下面介绍 3 个比较有代表性的定义。

第一个是达特茅斯会议的组织者之一明斯基给出的定义:人工智能是一门科学,是使机器做那些人需要通过智能来做的事情。这个定义简单明了，主要是强调如果机器能做人需要智能才能做的事情，那么就可以认为机器具有了智能。火车站的人脸识别检票闸机、司法审判智能辅助系统、物流系统的快件自动分拣机器人、在线机器翻译网站、手机上的智能导航 App 等都属于人工智能应用。

第二个是尼尔逊给出的定义：人工智能是关于知识的科学——怎样表示知识以及怎样获取知识并使用知识的科学。尼尔斯·尼尔逊（Nils John Nilsson，1933—2019）曾任美国斯坦福大学人工智能研究中心教授，是人工智能学科的创始研究人员之一，在知识表示、机器人技术等领域有重要贡献。尼尔逊的定义强调的是知识对于智能的作用，知识是智能的重要基础。

第三个是由中国电子技术标准化研究院编写的《人工智能标准化白皮书（2018）》给出的定义：人工智能是利用数字计算机或者数字计算机控制的机器模拟、延伸和扩展人的智能，感知环境、获取知识并使用知识获得最佳结果的理论、方法、技术及应用系统。这个定义强调人工智能是对人的智能的模拟、延伸和扩展，称为类脑智能或类人智能。

人们对于人的大脑如何获取知识是有一定了解的，看书、听讲、与人交流、实践实验等都是获取知识的重要途径，但对于如何表示知识以及如何使用知识还了解得不多。随着人工智能研究的不断深入，脑科学研究近几年也热了起来，脑科学研究的突破有助于人工智能研究的进一步发展。人工智能很大程度上是对人脑智能的模拟、延伸和扩展，只有把人脑的工作机理逐步研究清楚，才能推动人工智能更深入、更全面的研究与发展。

7.2 人工智能的研究目标

人工智能的总体研究目标就是用人工的方法在计算机上实现类似于人所具有的感知、学习、理解、联想、推理、判断等智能，让计算机帮助人完成一些智能性工作。通俗一点说，人工智能的研究目标就是让计算机像人一样，能听、会说、能写、会算、能学习、会理解、善于推理、科学应变。这样，就可以把更多的工作交给计算机去做。

针对不同的研究目标，人工智能可以分为专用人工智能和通用人工智能。

7.2.1 专用人工智能

专用人工智能（domain-specific artificial intelligence）也称为弱人工智能，指专注于且只能解决特定领域问题的人工智能。

截至目前，所有的人工智能应用都属于专用人工智能的范畴。"深蓝"计算机只会下国际象棋，AlphaGo 只会下围棋，机器翻译程序只会完成不同语言间的翻译工作，无人驾驶系统只会实现机动车辆的自动驾驶，人脸识别系统只能完成刷脸支付、刷脸门禁、自动检票等特定领域的工作，即使在医院应用的智能机器人，还要分为导诊机器人、手术机器人、康复照护机器人等。

7.2.2 通用人工智能

通用人工智能（artificial general intelligence，AGI）又称为强人工智能，指可以胜任人类所有工作的人工智能。

目前的人工智能系统可能在某个(领域的)功能上做得非常好,但不能同时具备多方面的功能。例如,一位心内科医生,既会开车上下班,也会上班时作为医学专家为病人诊断心血管疾病并给出治疗方案,还会在业余时间把英文论文翻译为中文、下围棋、打篮球、陪孩子玩耍、炒菜做饭等。类似这样多方面功能的人工智能系统还没有。也就是说,虽然近几年出现了一大批实用化的人工智能系统或产品,但它们只是在某些方面实现了接近或超越人的性能,距离达到一个普通人的综合智能还差很远。

近几年出现的 ChatGPT、DeepSeek 等人工智能大模型,虽然具备问答、生成文稿、编写程序代码等多项功能,但都属于自然语言理解方面的功能,不具备开车、打羽毛球、泡茶倒水等动作类功能。所以人工智能大模型的出现与应用,可以说向着通用人工智能的方向又前进了一步,但离通用人工智能还有很长的距离。

7.3　人工智能研究的不同学派

在几十年的人工智能研究中,研究人员对于如何实现人工智能也有一些不同的认识和实现方法,形成了人工智能研究的 3 个学派,分别是符号主义学派、联结主义学派和行为主义学派。

7.3.1　符号主义学派

符号主义(symbolism)学派认为人的认知基元是符号,而且认知过程即符号操作过程(基于符号的计算、推理、表达等)。该学派认为人是一个物理符号系统,计算机也是一个物理符号系统,因此,能够用计算机来模拟人的智能行为,即用计算机的符号操作来模拟人的认知过程。也就是说,人的思维是可操作的。符号主义学派还认为,知识是构成智能的基础。人工智能的核心问题是知识表示、知识推理和知识运用。赫伯特·西蒙(Herbert A. Simon,1916—2001)和艾伦·纽厄尔(Allen Newell,1927—1992)是符号主义学派的代表人物,两人参加了 1956 年的达特茅斯会议并在会上展示了他们合作开发的能进行定理自动证明的"逻辑理论家"(logic theorist)程序,该程序及其改进版证明了英国著名的哲学家、数学家、逻辑学家伯特兰·罗素(Bertrand Russell,1872—1970)和他的老师阿尔弗雷德·怀特海(Alfred North Whitehead,1861—1947)合著的《数学原理》一书中第 2 章的全部 52 个定理,为此西蒙和纽厄尔共同获得 1975 年度的图灵奖。符号主义学派在定理的自动证明领域有重要影响。符号主义强调的是计算机与人在功能上的相同。

7.3.2　联结主义学派

从医学角度来说,人的大脑就是一个生物神经网络,这个生物神经网络由大约 860 亿个神经元和 150 万亿个神经元之间的连接组成,人的智能就来源于这巨量的神经元和神经元之间的连接。

联结主义(connectionism)学派又称为仿生学派(bionicsism),它认为人的思维基元是神经元,而不是符号处理过程。联结主义学派对物理符号系统假设持反对意见,认为人脑不同于计算机,并提出了联结主义的大脑工作模式,用于取代符号操作的计算机工作模式。主张人工智能应着重于结构模拟,即模拟人的大脑生物神经网络结构,并认为功能、结构和智能行为是密切相关的。不同的结构表现出不同的功能和行为。该学派提出了多种人工神经网络结构和众多的学习算法。联结主义学派强调的是计算机与人脑在结构上的相似或相同。

人工智能领域所说的神经网络是指人工神经网络(artificial neural network,ANN),是模拟生物神经网络在计算机上人工构建的神经网络,从结构上模拟人脑,期望人工神经网络能够产生类似于生物神经网络的智能。

联结主义学派代表性人物有最早提出神经元数学模型(M-P模型)的麦卡洛克和皮茨、给出赫布学习规则的唐纳德·赫布、提出"感知器"模型的罗森布拉特、提出误差反向传播算法的鲁梅哈特、提出卷积神经网络的杨立昆、提出深度学习算法的辛顿等。代表性成果包括围棋程序 AlphaGo、人脸识别系统、语音识别系统、机器翻译系统、人工智能大模型等。

7.3.3　行为主义学派

行为主义(actionism)学派认为智能取决于感知和行动,提出智能行为的"感知—动作"模式。行为主义学派认为智能不需要知识,不需要表示,不需要推理。智能行为只能在现实世界中与周围环境交互作用而表现出来。行为主义学派的代表人物是罗德尼·布鲁克斯(Rodney Brooks,1954—)。在布鲁克斯看来,智能机器人只需要两个步骤就可以实现,即感知和行动,并据此设计了六足行走机器人,机器人感知环境并做出适当的反应。行为主义强调的是对环境的感知和反应。

几十年发展过来,3个学派都有很大的理论和技术进步,但单独的每一个学派都有其局限性,多种技术的融合能够更好地实现人工智能。总体来看,人工智能是基于计算机技术对人的智能的模拟实现,而人的智能的生成与提升是通过实践活动(行为主义)、学习(联结主义)、基于知识的逻辑推理(符号主义)等多个途径实现的,所以要想得到更高水平的人工智能,也需要多种方法的融合。能够战胜人类围棋世界冠军的围棋程序 AlphaGo 就是融合了3个学派的方法与技术:联结主义的深度学习、符号主义的蒙特卡洛树搜索和行为主义的强化学习,这种融合大大提高了围棋程序的智能化程度。

7.4　人工智能的发展历程

虽然人工智能一词1956年才正式使用,但关于机器智能的研究要更早一些。由于人工智能是在机器上实现的智能,所以也称为机器智能。阿兰·图灵(Alan M. Turing,1912—1954)早在1950年就在《心智》(Mind)杂志上发表了题为《计算机器与智能》("Computing Machinery and Intelligence")的论文。在论文中,图灵提出了"机器能思维吗?"这样一个问题,并设计了一种判断机器是否有智能的测试方法,人们称为"图灵测试"(Turing test)。

学术界把1956年达特茅斯会议看作人工智能研究的正式开始,到目前已有近70年的历史,期间经历了2次低谷和3个快速发展时期。

7.4.1　推理期

1956年达特茅斯会议之后,人工智能有一段长达10多年的快速发展期,这一时期的人工智能研究人们称为"推理期"。当时的研究者认为只要能赋予计算机逻辑推理能力,计算机就具有了智能。在达特茅斯研讨会上,西蒙和纽厄尔展示了他们开发的能进行定理自动证明的"逻辑理论家"程序。1958 年,美籍华人数理逻辑学家王浩(1921—1995)在 IBM 704 计算机上证明了伯特兰·罗素和阿尔弗雷德·怀特海合著的《数学原理》一书中的一阶逻辑及命题逻辑定理。1965 年,约翰·鲁滨孙(John Alan Robinson,1930—2016)提出了归结原理,极大地简化了定理证明过程,推动了定理自动证明的突破性进展。除此之外,这一时期人工智能在机器翻译、下棋程序、人机对话等方面也有在当时看来不错的进展,让很多研究者对人工智能发展充满信心,甚至在当时有学者认为:"二十年内,机器将能完成人能做到的一切。"很显然,这一观点过于乐观了。

随着研究的深入,人们逐渐认识到,实现人工智能仅靠逻辑推理能力是远远不够的。到 20 世纪 70 年代中期,人工智能进入第一次发展低谷。当时,人工智能面临的技术瓶颈主要是两方面,一是计算机性能(运算速度、存储容量等)的不足,导致很多程序无法在人工智能领域得到应用;二是数学模型不足以应对实际问题的复杂性,初期的人工智能程序主要是解决复杂性较低的特定问题(俗称玩具问题),可一旦实际问题的复杂度增加,原有程序性能急剧下降,变得不再可用。

7.4.2 知识期

到 20 世纪 80 年代初,人工智能的发展出现转机,迎来称为"知识期"的第二个快速发展阶段,把知识应用于人工智能系统的开发,出现了一大批应用于各领域的专家系统。

专家系统(expert system)是一种智能的计算机程序,它运用知识和推理来解决只有人类专家才能解决的复杂问题。1965 年,爱德华·费根鲍姆(Edward Albert Feigenbaum,1936—)与乔舒亚·莱德伯格(Joshua Lederberg,1925—2008)、翟若适(Carl Djerassi,1923—2015)等人合作开发出世界上第一个专家系统 DENDRAL,该专家系统的输入是质谱仪的数据,输出是给定物质的化学结构。费根鲍姆的专长是机器学习,他是 1994 年度图灵奖获得者。莱德伯格是遗传学家,33 岁获得 1958 年度诺贝尔生理学或医学奖。翟若适是化学家,曾获得美国国家科学奖和国家技术与创新奖。将化学分析知识提炼成规则应用于专家系统,DENDRAL 给出的结果有时比翟若适的学生做的都准。

1980 年,卡内基-梅隆大学为数字设备公司(DEC)设计了一套名为 XCON 的专家系统。这个系统有 1000 多条人工整理的规则(后来扩展到了 3000 多条),可以简单地理解为"知识库+推理机"的组合,其功能是为客户订购 DEC 的 VAX 系列计算机时自动配置零部件,有文献称每年能为公司节省约 4000 万美元。也就是在这一时期,日本、美国等国家组织力量研发基于"知识库+推理机"的智能计算机(也称为第五代计算机)。

由于知识获取、知识表示以及基于知识的推理机制等问题没有得到有效解决,即以人工方式把知识(规则)总结出来存入计算机并教给计算机使用是困难的,专家系统在取得了一定成效后,性能无法进一步提升,到 20 世纪 80 年代末,人工智能再次进入发展的低谷,智能计算机(第五代计算机)的研制也没有达到预期目标,现在使用的计算机仍然属于第四代计算机。

7.4.3 学习期

人工智能的第三个快速发展期开始于 21 世纪初,人工智能进入"学习期",这一时期深度学习模型取得重大突破,得到快速发展并应用于多个领域。

深度学习模型就是有很多层的人工智神经网络，而人工神经网络可以追溯到 1943 年。

1943 年，美国神经心理学家沃伦·麦卡洛克（Warren McCulloch）和数学家沃尔特·皮茨（Walter Pitts）在《数学生物物理》期刊上合作发表了论文《神经活动中内在思想的逻辑计算》，论文的核心内容是用数学模型来描述人脑的神经活动。这是第一篇研究人工神经网络的论文，其中提出的神经元数学模型（M-P 模型）奠定了人工神经网络研究的基础。

神经网络研究的一个重大突破出现在 1957 年，美国康奈尔大学心理学教授弗兰克·罗森布拉特（Frank Rosenblatt）在 M-P 模型的基础上，在一台 IBM 704 计算机上模拟实现了一个他自己称为"感知机"的神经网络模型，这个模型可以完成图片分类等简单的视觉处理任务。感知机模型第一次把神经网络研究从纯理论推向实际应用，主要用于图片分类。

1986 年，大卫·鲁梅哈特（David Rumelhart）、杰佛里·辛顿（Geoffrey Hinton）、罗纳德·威廉姆斯（Ronald Williams）合作发表了题为《通过误差传播学习内部表示》和《通过反向传播误差学习表示》的两篇论文，论文中设计的反向传播（BP）算法系统地解决了多层（一般是几层）神经网络中隐层单元连接权重值的学习问题，并在数学层面上给出了完整的推导。

随着计算机应用的不断深入和拓展，积累的数字化数据越来越多，基于计算机技术自动高效处理图片、语音、文本等信息的需求越来越大，人们尝试用增加神经网络层数的方法来解决这些问题。实际上早在 1965 年，阿列克谢·伊瓦赫年科（Alexey G. Ivakhnenko）就提出了建立多层神经网络的设想，只不过由于计算机性能、用于训练网络的大数据、合适的学习算法等因素的限制，深度学习一直没有具体实现。直到 21 世纪初，在高性能计算机、大数据的支持下出现了有效的深度学习算法，深度学习得以快速发展。

杨立昆（Yann LeCun）在 1989 年提出了卷积神经网络 LeNet，1998 提出了 LeNet 的改进版 LeNet-5，LeNet-5 曾广泛应用于美国银行支票、邮政信件上的手写数字识别。

2006 年，辛顿与合作者给出了训练深度神经网络（一般是几十层或超过 100 层）的有效方法。2012 年，辛顿和他的学生把深度学习方法与卷积神经网络结合，设计出深度卷积神经网络，参加当年国际上著名的 ImageNet 图片分类对抗赛并以遥遥领先的成绩一举夺冠，让研究者看到了深度学习方法的巨大威力，之后各种改进、优化的深度学习方法迅速发展并在多个领域得到实际应用。近几年人们熟悉的人脸识别、语音识别、机器翻译、无人驾驶汽车、智能机器人、人工智能大模型等应用都是基于深度学习实现的。

7.5 人工智能与数字社会

随着以互联网、物联网、大数据、人工智能为代表的现代计算机技术的快速发展和广泛应用，人类正在步入数字化社会、智能化社会，计算机技术、人工智能技术正在广泛深入地支撑着数字社会的发展，智能建造、智能物流、智能交通、智慧农业、智慧能源工程、智慧医疗、智慧司法、智慧教育、数字经济、数字金融等应运而生，各个领域、各个行业都在进行数字化、智慧化建设。本节以智慧医疗、智慧司法、智慧设计、智能物流、自动驾驶汽车为例进行简要介绍。

1. 智慧医疗

人工智能与医学类专业的结合推动了智慧医疗的快速发展。推广应用人工智能治疗新模式新手段,建立快速精准的智慧医疗体系。探索智慧医院建设,开发人机协同的手术机器人、智能诊疗助手,研发柔性可穿戴、生物兼容的生理监测系统,研发人机协同临床智能诊疗方案,实现智能影像识别、病理分型和智能多学科会诊。基于人工智能开展大规模基因组识别、蛋白组学、代谢组学等研究和新药研发,推进医药监管智能化,加强流行病智能监测和防控。

目前已有多款手术机器人进入临床应用。产自美国的达·芬奇手术机器人已经成为世界上领先的微创外科手术系统之一,用于普通外科、泌尿外科、心脏外科、胸外科、妇科等多领域的高难度手术,已有几千家世界各地的医院在使用达·芬奇手术机器人。我国国产手术机器人有"睿米"神经外科手术机器人和"天玑"骨科手术机器人等,"睿米"手术机器人已成功应用于脑出血、帕金森、癫痫等疾病的治疗中,"天玑"手术机器人能够开展脊柱全节段、骨盆骨折、四肢骨折等创伤骨折和骨肿瘤等手术。

在医院得到实际应用的还有人工智能临床辅助决策系统。

早在 2021 年 5 月 24 日,《人民日报》就报道了一个使用临床辅助决策系统的智慧医疗案例。北京市平谷区马坊镇社区卫生服务中心是一家典型的基层医疗机构,日均门诊量300 人左右。虽然基层医院人手紧张,但这里忙而不乱。在人工智能临床辅助决策系统的帮助下,医生可以方便快捷地进行疾病查询、检查查询、用药查询、知识查询等。这套临床辅助决策系统包含了辅助问诊、辅助诊断、治疗方案推荐、相似病历推荐、医嘱质控、病历内涵质控、医学知识查询七大板块,系统通过深度学习海量教材、临床指南、药典及三甲医院优质病历,使多种常见疾病的最优知识库以及专家的经验得以复制、沉淀。这一系统已在平谷区的 18 家基层医疗机构落地,成为 200 多位基层医生的得力助手。

国内开源大模型 DeepSeek V3/R1 发布以来,陆续有医院进行了本地化部署。通过构建自主可控的人工智能基础设施,成功开创"数据不出院、智能本地化"的智慧医疗全新模式,为患者、临床医生、管理人员提供更好的服务与支持。在保证患者隐私安全的基础上,为患者提供人工智能问诊、导诊、化验报告/检查报告详细解读等服务;在与医院现有软件系统深度融合的基础上建立动态知识库,为临床医生提供个性化诊疗方案推荐、自动生成病历、影像诊断分析等支持,大幅度提高诊疗的质量和效率;助力管理人员实现智能运营分析、建立质控体系、优化资源配置,推动管理决策更加科学化、精细化,有效降低管理成本、提高服务水平。

2. 智慧司法

智慧司法就是把人工智能应用于侦查、检察、审判、辩护、法律咨询等司法工作场景。智能审判系统是智慧司法的典型应用。智能审判系统就是建设集审判、人员、数据应用、司法公开和动态监控于一体的智能数据平台,促进人工智能在证据收集、案例分析、法律文件阅读与分析中的应用,实现法院审判体系和审判能力智能化。智能审判系统的主要功能包括证据标准指引、单一证据审查、逮捕条件审查、社会危险性评估、证据链和全案证据审查判断、办案程序合法性审查监督、庭审示证、类案推送、量刑参考、文书生成、电子卷宗移送、全程录音录像等。法官在智能审判系统的辅助下,能够有效提高审判工作的质量与效率。

2019 年 1 月 23 日下午,由时任上海市第二中级人民法院院长担任审判长的 7 人合议庭公开开庭审理一起抢劫案件,并首次运用"上海刑事案件智能辅助办案系统"("206 系统")辅助庭审。"206 系统"包括 26 项功能,主要有证据标准指引、单一证据审查、逮捕条件审查、社会危险性评估、证据链和全案证据审查判断、办案程序合法性审查监督、庭审示证、类案推送、量刑参考、文书生成、电子卷宗移送、全程录音录像、知识索引等。在"206 系统"等项目的基础上,目前已集中建成了大数据平台、研发模型平台、自动运行平台"三大平台"和数助办案、数助监督、数助便民、数助治理、数助政务"五大板块"的体系架构,构建起上海数字法院的技术根基和基础框架。

智慧检务、智能律师、智慧律所等都是人工智能在司法领域的重要应用场景。

3. 智慧设计

艺术设计与人工智能的融合日渐深入,人工智能可以辅助舞蹈家进行舞蹈训练与创作,可以辅助鉴别画作的真伪,可以辅助音乐人创作乐曲。舞美设计、3D 电影、动漫设计更是人工智能技术、多媒体技术、虚拟现实、混合现实的大放光彩之地。

2019 年度的图灵奖授予计算机科学家、皮克斯(Pixar)动画工作室联合创始人艾德·卡特姆(Edwin E. Catmull,1945—)和斯坦福大学计算机图形学实验室教授帕特里克·汉拉汗(Patrick M. Hanrahan,1954—),以表彰他们对 3D 计算机图形学的贡献,以及对电影制作和计算机生成图像等应用的革命性影响。卡特姆和汉拉汗都是传奇动画公司——皮克斯动画工作室的创始成员,他们在图形学领域的开创性工作催生了 3D 动画片《玩具总动员》,并引领 3D 动画片风靡全球。汉拉汗和卡特姆以及皮克斯团队的其他成员一起开发了一种名为 RenderMan 的新的图形系统,包括《阿凡达》《泰坦尼克号》《美女与野兽》《魔戒电影三部曲》《星球大战前传》等多部奥斯卡视觉效果奖提名影片使用了该软件。

2024 年 2 月,美国 OpenAI 公司发布了人工智能文生视频大模型 Sora,该模型可以根据用户的文本提示自动生成最长 60s 的逼真视频,该模型了解这些物体在物理世界中的存在方式,可以深度模拟真实物理世界,能生成具有多个角色、包含特定运动的复杂场景。预期人工智能大模型(特别是视频生成大模型)将会在将来的影视制作中发挥越来越多的作用。

2025 年春节期间上映的我国国产电影《哪吒之魔童闹海》,取得巨大成功,成为我国电影史上的重要里程碑。截至 3 月 9 日,累计票房突破 148 亿元人民币,成为首部进入全球票房榜前六的我国及亚洲电影。《哪吒之魔童闹海》的成功,人工智能技术的应用是一项重要因素。从动画生成到特效制作,从剧本创作到观众喜好预测,人工智能技术贯穿了整个制作流程。

4. 智慧物流

随着互联网、移动互联网、物联网的快速发展和广泛应用,物流的作用日显重要,便捷、高效的网上购物就是在强大的物流系统的支持下完成的。

自 2009 年开始,"双 11"逐渐成为广大网民的"网络购物狂欢节"。2018 年前的"双 11",网购用户差不多要等半个月才能收到全部快递,一时成为网购的一个"痛点"。但是,在快递数量首次突破 10 亿件的 2018 年"双 11",快递运送的速度却出奇地快,基本上只用了三四天就全部到货了。究其原因,是因为有大量的智能机器人参与了网购、物流全流程的服务。自此之后,每年"双 11"的网购快递都能比较快地送达网购用户。

机器人"天巡"接替了数据中心运维人员 30％以上的重复性工作,人工智能调度官"达灵"将数据中心资源利用率提升到 90％以上,大大提高了系统处理用户单订单的速度。

机器人"阿里小蜜"承担了 95％的客服咨询工作,其凭借阿里巴巴公司在大数据、自然语言分析、机器学习等方面的技术积累,精炼为几千万条真实、有趣,并且实用的语料库(此后随着使用动态增加),实现了超越简单人机问答的自然交互,最终成长为客户的私人购物助理。2019 年,"阿里小蜜"获得吴文俊人工智能科学技术奖。

客户下单之后,智慧货仓机器人便会接到相应的指令,机器人会自动前往相应的货架,将货架拉到拣货员面前,由拣货员将客户购买的物品放置在购物箱内,随后进行打包配送。以往一个拣货员一天走六七万步只能拣货 1000 多件,在机器人的帮助下,一个拣货员一天只走两三千步,拣货数量却是原来的 3 倍多,从而大大缩短了发货时间。

人工智能设计师"鹿班"在"双 11"期间要设计几亿张商品海报,"鹿班"一秒可以设计8000 张海报,假设一个人工设计师设计一张海报需要 20 分钟,"鹿班"一秒的设计工作,人工设计师需要 6 个多小时才能完成,而且,"鹿班"还可以连续 24 小时工作。

智能机器人在网购、物流多个环节的应用,大大缩短了用户从下单到收到所购物品的时间。

5. 自动驾驶汽车

自动驾驶汽车(autonomous vehicles)简称自动驾驶或无人驾驶,是一种通过计算机系统自动行驶的智能汽车。自动驾驶汽车依靠人工智能、视觉计算、雷达、监控装置和全球定位系统的协同合作,在没有任何人主动操作的情况下,让计算机自动、安全地操作机动车辆。

经过几十年的发展,自动驾驶汽车已达到实用化水平。

2023 年 9 月 19 日,在北京亦庄经济技术开发区开通了真正的无人驾驶出租车试点收费运营,乘客上车前,车上空无一人。前后排之间有块透明的玻璃板,乘客坐在后排。在后排智能屏幕上会实时显示车辆当前速度、剩余里程、周边车辆及行人信息,遇紧急情况还可点击屏幕上的 SOS 按钮联系行程专员,以保证乘客安全。目前在亦庄范围内,提供全无人自动驾驶出租车服务的是百度萝卜快跑和小马智行两家企业。

到 2024 年 8 月,谷歌母公司 Alphabet 旗下的无人驾驶汽车公司 Waymo 在美国旧金山市的无人车用车量已超过传统的人工驾驶出租车用车量。

为了更好地区分不同层级的自动驾驶技术,国际自动机工程师学会(SAE-International)于 2014 年发布了自动驾驶的 6 级分类体系,2021 年 5 月又发布了更新后的SAE J3016 标准。参照 SAE J3016 标准,我国制定了国家标准《汽车驾驶自动化分级》(GB/T40429—2021),该标准于 2022 年 3 月 1 日起实施。

国家标准 GB/T 40429—2021 规定,在汽车驾驶自动化的 6 个等级之中,0～2 级为驾驶辅助,系统辅助人类执行动态驾驶任务,驾驶主体仍为驾驶员;3～5 级为自动驾驶,系统在设计运行条件下代替人类执行动态驾驶任务,当功能激活时,驾驶主体是系统。0 级为完全的人工驾驶,5 级为完全的自动驾驶,1～4 级由人工为主逐步过渡到以自动为主。

7.6　小结

自 1956 年以来,人工智能经过近 70 年的发展,特别是近十几年的快速发展,催生了一大批实用化的人工智能系统,人脸识别、语音识别、机器翻译、无人驾驶汽车、快件的自动分拣机器人、聊天机器人、智能导航、机器人律师等已经应用于与社会大众工作、生活密切相关的多个领域与行业。

人工智能的总体研究目标就是用人工的方法在计算机上实现类似于人的智能。针对不同的研究目标,人工智能可以分为专用人工智能和通用人工智能。ChatGPT、Sora、DeepSeek等人工智能大模型的出现与应用,向着通用人工智能的方向又前进了一步,但离通用人工智能还有很大的距离。

在人工智能研究的过程中,逐渐形成了符号主义、联结主义和行为主义3个学派,3个学派各有优势,也各有其局限性,3种方法的融合有助于实现更高水平的人工智能。

在人工智能近70年的发展过程中,经历了推理期、知识期和学习期3个快速阶段,近几年包括大模型在内的人工智能的快速发展与应用都是得益于机器学习,特别是深度学习方法的实用化。

随着计算机技术的广泛应用,人类社会正在步入数字化社会。人工智能对数字时代的经济社会发展发挥了重要作用,还将继续发挥更重要的作用。

拓展阅读:图灵与图灵奖

世界上第一台通用电子计算机1946年2月诞生于美国宾夕法尼亚大学莫尔学院。但电子计算机的理论和模型却是始于英国科学家图灵(见图7.1)在1936年发表的论文"On Computable Numbers, with an Application to Entscheidungs problem"。因此,当美国计算机学会在1966年纪念电子计算机(ENIAC)诞生20周年的时候,决定设立计算机界的第一个奖项,命名为"图灵奖"(Turing Award),以纪念这位计算机科学理论的奠基人。

阿兰·图灵(Alan Mathison Turing),1912年6月23日出生于伦敦,上中学时数学特别优秀。1931年中学毕业以后,图灵进入剑桥大学的国王学院(King's College)攻读数学,研究量子力学、概率论和逻辑学。1936年图灵就概率论研究所发表的论文获得史密斯奖(Smith Prize)。

图7.1 阿兰·图灵

1935年,图灵开始对数理逻辑的研究发生兴趣。数理逻辑(mathematical logic)又叫形式逻辑(formal logic)或符号逻辑(symbolic logic),是逻辑学的一个重要分支。数理逻辑用数学方法,也就是用符号和公式、公理的方法去研究人的思维过程、思维规律,其起源可追溯到17世纪德国的大数学家莱布尼茨,其目的是建立一种精确的、普遍的符号语言,并寻求一种推理演算,以便用演算去解决人如何推理的问题。在莱布尼茨的思想中,数理逻辑、数学和计算机三者均出于一个统一的目的,即人的思维过程的演算化、计算机化,以致在计算机上实现。但莱布尼茨的这些思想和概念还比较模糊,不太清晰和明朗。两个多世纪以来,许多数学家和逻辑学家沿着莱布尼茨的思路进行了大量实质性的工作,使数理逻辑逐步完善和发展起来,许多概念开始明朗起来。但是,"计算机"到底是怎样一种机器?应该由哪些部分组成?如何进行计算和工作?在图灵之前没有任何人清楚地说明过。正是图灵1936年发表的那篇论文第一次回答了这些问题,提出了一种理想的计算机器的抽象模型,后人称作"图灵机"(Turing machine)。图灵机的提出奠定了现代计算机的理论基础,也奠定了图灵在计算机发展史上的重要地位。

第二次世界大战的爆发,打乱了图灵的研究计划。像许多同时代的科学家一样,图灵进入英国外交部下属的一个绝密机构中工作,主要任务是为军方破译密码。图灵的工作非常出色,曾研制出一台破译密码的机器,破译了德军的很多密码,为战胜德国法西斯做出重大贡献。为此,1945 年图灵退役时被授予荣誉奖章。战争结束后,图灵去了英国国家物理实验室(National Physical Laboratory,NPL)开始了研制电子计算机的工作。

图灵的另一个重大贡献是他在 1950 年发表的论文《计算机器与智能》("Computing Machinery and Intelligence")。在论文中,图灵提出了"机器能思维吗?"这样一个问题,并给出了测试机器是否有智能的方法,人们称为"图灵测试"(Turing test)。图灵预言,到 2000 年,计算机能够通过这种测试。2014 年,英国雷丁大学宣称,其研制的聊天机器人尤金·古斯曼是第一个通过图灵测试的系统,但还没有得到普遍的认可。

由于图灵在计算机科学理论与实践上的奠基性贡献,1951 年当选为英国皇家学会院士。令人十分惋惜的是,1954 年 6 月 7 日科学奇才图灵在不满 42 周岁时去世,实在是计算机界的一个重大损失。人们为纪念这位计算机科学理论的重要奠基人,2001 年 6 月 23 日,在英国曼彻斯特的 Sackville 公园竖立了一尊和真人一样大小的青铜坐像,铜像是在有悠久铸造历史的中国铸造的。

1966 年是世界上第一台通用电子数字计算机(ENIAC)诞生 20 周年,美国计算机学会(ACM)在这一年设立了图灵奖,专门奖励那些在计算机科学领域的学术研究中做出创造性贡献,对推动计算机科学技术发展具有持久作用的杰出科学家。图灵奖一般每年只奖励一名计算机科学家,只有少数年度有两人或三人共享此奖(在同一研究方向有重大贡献)。图灵奖是目前计算机界最崇高的荣誉,有"计算领域的诺贝尔奖"(Nobel prize in computing)之称。目前的图灵奖由 Google 公司资助,每年的奖金为 100 万美元。

也许是图灵偏重于计算机科学理论的研究,图灵奖偏重于在计算机科学理论与软件方面做出重大贡献的科学家。1966—2024 年的 59 届图灵奖,共计有 79 名科学家获此殊荣。在这 79 名获奖者中,除少数几位科学家是偏重于在计算机的研制及体系结构设计上的贡献而获奖外,其他绝大部分学者都是因为在理论研究和软件研发上的突出贡献而获奖。

79 位获奖者的简要情况介绍如下。

1966 年,艾伦·佩利(Alan J. Perlis),发明 ALGOL 语言的关键人物。作为第一届图灵奖的唯一获得者,佩利在 ALGOL 语言的形成与完善及编译器的构建上发挥了关键作用。ALGOL 语言在我国曾得到广泛学习和使用,第一个面向对象语言 Simula 和风行一时的结构化程序设计语言 Pascal 都是在 ALGOL 语言的基础上发展而来的。

1967 年,莫里斯·威尔克斯(Maurice V. Wilkes),研制出世界上第一台存储程序式计算机的英国科学家。虽然 ENIAC 是世界上第一台通用电子计算机,但 ENIAC 不具备存储程序的能力,威尔克斯于 1949 年研制成功的 EDSAC 是世界上第一台存储程序式电子计算机。

1968 年,理查德·汉明(Richard W. Hamming),纠错码的发明人。网络中计算机之间的通信也好,计算机内部各部件之间的数据传输也好,都存在由于各种原因造成的数据传输错误问题。汉明设计了一种编码方法(汉明码),能够发现数据传输过程中的错误并加以纠正。汉明码对通信领域和计算机领域都是非常重要的。

1969年，马文·明斯基（Marvin L. Minsky），人工智能之父和框架理论的创立者。1956年和麦卡锡等人发起召开了关于用机器模拟人类智能的"达特茅斯会议"，会上首次提出了人工智能概念。明斯基提出的框架理论用于知识表示，在人工智能领域具有重要影响。

1970年，詹姆斯·威尔金森（James H. Wilkinson），数值分析领域杰出的英国科学家。把复杂的科学计算（求解方程与函数计算等）用数学方法转换成通过编写程序让计算机能直接完成的一系列算术运算，就是数值分析要完成的工作。威尔金森的研究工作有助于高速计算机在数值计算领域的应用。

1971年，约翰·麦卡锡（John McCarthy），人工智能概念的创立者和LISP语言的发明人。1956年和明斯基等人发起召开了关于用机器模拟人类智能的"达特茅斯会议"，会上麦卡锡首次提出了人工智能概念。麦卡锡还发明了在人工智能领域得到广泛应用的LISP语言。

1972年，埃德斯加·迪杰斯特拉（Edsgar W. Dijkstra），最先察觉"goto有害"的荷兰计算机科学家。现在的程序员都知道，程序设计语言中的goto语句既方便实现程序中的转移，也容易导致程序的混乱。最先觉察"goto有害"的是迪杰斯特拉，并创立了结构化程序设计思想，为后来人们开发高质量的大型软件奠定了基础。迪杰斯特拉在算法设计和操作系统等领域有着重大贡献。

1973年，查尔斯·巴赫曼（Charles W. Bachman），网状数据库技术与标准的创立者。虽然现在人们使用的都是关系数据库，但最早的数据库产品是层次数据库和网状数据库，网状数据库的设计方案和技术标准对后来数据库技术的发展有重要影响。

1974年，唐纳德·克努特（Donald E. Knuth），经典巨著《计算机程序设计艺术》的作者。《计算机程序设计艺术》（*The Art of Computer Programming*）计划出7卷，到现在已出版了3卷，第4卷也以分册的形式在陆续出版。我国出版有中译本，对于计算机专业人员，特别是算法设计人员和软件工程师具有非常重要的参考价值。

1975年，赫伯特·西蒙（Herbert A. Simon）、艾伦·纽厄尔（Allen Newell），人工智能符号主义学派的创始人。西蒙是纽厄尔的老师，两人合作研究长达42年。两人与他人合作成功开发了世界上最早的启发式程序"逻辑理论家"，用该程序及其改进版本证明了《数学原理》第二章的全部52个定理。

1976年，迈克尔·拉宾（Michael O. Rabin）、达纳·斯科特（Dana S. Scott），非确定自动机理论的创立者。自动机理论在编译程序开发、机器翻译和文献检索等应用中具有重要作用。拉宾是以色列计算机科学家。

1977年，约翰·巴克斯（John W. Backus），FORTRAN语言和巴克斯范式的发明人。FORTRAN语言非常适合编写科学计算程序，至今仍在科学计算领域得到广泛应用。巴克斯范式（BNF）是一种规范的标记工具，用于形式化描述上下文无关的程序设计语言，在编译程序的开发中有重要作用。

1978年，罗伯特·弗洛伊德（Robert W. Floyd），对设计高效可靠软件有重要贡献的科学家。弗洛伊德在语法分析理论、程序设计语言语义学、自动程序验证、自动程序合成和算法分析等领域也做出了重要贡献。

1979年，肯尼思·艾弗森（Kenneth E. Iverson），发明了APL的加拿大计算机科学家。

APL 曾经在科学计算、统计分析、财会等领域得到应用，并对后来程序设计语言的发明与改进有重要影响。

1980 年，查尔斯·霍尔(Charles A. R. Hoare)，在程序设计语言的定义和设计上做出杰出贡献的英国计算机科学家。在数据结构课程中将会学到霍尔设计的快速排序算法——Quicksort，在程序设计课程中将会看到霍尔发明的多条件选择语句——CASE 语句的使用。

1981 年，埃德加·科德(Edgar F. Codd)，关系数据库理论的创立者。虽然数据库技术及产品始于层次数据库和网状数据库，但科德的关系模型及关系数据库理论出现之后，数据库技术和产品才得以快速发展和广泛普及，现在人们使用的数据库管理系统都是关系型的，关系数据库在信息管理领域发挥了非常重要的作用。

1982 年，斯蒂芬·库克(Stephen A. Cook)，NP 完全性理论的奠基人。库克在计算复杂性理论，特别是在 NP 完全性理论研究上有重大贡献，这一领域仍有许多问题需要研究解决。库克获奖时是加拿大多伦多大学教授。

1983 年，肯尼思·汤普森(Kenneth L. Thompson)、丹尼斯·里奇(Dennis M. Ritchie)，发明 C 语言和开发 UNIX 操作系统的关键人物。C 及 C++是目前应用最为广泛的程序设计语言，UNIX 是最流行的操作系统之一。两人因在通用操作系统理论，特别是在实现 UNIX 操作系统上的贡献而获得图灵奖。

1984 年，尼克莱斯·沃思(Niklaus Wirth)，发明了 Pascal 语言的瑞士计算机科学家。Pascal 语言是一种优秀的结构化程序设计语言，按照 Pascal 语法规则编写的程序具有良好的结构，Pascal 语言能够培养编程人员良好的程序设计风格，在 C 语言出现之前，曾得到广泛学习和应用。

1985 年，理查德·卡普(Richard M. Karp)，算法理论大师。卡普在算法理论，特别是 NP 完全性理论上有重要贡献。卡普的研究工作对于解决"组合爆炸"问题有很好的效果，能有效降低问题的复杂性。

1986 年，约翰·霍普克罗夫特(John E. Hopcroft)、罗伯特·陶尔扬(Robert E. Tarjan)，算法设计与分析领域的开拓者。两人在数据结构和算法分析与设计领域取得了奠基性的成就，提出了在图论研究中有重要影响的深度优先搜索算法。

1987 年，约翰·科克(John Cocke)，RISC 体系结构的奠基人。科克在计算机体系结构和优化编译器设计上有重要贡献。精简指令集计算机(reduced instruction set computer, RISC)已成为最重要的一种计算机体系结构。

1988 年，伊万·萨瑟兰(Ivan E. Sutherland)，计算机图形学发展的重要推动者。萨瑟兰在读博士期间研发的三维交互式图形系统 Sketchpad，极大地促进了计算机图形学的发展，Sketchpad 也被称为图形用户接口的先驱。计算机辅助设计(CAD)、虚拟现实和动画制作等都是计算机图形学的用武之地。

1989 年，威廉·卡亨(William M. Kahan)，对浮点计算有重要贡献的加拿大计算机科学家。正是卡亨在浮点计算部件的设计和浮点计算标准的制定上的卓有成效的工作，才使计算机能够进行真正意义上的浮点计算。

1990 年，费尔南多·考巴脱(Fernando J. Corbato)，分时操作系统开发的组织者。考巴脱主持了分时操作系统 CTSS 和 MULTICS 的开发，分时操作系统能够使多个用户共享使用同一台计算机,能够有效提高计算机的使用效率和效益。

1991 年,罗宾·米尔纳(Robin Milner),在计算机科学的多个领域有重要贡献的英国科学家。米尔纳在定理证明、程序验证、并发计算和通信系统演算等多个领域有开创性的研究工作。

1992 年,巴特勒·兰普森(Bulter W. Lampson),研制个人计算机系统的先驱。兰普森主持了 Alto 系统的研制,1973 年诞生的 Alto 系统配置有全屏显示器、三按钮鼠标和图形用户界面,被认为是第一台事实上的个人计算机。

1993 年,尤里斯·哈特马尼斯(Juris Hartmanis)、理查德·斯特恩斯(Richard E. Stearns),计算复杂性理论的主要创立者。两人在前人研究工作基础上的创新性工作,建立了比较完整的计算机复杂性理论体系。

1994 年,爱德华·费根鲍姆(Edward A. Feigenbaum)、拉吉·瑞迪(Raj Reddy),设计和构建大型人工智能系统的先驱。两人分别开发的大型人工智能系统,展示了人工智能技术重要的实用价值和潜在的商业影响,极大地推动了人工智能理论和实践的发展。

1995 年,曼纽尔·布卢姆(Manuel Blum),计算复杂性理论的主要创立者之一。布卢姆的主要贡献是计算复杂性理论的基础研究以及计算复杂性理论在密码学和程序检测中的应用。

1996 年,阿米尔·伯努利(Amir Pnueli),以色列著名计算机科学家。伯努利把时态逻辑引入计算机科学进行程序和系统的验证,为软件工程的发展做出了重要贡献。

1997 年,道格拉斯·恩格尔巴特(Douglas Engelbart),鼠标器的发明人和超文本研究的先驱。鼠标器的发明和图形界面软件的诞生,使人们对计算机的交互式操作变得非常简单和方便,设想一下,如果没有鼠标,将如何进行上网操作。

1998 年,詹姆斯·格雷(James Gray),数据库领域事务处理研究和技术实现的开创者。事务处理理论的提出和技术实现有效地解决了大型数据库的安全性、完整性、并发控制和数据恢复等重大问题,保证了多用户对大型数据库的共享使用。

1999 年,弗雷德里克·布鲁克斯(Frederick P. Brooks),研制 IBM 360 系列计算机和开发 OS/360 操作系统的负责人。IBM 360 系列计算机是第三代计算机的杰出代表,在计算机发展史上具有重要地位,实现了计算机生产的通用化、系列化和标准化。

2000 年,姚期智(Yao Chi-Chih),计算理论领域的杰出科学家。姚期智是第一位获得图灵奖的美籍华人,在计算理论领域(包括基于复杂性的伪随机数生成理论、密码学和通信复杂性等)做出了根本性的贡献。姚期智教授现任清华大学人工智能学院院长。

2001 年,奥利·约翰·戴尔(Ole-Johan J. Dahl)、克利斯登·奈加特(Kristen Nygaard,1926—2002),发明了面向对象程序设计语言 Simula 的挪威计算机科学家。两人在开发面向对象程序设计语言 Simula Ⅰ 和 Simula 67 时,首次提出的对象、类、子类、继承等概念,对后来面向对象语言的发展有重要影响。

2002 年,罗纳德·利维斯特(Ronald L. Rivest)、阿迪·沙米尔(Adi Shamir)、伦纳德·阿德勒曼(Leonard M. Adleman),公共密匙算法 RSA 的发明人。在 RSA(Rivest-Shamir-Adleman)算法中,加密密钥和加密算法公开,需要保密的是解密密钥,而通过加密密钥去破解解密密钥是非常困难的。RSA 算法在信息安全领域得到了广泛应用。

2003 年,艾伦·凯(Alan Kay),面向对象程序设计思想的创立者之一,是发明面向对象的程序设计语言 Smalltalk 的关键人物。

2004 年，文登·塞夫(Vinton Cerf)、罗伯特·卡恩(Robert E. Kahn)，互联网通信协议 TCP/IP 的发明人。正是有了 TCP/IP，才有了互联网的快速发展，使互联网应用成为目前最为普及的计算机应用领域，广泛应用于人们的工作、学习、生活和娱乐中。

2005 年，彼得·诺尔(Peter Naur)，改进了巴克斯范式和 ALGOL 语言的丹麦计算机科学家。诺尔的主要贡献是，在改进 ALGOL 58 的基础上形成了 ALGOL 60；改进和完善了巴克斯范式，称为巴克斯-诺尔范式。

2006 年，弗朗西丝·艾伦(Frances E. Allen)，编译器优化领域理论与实践的开创者。弗朗西丝·艾伦是第一位获得图灵奖的女科学家，她的成就主要包括编译器的基本原理、代码优化和并行编译等，她不仅提出了许多优化理论和算法，而且还在实际的编译系统中实现了这些优化算法。

2007 年，爱德蒙·克拉克(Edmund M. Clarke)、艾伦·爱默生(Allen Emerson)、约瑟夫·斯发基斯(Joseph Sifakis)，模型检测的开创者。三人的创造性工作将模型检测发展为软硬件中广泛采用的自动验证技术，是一套用于验证软硬件设计的规范化的方法。Intel 研究中心一位副总裁的评价是：Intel 和整个计算机工业都从他们的贡献中直接获益。

2008 年，芭芭拉·利斯科夫(Barbara Liskov)，程序设计语言领域的创新者。芭芭拉·利斯科夫是美国的第一位计算机科学女博士，第二位获得图灵奖的女科学家。她的创新性工作为目前流行的面向对象语言(C++、Java、C♯等)奠定了重要基础。

2009 年，查尔斯·萨克尔(Charles Thacker)，第一款现代 PC 的设计、制造者。萨克尔被誉为现代 PC 之父，1974 年发明了第一台现代个人计算机 Alto，为 PC 产业奠定了基础。

2010 年，莱斯利·瓦伦特(Leslie Valiant)，对众多计算理论做出变革性贡献。瓦伦特的主要贡献之一是 PAC 模型(probably approximately correct，概率近似正确)，该模型可有效解决信息分类问题，对机器学习、人工智能等领域都产生了重要影响。

2011 年，朱迪亚·珀尔(Judea Pearl)，通过概率论和因果推理在人工智能领域做出根本性贡献。珀尔是最早将贝叶斯网络和概率方法引入人工智能的先锋之一，也是在经验科学中数学化因果模型的先锋。他的研究为语音识别和无人驾驶汽车奠定了基础。

2012 年，莎菲·歌德瓦尔赛(Shafi Goldwasser)、希尔维奥·米卡利(Silvio Micali)，在密码学和复杂理论领域做出开创性工作。两位教授开创了可证明安全性领域的先河，奠定了现代密码学理论的数学基础，其研究成果广泛应用于通信协议、网上交易和云计算等领域。

2013 年，莱斯利·兰伯特(Leslie Lamport)，在提升计算机系统的可靠性及稳定性方面做出杰出贡献。

2014 年，迈克尔·斯通布雷克(Michael Stonebraker)，对现代数据库系统底层的概念与实践做出基础性贡献。

2015 年，惠特菲尔德·迪菲(Whitfield Diffie)、马丁·赫尔曼(Martin Hellman)，非对称加密的创始人。

2016 年，蒂姆·伯纳斯·李(Tim Berners-Lee)，万维网的发明人。

2017 年，约翰·轩尼诗(John Hennessy)、大卫·帕特森(David Patterson)，开创了一

种系统的、定量的方法来设计和评价计算机体系结构,并对 RISC 微处理器行业产生了持久的影响。

2018 年,约书亚·本吉奥(Yoshua Bengio)、杰弗里·辛顿(Geoffrey Hinton)、杨立昆(Yann LeCun),三位科学家被称为"深度学习三巨头",三位科学家在概念和工程方面的突破性工作使深度神经网络成为计算的一个关键组成部分。近年来,深度学习技术在计算机视觉、语音识别、自然语言处理和机器人等人工智能应用领域取得了重大突破。

2019 年,帕特里克·汉拉汗(Patrick Hanrahan)、艾德·卡特姆(Edwin Earl Catmull),对 3D 计算机图形学做出重大贡献,这些技术对电影制作和计算机生成图像产生了革命性影响,为 3D 动画电影铺平了道路。

2020 年,阿尔佛雷德·艾侯(Alfred Aho)、杰弗里·乌尔曼(Jeffrey Ullman),两人在编程语言实现领域的基础算法和理论方面做出重大贡献,两位教授还合著多本经典教材,深刻影响了数代计算机科学家和众多的程序员。

2021 年,杰克·唐加拉(Jack J. Dongarra),对数值算法和工具库做出开创性贡献,使得高性能计算软件能够跟上几十年来硬件性能的指数级改进。

2022 年,鲍勃·梅特卡夫(Bob Metcalfe),以太网的发明人,对以太网的发明、标准化和商业化做出重大贡献,以太网是互联网的基础。

2023 年,阿维·威格德森(Avi Wigderson),在计算理论领域做出了基础性贡献,包括重塑了人们对计算中随机性的理解以及他在理论计算机科学领域几十年来发挥的主导作用。

2024 年,理查德·萨顿(Richard Sutton)、安德鲁·巴托(Andrew Barto),二人对强化学习做出了开创性贡献,萨顿被誉为强化学习之父,巴托是萨顿的博士导师,二人合著有《强化学习导论》(*Reinforcement Learning:An Introduction*),是强化学习领域的奠基之作。

习题 7

一、填空题

1. 人工智能(AI)这一术语在_____年的_____会议上被正式使用。

2. 针对不同的研究目标,人工智能可以分为_____和_____。

3. 人工智能研究的 3 个学派分别是_____、_____和_____。

4. 人工智能的 3 个快速发展时期分别称为_____、_____和_____。

5. 我国制定的国家标准《汽车驾驶自动化分级》(GB/T 40429—2021)中,汽车自动驾驶分为_____级,_____级为完全的人工驾驶,_____级为完全的自动驾驶。

二、名词解释

人工智能、强人工智能、弱人工智能、专家系统、自动驾驶汽车。

三、简答题

1. 对比说明人工智能的 3 个学派。

2. 对比说明人工智能的 3 个快速发展时期。

思考题 7

1. 如何理解人工智能发展与数字社会的关系？
2. 结合自己的职业规划，思考人工智能应用带来的机遇与挑战。

第8章 人工智能的实现方法

人工智能也称为机器智能,就是用人工方式在计算机上实现类似于人的智能。从宏观层面看,人的智能体现在经验方法、逻辑推理、学习等多方面。遇到要解决的问题,首先,思考(搜索)大脑中记忆(积累)的经验方法是否可用,然后考虑用逻辑推理的方法解决,如果解决不了或解决不好,还可以向书本和有经验的人讨教学习。当然,几种方法也可以综合使用,实际上人们解决问题时往往是多种方法的集成应用。例如,开车自驾游需要做哪些准备工作?第一根据自己大脑中记忆的以往的旅游、出行经验做准备;第二,查看旅游目的地近期天气预报、路况等信息并进行思考(推理),可能的下雨、下雪、道路拥堵带来的影响,并进一步细化、优化准备工作;第三,如果对自己的准备工作信心不足,还可以查阅书籍、网页,向人工智能大模型提问,向有经验的朋友讨教,以进一步完善自己的准备工作。基于以上3个步骤,可以为旅游出行做好准备。简而言之,经过搜索(记忆)、逻辑推理、学习这样一个过程就可以找到出游准备问题的解,人们很多问题的解决和这个过程类似。

和人们解决问题时使用的主要方法对应,本章只简要介绍三类实现人工智能的方法:逻辑推理、搜索和机器学习/深度学习。

8.1 知识表示与推理

8.1.1 知识表示方法

在人类漫长的发展进程中,知识是不断累积的。在已有知识的基础上,新知识不断地被创造出来,并以适当的方式表示,供人们学习使用、解决问题。文字、数学公式、定理及其证明过程、物理实验流程、化学方程式、程序代码、绘画、音乐等都是知识的表示形式,一代一代的人学习前人创造的知识,解决新问题,创造新知识。

知识是智能的重要基础,就我们每个人而言,大学一年级时要比小学一年级时智能水平高,其中一个主要因素是理解、掌握了更多的知识,这也是我们上学读书的目的。

尼尔斯·尼尔逊给人工智能的定义:"人工智能是关于知识的科学——怎样表示知识以及怎样获得知识并使用知识的科学。"理解、掌握的知识多了,并在此基础上灵活运用知识,就能具有更好的智能。掌握了一定的历史知识,就不会闹出"关公战秦琼"的笑话,因为关公和秦琼不是同一个朝代的人。掌握了一些数学知识,就会完成日常计算、求解方程、证明数学定理等任务。掌握了一些成语、典故、诗词,有助于写出好文章。掌握了 Office 软件的使用知识,就能做好排版、制作 PPT、表格数据计算分析等工作。虽然,我们还不大清楚知识在大脑中的存储形式以及灵活应用所学知识的机制,但大体思路是这样的:通过多种形式学到的知识存储(记忆)在大脑中,遇到需要解决的问题时,调用大脑中存储(记忆)的知识给出解决方案(答案),有时需要融入新经验、新知识。

如果让计算机具有类似于人的智能,即在计算机上实现人工智能,也需要让计算机以某种方式"掌握"知识,这就需要解决知识获取、知识存储(知识表示)、知识使用等问题。这里的知识获取比较简单,使用事实性知识或存在于书籍、网络上的知识即可。知识表示方式影响着知识的使用方式。

代表性的知识表示方法有产生式表示法、框架理论、命题逻辑、谓词逻辑、知识图谱等,其中的框架理论是由 1956 年达特茅斯会议的主要组织者之一的明斯基提出的,曾得到较广泛的使用,对人工智能的发展发挥了重要作用,明斯基获得 1969 年度的图灵奖。本节重点介绍目前常用的命题逻辑、谓词逻辑、知识图谱等知识表示方法。

8.1.2　命题逻辑与谓词逻辑

命题逻辑与谓词逻辑都可以用于表示知识,还可以基于命题逻辑和谓词逻辑的知识表示进行推理。

1. 命题逻辑

命题:一个能确定为真或假的陈述句称为命题。

如下句子是命题:

南开大学在天津。　　　　(陈述句,且能确定为真)

19 是素数。　　　　　　 (陈述句,且能确定为真)

3 和 7 的乘积是 28。　　　(陈述句,且能确定为假)

如下句子不是命题:

请你离开这里。　　　　　(祈使句,不是陈述句)

今年冬天好冷啊!　　　　(感叹句,不是陈述句)

叔叔比侄子年龄大。　　　(虽是陈述句,但无法判断其真假,可以为真,也可以为假)

原子命题:不包含其他命题作为其组成部分的命题称为原子命题,也称简单命题。

复合命题:包含其他命题作为其组成部分的命题称为复合命题。

可以通过命题联结词对已有命题进行组合得到复合命题,5 种主要的命题联结词如表 8.1 所示。

表 8.1　5 种主要的命题联结词

命题联结词	表示形式	联结功能
∧(与)	$p \wedge q$	合取,p 且 q
∨(或)	$p \vee q$	析取,p 或 q
¬(非)	$\neg p$	否定,非 p
→(条件)	$p \rightarrow q$	蕴含,如果 p 则 q
↔(双向条件)	$p \leftrightarrow q$	双向蕴含,p 当且仅当 q

如下句子是复合命题:

15 能被 3 整除,且能被 5 整除。

如果明天下雨,那么明天就坐高铁去北京。

由于小花是小明的姐姐,所以小花比小明大。

命题是一种逻辑表示方式。定义了逻辑关系后,可以基于逻辑关系进行推理。逻辑推理是从前提推出结论的过程。用符号⇒表示一步推理过程,⇒的左侧表示推理的前提,⇒的右侧表示推理的结论。

【例 8.1】 基于命题逻辑的推理示例。

包括小明和小亮在内的几个同学准备周末去北京旅游,如果已知事实如下:

如果小明会开车,就开车去北京旅游;

如果小亮会开车,就开车去北京旅游;

小明和小亮至少其中一人会开车。

那么,我们就能推理出结论:几个同学开车去北京旅游是确定的。

基于命题逻辑的推理可通过如下步骤完成:

(1) 先把相关事实表示为原子命题形式:

α:小明会开车。

β:小亮会开车。

γ:开车去北京旅游。

(2) 再把相关事实表示为复合命题形式:

$\alpha \rightarrow \gamma$　　　　　　(如果小明会开车,就开车去北京旅游)

$\beta \rightarrow \gamma$　　　　　　(如果小亮会开车,就开车去北京旅游)

$\alpha \vee \beta$　　　　　　(小明和小亮至少其中一人会开车)

(3) 基于命题逻辑进行推理:

$(\alpha \rightarrow \gamma) \wedge (\beta \rightarrow \gamma) \wedge (\alpha \vee \beta)$　　　　　(已知条件)

$\Rightarrow (\neg \alpha \vee \gamma) \wedge (\neg \beta \vee \gamma) \wedge (\alpha \vee \beta)$　　　　　$(\alpha \rightarrow \gamma \equiv \neg \alpha \vee \gamma)$

$\Rightarrow ((\neg \alpha \wedge \neg \beta) \vee \gamma) \wedge (\alpha \vee \beta)$　　　　　$((\neg \alpha \vee \gamma) \wedge (\neg \beta \vee \gamma) \equiv (\neg \alpha \wedge \neg \beta) \vee \gamma)$

$\Rightarrow (\neg (\alpha \vee \beta) \vee \gamma) \wedge (\alpha \vee \beta)$　　　　　$((\neg \alpha \wedge \neg \beta) \vee \gamma \equiv \neg (\alpha \vee \beta) \vee \gamma)$

$\Rightarrow \gamma$　　　　　　(消解,$(p \vee q) \wedge \neg p \Rightarrow q$)

其中,$\equiv$ 是等价符号。

2. 谓词逻辑

命题逻辑虽然能进行知识表示及相应的推理,但命题逻辑的表示能力有限,无法表达丰富的语义,进而影响到基于其上的推理能力。谓词逻辑具有更强的表达能力和推理能力,能够表达局部与整体、一般与个别等关系。

个体:研究领域中可以独立存在的具体或抽象的概念称为个体。

谓词:用来刻画个体属性或者描述个体之间关系存在性的元素称为谓词,其值为真或假。

一元谓词:包含一个参数的谓词称为一元谓词,表示一元关系。

例如,可用一元谓词 Even(x) 表示 x 是偶数。

多元谓词:包含多个参数的谓词称为多元谓词,用于表示个体之间的多元关系。

例如,可用二元谓词 Student(x,y) 表示 x 是 y 的学生。

谓词表示示例如下:

19 是素数。　　　　　　　表示为 Prime(19)

张三是李四的朋友。　　　　表示为 Friend(张三,李四)

南开大学在天津。　　　　　表示为 At(南开大学,天津)

3. 量词

为了更精准、具体地表示谓词与个体之间的关系,在谓词逻辑中引入了两个量词:全称量词和存在量词。全称量词表示个体域中的所有个体或任何一个个体,存在量词表示在个体域中存在某个个体。全称量词用符号 ∀ 表示,单词 All(所有的)首字母 A 的倒写形式;存在量词用符号 ∃ 表示,单词 Exist(存在)首字母 E 的反写形式。

量词示例如下:

"所有的偶数都能被 2 整除。"可表示为

$(\forall x)(Even(x) \rightarrow Divide(x,2))$

"存在能被 5 整除的偶数。"可表示为

$(\exists x)(Even(x) \rightarrow Divide(x,5))$

全称量词和存在量词可以出现在同一个命题中,但量词的出现顺序不同,表示的含义是不同的,例如:

$(\forall x)(\exists y)(Stu(x) \rightarrow Like(x,y))$　　表示"班里的每个同学,都有其喜欢的课程"。

$(\exists x)(\forall y)(Stu(x) \rightarrow Like(x,y))$　　表示"班里有同学对所有课程都喜欢"。

$(\exists y)(\exists x)(Stu(x) \rightarrow Like(x,y))$　　表示"有这样的课程,至少有一个同学喜欢"。

$(\forall x)(\forall y)(Stu(x) \rightarrow Like(x,y))$　　表示"班里的每个同学,都喜欢所有的课程"。

【例 8.2】　基于谓词逻辑的推理示例。

证明面包是有保质期的,前提条件:所有的食品都是有保质期的,面包是一种食品。

人的推理思路是这样的,由于所有食品都有保质期,而面包又是一种食品,所以面包也有保质期。用的是典型的推理三段论:大前提、小前提、结论。

基于谓词逻辑的推理过程包括如下步骤:

(1) 前提条件的符号化:用 F(x) 表示"x 是食品",用 P(x) 表示"x 是有保质期的",b 表示"面包"。前提条件的符号化表示如下:

$(\forall x)(F(x) \rightarrow P(x))$　　　　(对于所有的 x,如果 x 是食品,则 x 有保质期)

$F(b)$　　　　　　　　　　　(面包是食品)

(2) 结论的符号化:

$P(b)$　　　　　　　　　　　(面包是有保质期的)

(3) 符号化的推理过程如下:

① $(\forall x)(F(x) \rightarrow P(x))$　　　(引用前提条件)

② $F(b) \rightarrow P(b)$　　　　　　(消去式①的全称量词,用某个个体代替)

③ $F(b)$　　　　　　　　　　(引用前提条件)

④ $P(b)$　　　　　　　　　　(②和③的假言推理)

从上面的简单示例可以看出,用谓词逻辑表示知识具有准确、严密、易于实现、易于理解的优点,且能进行符号化推理。但在推理过程中,随着事实(前提条件)个数的增多,如何有效选取前提条件是一个挑战,否则会使推理过程变得冗长、效率低下。

8.1.3　知识图谱

简单说,知识图谱就是用图来表示知识。谷歌公司在 2012 年推出了知识图谱支持的搜索引擎,这是第一次使用"知识图谱"这个概念。

知识图谱(knowledge graph)利用图表示事物之间的关系和属性。在知识图谱中,每个结点表示现实世界中的实体或概念,两个结点之间的连线(边)表示属性或关系。知识图谱

是最近几年流行的一种知识表示方式,用知识图谱表示知识便于被计算机理解和处理。

一个描述大学教师部分信息的知识图谱如图 8.1 所示,结合图 8.1 介绍几个和知识图谱相关的概念:

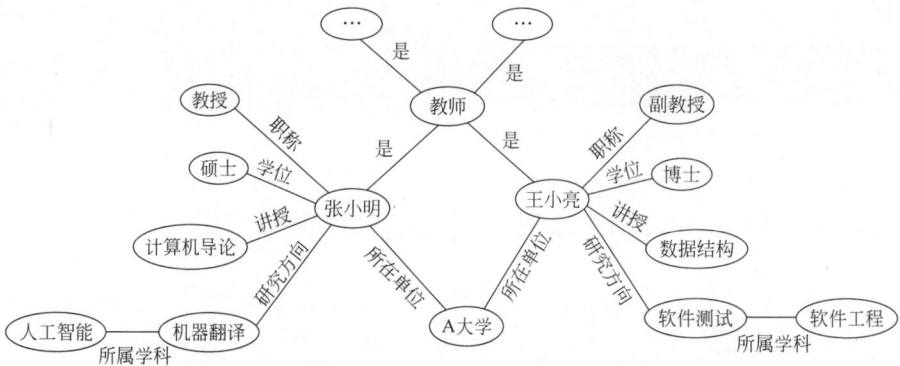

图 8.1　描述大学教师部分信息的知识图谱

实体:独立存在且可区分的事务。如某位教师、某门课程、某个教室、某个物品、某部电影、某个城市等。教师"张小明""王小亮"、课程"计算机导论""数据结构"等都是实体。

概念:具有共同特征的实体构成的集合。如"教师""课程""城市"等。具体的某位教师(如"张小明")、某门课程(如"计算机导论")是实体,而泛指的"教师"和"课程"是概念。

内容:一般指实体和概念的名字、描述、解释等。如实体"张小明"、概念"教师"等。

关系:表示图的结点之间的联系或属性,实体和实体之间是联系,实体和概念之间是属性。如实体"张小明"老师和实体"计算机导论"课程的关系是"讲授",实体"张小明"的职称属性值是概念"教授"。

知识图谱的存储和表示的常用形式是三元组,三元组的主要形式有两种:

形式 1:<实体 1,关系,实体 2>

用于表示两个实体之间的关系。如<张小明,讲授,计算机导论>表示的是教师"张小明"和课程"计算机导论"两个实体之间的关系。

形式 2:<实体,属性,属性值>

用于表示实体的某个属性值。如<张小明,职称,教授>表示教师"张小明"的职称为"教授"。

每一个三元组可以看作一条知识,可以把知识图谱由图转换为三元组这样的一条条知识。

【例 8.3】　基于知识图谱的推理示例。

根据图 8.1 所示的知识图谱,可以写出三元组<张小明,研究领域,机器翻译>和<机器翻译,属于,人工智能>,据此可以推导出"张小明"老师所属学科为人工智能。

基于图 8.1,还可以写出三元组<王小亮,讲授,数据结构>和<张小明,讲授,计算机导论>,据此可以推导出王小亮和张小明都是讲授计算机课程的老师。

这里只是简单示例了一个知识图谱及相应的推理,知识图谱可以做得很大,存储和表示形式也很多,而且还在不断发展和演化中。

知识图谱除了可以用于推理外,还可以用于搜索引擎、智能问答、个性化推荐、自然语言理解、视觉理解、数据分析等工作中,有助于提高系统性能和用户的满意度。

不仅谷歌公司构建了用于其搜索引擎的知识图谱,百度公司和搜狗公司也分别构建了用于自己搜索引擎的知识图谱,名字分别为"知心"和"知立方"。阿里巴巴公司作为全球最大的电商平台之一,拥有海量的商品数据和用户购买行为数据。为了更好地理解用户的真正购买意向,提高搜索结果的精准度,提升用户体验,阿里巴巴公司构建了商品知识图谱,涵盖了数亿个商品实体和数十亿条关系。阿里巴巴公司的商品知识图谱广泛地应用于搜索、前端导购、平台治理、智能问答、品牌商运营等业务场景。为了最大限度地保护知识产权、保护消费者权益,阿里巴巴公司知识图谱团队对知识图谱推理引擎技术提出了智能化、自学习、毫秒级响应、可解释等更高的技术要求。

很多领域,要想实现智能化,首先要做的工作是构建该领域的知识图谱,然后基于知识图谱实现智能功能,构建高质量的知识图谱是很多领域实现人工智能的重要基础。

8.1.4　逻辑推理

逻辑推理是由一个或几个已知的判断推出一个新判断的思维形式。任何推理都是由前提和结论两部分组成的,前提是已知的判断,是推理的出发点和根据;结论是由前提推出的新判断,是推理过程的结束。

逻辑推理能力是人类智能的重要体现,很多问题的求解是通过推理实现的。定理证明是逻辑推理的典型应用场景。更多的问题是靠推理和其他方法的综合应用求解的,如医生诊断疾病,医生根据病人的自述症状和对病人的观察,依据自身掌握的医学知识(症状和病种之间关系的规则)做出初步判断,然后进行一些必要的化验、检查来证实或排除医生的判断。对于复杂一些的病症,可能需要相关检查、医生推理判断的多次迭代才能确诊。总之,医生诊断疾病的过程融合了逻辑推理,高水平医生和一般医生诊断疾病基于同样的化验、检查结果,不同的是,高水平医生大脑中的推理规则更优、推理水平更高。

逻辑推理主要包括演绎推理、归纳推理和因果推理等。

演绎推理(deductive reasoning)主要是由一般性前提推出特殊性或个别性结论的推理,它的前提蕴含结论,是一种前提与结论之间具有必然性联系的推理。演绎推理是严格的逻辑推理,一般表现为大前提、小前提、结论的三段论模式。逻辑学、数学中的证明问题的证明过程一般是通过演绎推理实现的。基于命题逻辑、谓词逻辑、知识图谱的推理都属于演绎推理。

归纳推理(inductive reasoning)主要是由特殊性或个别性前提推出一般性结论的推理,它的前提不蕴含结论,是一种前提与结论之间具有或然性联系的推理。例如,经常听到这样的事例,连续几年,A 校考入 B 校的研究生表现都很好,基础知识和动手能力都不错,B 校的导师很满意,逐渐形成一个推论:A 校本科生的素质还是不错的。这个推论就是基于归纳推理得出的。需要说明的是,归纳推理得到的结论不一定总是正确的。

因果推理(causal reasoning)是主要用来判断事物间存在原因和结果关系的推理,是一种前提与结论之间存在因果关系的推理。因果关系往往通过数据分析获得,需要注意的是,数据相关可能是关联关系,不一定是因果关系。例如,虽然通过分析数据发现某地在某个夏天的雪糕销量和中暑人数都比往年明显偏多,但不能由此得出结论:吃雪糕可能导致中暑,因为雪糕销量和中暑人数增加的共同原因是该地这个夏天的温度明显偏高。

演绎推理还可以细分为联言推理、选言推理、假言推理等，归纳推理还可以细分为完全归纳推理、不完全归纳推理、概率推理等。这些人们常用的推理方法，要符号化、形式化之后才能被计算机所用，还要给出知识（推理的前提和结论）在计算机中的合理表示形式，才能编写出具有推理功能的程序。

8.2 搜索与问题求解

我们先来看"鸡兔同笼"问题的解法。"鸡兔同笼"问题可以描述为：有若干只鸡和兔在同一个笼子里，从上面数，有 35 个头，从下面数，有 94 只脚，问笼子中鸡和兔各有几只？当然，这个问题有多种解法，用编程的方法求解鸡和兔各有几只，Python 程序代码如下：

```
for c in range(36):                    # c 代表鸡的只数，取值范围 0~35
    for r in range(36):                # r 代表兔的只数，取值范围 0~35
        if c+r==35 and c*2+r*4==94:    # 如果符合头、脚数的约束条件
            print("鸡",c,"只","兔",r,"只")
```

执行该程序会输出结果：鸡 23 只，兔 12 只。

程序所用算法为枚举法，其实枚举法就是一种简单的搜索方法，把所有可能的解列出来（形成解空间），逐一搜索到每一个可能的解，并和约束条件对比，把符合条件的解找出来。即从可能解空间中把真正的解找出来。对计算机来说，这个问题的可能解空间很小，所以程序执行时很快就会得到结果。

搜索求解方法一个重要的应用领域是下棋程序。国际象棋、中国象棋、围棋等都属于双人完备博弈。所谓双人完备博弈是对弈双方轮流走步，一方完全知道另一方已经走过的棋步以及未来可能的棋步，对弈的结果要么是一方赢（另一方输），要么是双方和局。对于任何一种双人完备博弈，都可以用一个博弈树来描述，并通过博弈树搜索策略寻找最佳解。博弈树类似于状态图和问题求解搜索中使用的搜索树。搜索树上的一个结点对应一个棋局，树的分支表示棋的走步，根结点表示棋局的开始，叶结点表示棋局的结束。一个棋局的结果可以是赢、输或和棋。

例如，简单的井字棋的局部博弈树如图 8.2 所示。A、B 双方对弈，轮流走棋，如果是计算机下棋，就是在这个博弈树中搜索对自己有利、对对方不利的走法。

国际象棋、中国象棋和围棋的博弈树是非常巨大的，国际象棋有 10^{120} 个结点（棋局总数），中国象棋有 10^{160} 个结点，围棋更复杂，其盘面状态达 10^{768}。

下棋的过程，其实就是一个选择的过程，根据目前的棋局以及对对方可能行棋的判断，选择一个有利于自己最终赢棋的棋步。从上面的数字可以看出，可供选择的棋步数量是非常巨大的，作为下棋的人，更多的是经过缜密的思考后，凭经验和直觉做出选择。而作为下棋的计算机，靠的是快速的计算和搜索比较，通过计算和比较找到对自己有利的棋步。在一定意义上，双人完备博弈的人机大战是棋手的智慧与计算机计算/搜索能力的比拼。当然，棋手也需要记忆一定的经典棋局，计算机也需要有效的棋局存储和搜索策略，以保证在合理的时间内搜索到最优的棋步。

在下棋领域，相对于人，计算机的优势是速度快，对于人的一步走棋，计算机需要从所有可能的应对走步中选择（搜索）一个对自己有利、对对方不利的走步。虽然计算机的速度很

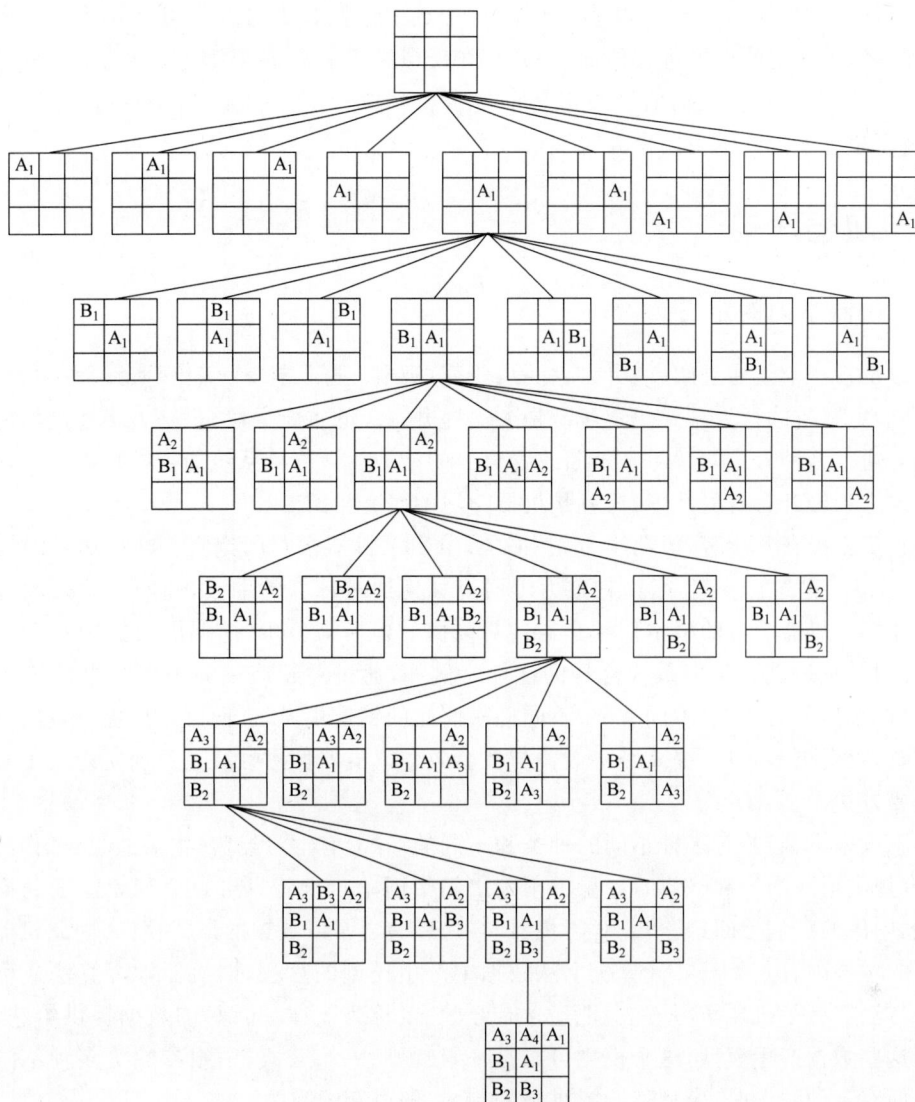

图 8.2　井字棋的局部博弈树

快,但相对于棋局巨大的搜索空间,简单的穷举搜索是难以满足实际需要的,需要有高效的搜索算法。20 世纪 50 年代麦卡锡提出的 α-β 剪枝算法在下棋程序中得到广泛应用。α-β 剪枝算法会利用已有的搜索省掉对自己不利、对对方有利的棋步的搜索,大大提高了搜索到对自己有利棋步的效率。在“深蓝”计算机上,如果不采用 α-β 剪枝算法,要达到和采用 α-β 剪枝算法一样的下棋水平,每步棋需要搜索 17 年的时间,国际象棋、中国象棋等都是采用类似的算法达到或超过了人类棋手的冠军水平。

围棋程序是比较晚才达到人类冠军水平的。应用 α-β 剪枝算法的一个重要基础是对棋局状态的评分,国际象棋、中国象棋等由于具有棋局越下越简单、进入残局后棋子的多少就可能决定胜负、有明确的获胜标志等特点,棋局评分是比较容易的,而围棋的棋局评分就比较困难。

谷歌公司的 AlphaGo 围棋程序将深度学习引入蒙特卡洛树搜索,设计了两个深度学习网络：一个为策略网络，用于从众多的可能落子点中选择若干最好的可能落子点；另一个为估值网络，对给定的棋局进行估值（评分），在模拟过程中不需要模拟到棋局结束就可以判断棋局是否对自己有利。估值网络提高了搜索和模拟效率。AlphaGo还结合了强化学习方法，因而超过了人类棋手的世界冠军水平。

8.3 机器学习

8.3.1 机器学习的定义

学习是指一个人通过阅读、听讲、练习、研究、观察、理解、探索、实验、实践等手段获取知识、提升能力素质的行为方式。学习既是人类提升智能的重要手段，也是人类智能的重要体现。人类通过多种形式的学习来不断改善自身的能力。计算机系统能否模拟人的学习行为来不断改进和提升自身的性能，这就是机器学习的研究目的。

周志华教授在其所著《机器学习》一书中，给出了机器学习的定义：机器学习（Machine Learning，ML）是这样一门学科，它致力于研究如何通过计算的手段，利用经验来改善系统自身的性能。机器学习的根本任务是通过对数据的建模与分析，挖掘出数据中蕴含的有价值的规律和知识，进而改善系统自身的性能。例如，通过对超市以往销售数据的集成与分析，可以挖掘出不同地域、不同季节、不同档次商品的销售规律，进而制定出更有效的营销与促销策略，吸引更多客户，提高经济效益与社会效益。机器学习方法是目前实现人工智能的一类主要方法。

对于人来讲，经验有多种不同的种类和不同的形式，有学习经验、生活经验、工作经验等分类，有规则形式的经验（例如，如果下雨则出门带雨伞），也有只可意会却无法准确描述的经验（老中医的疾病诊断经验）。对于机器学习，经验通常以数据的形式存在，因此机器学习所研究的主要内容是关于在计算机上从数据中产生模型的算法，即机器学习算法或称为机器学习方法。有了机器学习方法，把蕴含有经验（或称为规律、知识）的数据提供给它，它就能基于这些数据产生模型，这个模型可以是一组规则、一个公式、一组参数等多种不同的形式。在面对新的情况时，模型就会提供新的判断，解决新的问题。

机器学习方法分为有监督学习和无监督学习。有监督学习也称为分类方法，基于训练集（人工标注类别的数据样本）学习出分类模型，然后根据此模型确定未知类别数据的类别标记；无监督学习也称为聚类方法，基于组内相似度高、组间相似度低的原则对数据进行分组。代表性的分类方法有贝叶斯方法、logistic 回归方法、k 近邻（kNN）方法、决策树方法、支持向量机（support vector machine，SVM）方法、人工神经网络方法等，代表型的聚类方法有 k 均值方法、k 中心点方法、密度聚类方法、谱聚类方法等。下面以决策树方法为例介绍分类方法，以 k 均值方法、k 中心点方法为例介绍聚类方法。

8.3.2 分类方法

1. 分类过程

分类工作一般包括如下几个步骤：

（1）选择一种分类方法依据训练数据集建立分类模型；

（2）用测试数据集评估分类模型是否可用；

（3）使用通过评估的模型对需要分类的数据进行分类。

训练数据集由训练样本组成，每一个训练样本包括若干属性值和一个类别标号。分类方法的优点是分类性能比较好，代价是需要有人工标注的足够样本数的训练集，要耗费大量的人力和时间。如对于图片分类问题，假设有 10 000 张图片需要分类，先由人工对其中的 4000 张进行分类，标注出每一张图片的类别，再选择一种分类方法基于 3000 张已标注的图片样本（训练集）学习出一个图片分类模型，用测试数据集（剩余的 1000 张已标注图片）对该模型进行测试评估，经测试评估可用后，其余的 6000 张图片可由该分类模型进行自动分类。

2020 年 2 月，人力资源和社会保障部、国家市场监督管理总局、国家统计局联合向社会发布了 16 个新职业，其中就有"人工智能训练师"，其主要工作内容包括解决方案设计、算法调优、数据标注等。2025 你 3 月，《合肥数据标注产业发展规划（2025—2027 年）》（以下简称为《规划》）发布，这是全国首个数据标注产业规划。《规划》提出，力争到 2027 年底，合肥市多语种标注和语音标注能力达到国际领先水平，围绕"人工智能＋"和"数据要素×"重点行业，标注数据规模达 3000TB，构建 11 个以上行业高质量数据集，拉动标注产业规模达 30 亿元，支撑相关产业规模超千亿，打造国际上有特色、有影响力的数据标注基地。

测试数据集用于对学习到的分类模型进行测试评估，评估分类模型是否可用。即使对于同一个训练集，选用不同的学习方法也会得到分类效果不同的分类模型，通过测试评估可以找出高质量的分类模型。经过测试评估可用的分类模型，就可以用于实际的分类工作。

测试集中的样本数据既有属性值，也有类别值（人工标注）。把测试集中每个样本的属性值输入分类模型，分类模型会计算出样本的类别，如果用分类模型计算出的类别和人工标注的类别一致，则认为分类正确，否则认为分类错误。达到一定的准确率，分类模型才可以使用。

2. 决策树方法

决策树分类方法是一种既简单又常用的分类方法，其基本思路是：根据训练集样本构造（学习出）一棵决策树，决策树由一个根结点、若干内部结点和若干叶结点组成。根结点和每个内部结点表示在一个属性上的测试，每个分支代表一个测试输出，而每个叶结点代表类或类分布。从根结点到一个叶结点形成一条分类规则，一棵决策树形成若干条分类规则，这些分类规则合起来就是一个分类模型。待分类数据符合哪条分类规则，就按哪条分类规则进行类别确认。

买西瓜时，常看到一些懂行的人，拿起一个西瓜，看一看，敲一敲，拍一拍，就能判断出西瓜的质量，选到好瓜。在这些人的大脑中有一些根据多年的经验（自己实践摸索、别人传授、网上查阅）形成的判断规则。对于没有挑瓜经验的人，买到的西瓜质量高低，更多凭的是运气。

在周志华教授所著《机器学习》一书中，决策树方法就是以判断西瓜的好坏为例介绍的，给出了如表 8.2 所示描述西瓜的数据集以及对应的如图 8.3 所示的决策树。

对于图 8.3 所示的决策树，可以这样理解：根结点包含所有的训练样本，决策树的构造过程就是对训练集的分解过程，通过属性值的不同把样本分开。

首先根据纹理属性取值的不同分解训练集，因为纹理有 3 个不同的取值（清晰、稍糊、模糊），所以可以把根结点分为 3 个子集，对应 3 个结点。

表 8.2 西瓜数据集

编号	色泽	根蒂	敲声	纹理	脐部	触感	好瓜
1	青绿	蜷缩	浊响	清晰	凹陷	硬滑	是
2	乌黑	蜷缩	沉闷	清晰	凹陷	硬滑	是
3	乌黑	蜷缩	浊响	清晰	凹陷	硬滑	是
4	青绿	蜷缩	沉闷	清晰	凹陷	硬滑	是
5	浅白	蜷缩	浊响	清晰	凹陷	硬滑	是
6	青绿	稍蜷	浊响	清晰	稍凹	软粘	是
7	乌黑	稍蜷	浊响	稍糊	稍凹	软粘	是
8	乌黑	稍蜷	浊响	清晰	稍凹	硬滑	是
9	乌黑	稍蜷	沉闷	稍糊	稍凹	硬滑	否
10	青绿	硬挺	清脆	清晰	平坦	软粘	否
11	浅白	硬挺	清脆	模糊	平坦	硬滑	否
12	浅白	蜷缩	浊响	模糊	平坦	软粘	否
13	青绿	稍蜷	浊响	稍糊	凹陷	硬滑	否
14	浅白	稍蜷	沉闷	稍糊	凹陷	硬滑	否
15	乌黑	稍蜷	浊响	清晰	稍凹	软粘	否
16	浅白	蜷缩	浊响	模糊	平坦	硬滑	否
17	青绿	蜷缩	沉闷	稍糊	稍凹	硬滑	否

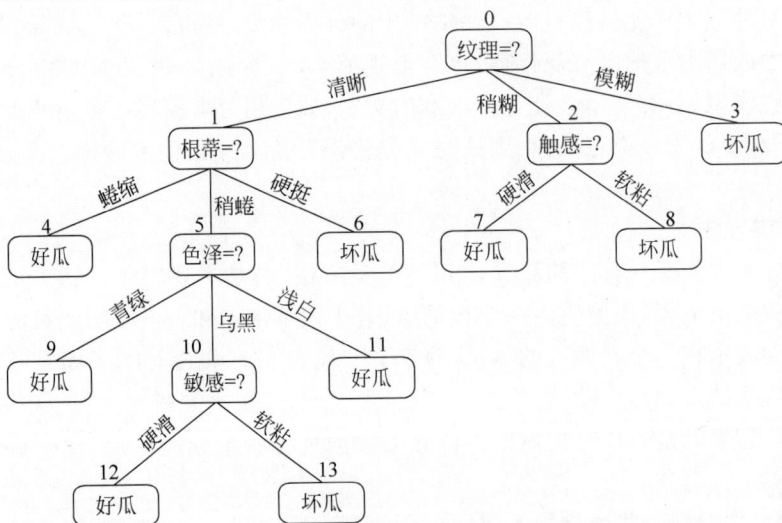

图 8.3 西瓜数据集对应的决策树

对于编号为 1 的结点,还可以根据根蒂属性值的不同继续分解,根蒂也有 3 个不同的取值(蜷缩、稍蜷、硬挺),结点 1 分解为 3 个结点:4、5、6,由于结点 4 中只包含"好瓜"样本,该结点不用再分解,标记为"好瓜",同样结点 6 中只包含"坏瓜"样本,标记为"坏瓜",不再继续分解,按这样的思路去处理其他结点,最后得到如图 8.3 所示的决策树。

决策树中,最上面的结点称为根结点,没有分支的结点为叶结点,其他结点为内部结点。从决策树的根结点到某个叶结点的一条路径对应着一条分类规则,整棵决策树对应着一组分类规则。

例如,从图 8.3 的根结点到叶结点 11 的一条规则如下:

if　纹理="清晰" and 根蒂="稍蜷" and 色泽="浅白" then 瓜是好瓜

该决策树中,共有 9 个叶结点,可以形成 9 条分类规则。

对于一个没有挑瓜经验的人,通过眼看、手拍等方式获取西瓜的纹理、根蒂、色泽、触感等相关数据后就可以根据上述规则判断出瓜的好坏。

基于上述思路还可以研发自动采摘和分拣西瓜的机器人,首先应用计算机视觉、触觉技术自动获取西瓜的各属性值,再根据由决策树形成的分类规则,就可以自动分辨出好瓜和坏瓜,把好瓜采摘分拣出来,把坏瓜过滤掉。

实际研发时,可以找有经验的瓜农帮助标记更多的西瓜样本形成更大的训练集,进而可以形成更多、更精准的分类规则,提高西瓜自动分拣系统的性能。

决策树的构造要以训练样本为依据,需要进行一定的计算。计算的目的主要是分解根结点及内部结点。分解根结点或某个内部结点时,往往有多个属性可以选用,先选用哪个属性,后选用哪个属性,构造出的决策树是不一样的,形成的分类规则也是不一样的,即得到的分类模型是不一样的,如何才能生成一个质量较高的分类模型(一组较好的分类规则)是决策树算法的关键所在。

一般认为,在训练集确定的情况下,一棵较小的决策树具有更好的分类性能。为了得到一棵较小的决策树,人们提出了不同的计算方式(或称为属性选择方法),信息增益、信息增益率、基尼系数等是常用的属性选择方法,在构造决策树过程中,用这些方法选择各个属性的使用顺序可以得到一棵较小的决策树,进而得到质量较高的分类规则,具有较高的分类准确率。

一个结点可以分解为几个结点,被分解的结点称为父结点,分解后形成的结点称为子结点。每个结点都对应若干样本数据,一个结点对应的样本数据如果分散在较多的类中,说明数据的混乱程度比较高,从香农信息论的角度说,熵值比较大、信息量比较小;反之,一个结点对应的样本数据如果集中在较少的类中,说明数据比较清晰,熵值比较小、信息量比较大,如果都是同一类数据,其熵值为 0。

一个结点分解为几个子结点,父结点的熵值一般大于几个子结点的熵值之和,即结点分解会降低熵值(降低数据的混乱程度、增加信息量),哪个属性能使结点分解后的信息量增加最多,就选用哪个属性进行结点的分解,这就是信息增益(信息增加)的含义。经典的决策树方法——ID3 算法就是通过计算信息增益来选择用哪个属性分解结点。如果每次分解都能产生最大的信息增益,会构造出层数较少、结点数较少的较小的决策树。ID3 算法倾向于优先选择取值较多的属性,又提出了改进的 C4.5 算法,该算法使用信息增益率来选择属性,信息增益率=信息增益/分裂信息,而某属性的取值越多,该属性的分裂信息值也越大。

8.3.3　聚类方法

聚类与分类的区别在于其没有训练集,样本足够多,标注准确、高质量的训练集对于提高分类准确率至关重要。但人工标注,特别是大数据量的准确标注需要大量的人工和时间,有的领域需要专家级的人工,成本是很高的。聚类基于没有标注的数据(数据只有属性值,没有类别标记)进行学习,并把数据分组。聚类的优点是无须训练集,不足是聚类性能不高。

聚类就是把一个数据集分成若干分组(分组也称为簇),聚类的评价标准是:组内数据具有较高的相似度,组间数据具有较低的相似度。

分类和聚类的区别可作如下简单比喻：

假设要把 1000 张苹果、桃和梨的图片分开，老师请一个学生来做这件事。学生和老师讲，自己不认识苹果、桃和梨。

如果老师先从 1000 张图片中随机拿出 300 张，进行类别标注，即标注好哪些是苹果、哪些是桃、哪些是梨，然后对学生说你就照着这 300 张已标注图片的样子分即可，学生经仔细分析这 300 张图片，总结出苹果、桃和梨各自的特点，并按自己总结的特点对其余的 700 张图片分组。这就属于分类。

如果老师说，你就自己看着分吧。学生此时只知道分成 3 组，就只能把形状、颜色比较像的分为同一组，把形状和颜色差别比较大的分在不同的组，最后把 1000 张图片分为 3 组。这就是聚类。

聚类问题可描述为：给定一个有 n 个样本的数据集，将其划分为 k 个分组，且这 k 个分组满足条件：①每一个分组至少包含一个样本；②每一个样本属于且仅属于一个分组。

k 均值方法和 k 中心点方法是两种常用的聚类方法。

1. k 均值方法

k 均值方法的基本思路是：对于 n 个样本的数据集和给定的分组个数 k，首先给出一个初始的划分分组，之后通过反复迭代的方式改变分组，使得每一次改进之后的分组都较前一次更好，直至分组不再发生变化。

具体步骤如下：

（1）从 n 个样本中随机选择 k 个样本，作为 k 个分组的初始中心；

（2）对其余的每个样本，根据其与各个分组中心的距离，将它分给距离最近的分组；

（3）重新计算每个分组中所有样本的平均值作为新的分组中心；

（4）重复步骤（2）和（3），直到所有分组内的样本不再变化；

（5）k 个分组的样本就是聚类的结果。

直到所有分组内的样本不再变化，满足这个结束聚类的条件有时可能需要过多地重复步骤（2）和（3），导致过长的程序运行时间。实际聚类时，可以设置一个重复次数或样本变化个数阈值作为结束条件，即步骤（2）和（3）重复到设定的次数就停止，或所有分组内变化样本的个数相对于总样本数小于某个设定的比例值就停止。

2. k 中心点方法

如果样本的每个属性的取值都为数值或能转换为合适的数值，就能够计算一组样本的平均值，此时可使用 k 均值方法。然而，很多时候样本属性的取值不都是数值，甚至于都不是数值，而且也无法转换为合适的数值，此时便不能计算样本的平均值，k 均值方法不再适用，这样的情形可以改用 k 中心点方法。

k 中心点方法的基本思路：首先随机选择 k 个样本作为初始中心样本，然后尝试用每组的非中心样本替换中心样本，如果能改善分组效果（使各组内样本的相似度更高），就更换中心样本，反复进行这样的操作，找出最合适的 k 个中心样本，从而得到相应的聚类结果。

具体步骤如下：

（1）从 n 个样本中随机选择 k 个样本作为每个分组的初始中心样本；

（2）对其余的每个非中心样本，根据其与各个分组中心的距离，将它分给距离最近的分组；

（3）用非中心样本替换中心样本作为分组新的中心样本；

（4）重复步骤（2）和（3），直到所有分组内的样本不再变化；

（5）k 个分组的样本就是聚类的结果。

k 中心点方法的工作流程可以用班级同学分组做类比，一个班有 40 名同学，为周末组织郊游要分成 3 个小组，班内同学两两之间的关系可以看作两人之间的距离，关系越好，距离越小。目标是得到好的分组，好的分组的评价标准是：总体上看每位同学对其所在组的组长满意度较高，即和所在组的组长关系比较好。

好的分组可以通过如下步骤得到：

（1）从 40 名同学中，随机指定 3 名同学作为 3 个组的临时组长。

（2）其余的 37 名同学，觉得和哪位临时组长的关系最好，就可以选择到哪个组，这样每个组有一位临时组长和若干非组长同学。计算出所有同学对分组总的满意度，即每位同学的满意度之和。每位同学的满意度取决于和其所在组临时组长的关系，关系越好，满意度越高。

（3）对于一个小组，可以试着让一位非组长同学替换临时组长，这样就有了新的 3 位临时组长，其余的 37 位同学根据与新的 3 位临时组长的关系可以重新选择在哪个组。再次计算所有同学对分组总的满意度，如果总的满意度高于调换临时组长之前的总满意度，则完成临时组长的替换，否则不替换临时组长。

反复做第（3）步的工作，让所有同学都有尝试当临时组长的机会（是否真能当上临时组长，就看同学们总的满意度），直至总的满意度不再提高，就把总满意度最高时的 3 位临时组长确定为正式组长，此时的分组就是好的分组。

8.4　人工神经网络方法

严格来说，神经网络有两种，一是生物神经网络，二是人工神经网络。从医学角度来说，人的大脑就是一个生物神经网络，由大约 860 亿个神经元组成，每个神经元与其他神经元之间大约有 2000 个连接，所以人的大脑的所有神经元之间大约有 150 万亿个连接，这个生物神经网络接收全身各器官感觉到的视觉信息、听觉信息、触觉信息、味觉信息等各类信息，经它整合加工后成为协调的动作（奔跑、说话、思考等），或者储存在中枢神经系统内成为学习、记忆的神经基础，人类的思维活动也是生物神经网络的功能。简而言之，人类的智能就产生于这众多的神经元和神经元之间的连接。

人脑神经元的主体部分为细胞体，由细胞核、细胞质、细胞膜等组成，神经元还包括若干树突和一条长的轴突，轴突末端有许多分支，称为轴突末梢，一个神经元通过轴突末梢与其他神经元相连接，如图 8.4 所示。轴突用来传递和输出信号，其末端的多个轴突末梢为信号输出端子，将神经冲动（各种感觉信息）传递给其他神经元。由细胞体向外延伸出的其他多个较短的分支称为树突，树突相当于神经元的输入端，树突上的各点都能接收其他神经元的冲动。神经元具有两种常规工作状态——激活与抑制，当传入的神经冲动使细胞膜电位升高超过阈值时，神经元被激活进入兴奋状态，产生神经冲动并由轴突输出；当传入的冲动使细胞膜电位下降低于阈值时，神经元进入抑制状态，没有神经冲动输出。

人工智能领域所说的神经网络是指人工神经网络（Artificial Neural Network，ANN），是模

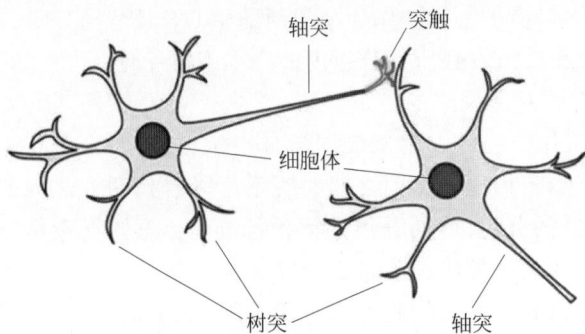

图 8.4　人脑神经元结构示意图

拟生物神经网络在计算机上人工构建的神经网络,从结构上模拟人脑,期望人工神经网络能产生类似于生物神经网络的智能。为叙述简便,后面的人工神经网络一般简称为神经网络。

8.4.1　最早的神经网络——M-P 模型

最早提出神经元模型的是美国神经心理学家沃伦·麦卡洛克和数学家沃尔特·皮茨。1943 年他们在《数学生物物理》期刊上合作发表了论文《神经活动中内在思想的逻辑计算》("A Logical Calculus of Ideas Immanent in Nervous Activity"),论文的核心内容是用数学模型来描述人脑的神经活动,麦卡洛克的专长是神经科学,皮茨精通数学,两人合作用数学知识来描述神经活动。论文中提出的神经元数学模型——M-P 模型(模型名字取自两人名字的首字母),奠定了人工神经网络的基础。

图 8.5 为 M-P 模型的简化表示,接收来自其他多个神经元的信息 $x_1 \sim x_n$,其对应的连接权重值分别为 $w_1 \sim w_n$,神经元对各输入值进行加权求和计算,当累加和大于阈值 θ 时,神经元被激活,得到当前神经元的输出 y,否则处于抑制状态,没有输出值。

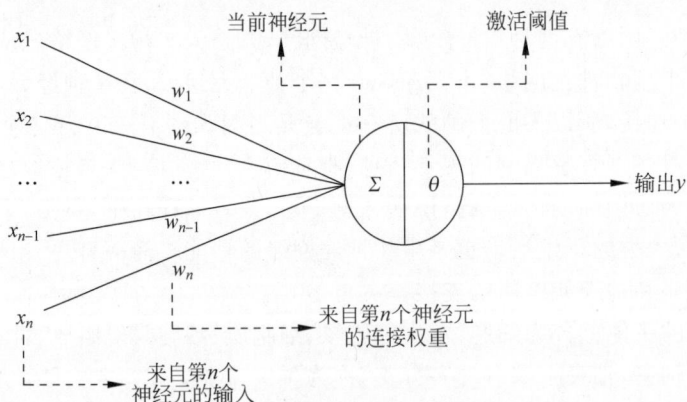

图 8.5　M-P 神经元模型

8.4.2　赫布学习规则

在 M-P 模型中,对于来自不同神经元的输入,具有各自不同的连接权重值。只有确定了合适的权重值,才能发挥出神经网络的应有作用。加拿大神经心理学家唐纳德·赫布(Donald Olding Hebb)受巴甫洛夫条件反射实验的启发提出了赫布学习规则,试图解决这个问题。

伊万·彼德罗维奇·巴甫洛夫(Иван Петрович Павлов),俄罗斯生理学家、心理学家、条件反射理论的提出者。因在消化系统生理学方面取得的开拓性成就,巴甫洛夫获得了1904年度的诺贝尔生理学或医学奖,是俄罗斯第一位获得诺贝尔奖的科学家。

巴甫洛夫做过一个著名的实验——巴甫洛夫条件反射实验,以狗为实验对象来建立铃声引起唾液分泌的实验。实验之前,把狗固定于隔音室食物台前,并安装好收集狗唾液的装置。实验开始时,先呈现铃声,狗并未分泌唾液。之后,让铃声先于食物数秒出现。将铃声与食物多次配对出现后,当只给铃声而无食物时,也会引起狗分泌唾液。在这类实验的基础上,巴甫洛夫提出了条件反射学说。

受巴甫洛夫条件反射实验的启发,赫布认为两个神经元同时被激活的概率越高,它们之间的联系就越紧密,连接权重值就越大;相反,如果两个神经元同时被激活的概率越低,它们的联系就越弱,连接权重值就越小。在1949年出版的《行为组织学》(Organization of Behavior)中,赫布提出了被后人称为"赫布学习规则"的学习机制。赫布学习规则为确定神经网络的连接权重值奠定了基础。

8.4.3　感知机模型

神经网络研究的一个重大突破出现在1957年,受赫布学习规则的启发,美国康奈尔大学心理学教授弗兰克·罗森布拉特在M-P模型的基础上,在一台IBM 704计算机上模拟实现了一个他自己称为"感知机"(Perceptron)的神经网络模型,这个模型可以完成图片分类等简单的视觉处理任务。图8.6所示为感知机模型。相对于M-P模型,感知机使用了激活函数,并能够对连接权重进行训练。

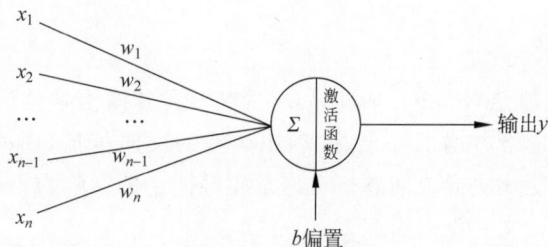

图 8.6　感知机模型

在实际的实验过程中,罗森布拉特使用了50组图片,每组都由一张标记为"左"和一张标记为"右"的图片组成,其中"左"和"右"分别对应感知机分类结果的0与1。通过实验罗森布拉特发现,在不断进行学习的过程中,通过人工不断调整权重值,感知机逐渐地学习到了各个连接权重的最佳值,并且可以在没有人工干预的情况下正确判断出图片的类别。

1962年,罗森布拉特出版了著作《神经动力学原理:感知机和大脑机制的理论》(Principles of Neurodynamics: Perceptrons and the Theory of Brain Mechanisms),总结了他的研究成果,在当时产生了很大的影响。

感知机模型第一次把神经网络研究从纯理论推向实际应用,主要用于图片分类,掀起了神经网络研究的第一次热潮。但由于感知机只能解决线性可分问题,不能解决非线性问题。特别是明斯基等人在1969年出版的《感知机:计算几何学》(Perceptrons: An Introduction *to Computational Geometry*)一书中证明单层神经网络解决不了数学上简单的异或(XOR)问题,指出了神经网络的局限性。明斯基是达特茅斯会议的组织者之一,图灵奖获得者,人工智能领域的著名学者,他对神经网络的看法是有很大影响力的,导致神经网络研究陷入了长达近 20 年的低谷。

后来神经网络研究复兴之后,为纪念罗森布拉特的贡献,美国电子电气工程师学会(IEEE)在 2004 年设立了罗森布拉特奖,以奖励在神经网络领域做出杰出贡献的研究人员。

8.4.4　霍普菲尔德神经网络

1982 年,在美国加州理工学院担任生物物理学教授的约翰·霍普菲尔德(John Hopfield)提出了一种新的神经网络,引入了计算能量函数的概念,给出了网络稳定性判据,可以解决一大类模式识别问题,还可以给出一类组合优化问题的近似解,人们称这种新的神经网络为霍普菲尔德神经网络。霍普菲尔德神经网络的提出推动了神经网络研究在 20 世纪 80 年代的复兴。

1984 年,霍普菲尔德用模拟集成电路实现了霍普菲尔德神经网络,网络中的每个单元由运算放大器和电容电阻这些元件组成,每一单元相当于一个神经元。输入信号以电压形式加到各单元上。各个单元相互连接,接收到电压信号以后,经过一定时间网络各部分的电流和电压达到某个稳定状态,它的输出电压就表示问题的解答。

霍普菲尔德神经网络按照处理输入样本的不同,可以分成离散型和连续型。在进行计算机仿真(软件实现)时采用离散型,用硬件实现时采用连续型。

由于在实现使用人工神经网络进行机器学习方面的基础性发现和发明,霍普菲尔德和杰佛里·辛顿共同获得 2024 年度诺贝尔物理学奖。

8.4.5　BP 神经网络

1974 年,保罗·沃博慈(Paul J. Werbos,1947—)在其博士学位论文中证明:除输入输出层外,感知器神经网络再增加一层,并利用误差的反向传播(Back Propagation,BP)算法来训练神经网络,就能解决异或问题。也许是年轻博士的影响力不够大,以及当时还处于神经网络研究的低谷,论文并没有引起太多关注。

1986 年,大卫·鲁梅哈特、杰佛里·辛顿、罗纳德·威廉姆斯合作发表了题为《通过误差传播学习内部表示》("Learning Internal Representations by Error Propagation")和《通过反向传播误差学习表示》("Learning Representations by Backpropagating Errors")的两篇论文,论文重新设计了 BP 算法,系统地解决了多层神经网络中隐层单元连接权重值的学习问题,并在数学层面上给出了完整的推导。BP 算法使神经网络研究走出低谷,掀起了第二次热潮。

应用 BP 算法训练的神经网络称为 BP 神经网络模型,其基本结构如图 8.7 所示。BP 网络一般包含一个输入层、一个输出层和若干隐含层,当只有一个隐含层时,BP 学习算法是很有效的,在合适的训练集的支持下能够较好地学习到各连接权重的合适值,BP 算法只适用于层数较少的浅层神经网络,因而 BP 网络只能解决一些比较简单的问题。

基本 BP 算法包括信号的前向传播和误差的反向传播两个过程。即计算实际输出值与期望输出值之差的误差时按从输入到输出的方向进行,而调整权重值则从输出到输入的方向进行。正向传播时,输入值通过隐含层进行加权求和计算,再经过非线性变换产生输出

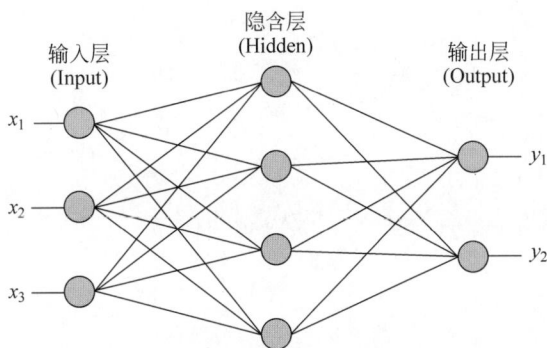

图 8.7　BP 神经网络模型结构

值,若实际输出值与期望输出值不相符,则转入误差的反向传播过程。误差反传是将输出误差通过隐含层向输入层逐层反传,并将误差分摊给各层所有单元,以从各层获得的误差值作为调整各单元权重值的依据。通过调整输入结点与隐含层结点的连接权重值和隐含层结点与输出结点的连接权重值,使误差不断下降,经过反复训练,确定出合适的权重值。对于训练集中的每个样本,都进行上述训练,直至每个样本的实际输出值与期望输出值相符,则模型训练完成,即模型中的每个连接都有了一个合适的权重值。

8.5　深度神经网络

随着计算机应用的不断深入和拓展,积累的数字化数据越来越多,基于计算机技术自动高效处理图像、语音、文本等信息的需求越来越大,人们尝试用增加神经网络层数的方法来解决这些问题。一个神经网络模型一般包括一个输入层、一个输出层和若干隐含层,有多个隐含层时称为深度神经网络或深层神经网络(deep neural networks,DNN),没有隐含层或隐含层个数较少时称为浅层神经网络。作为深度学习模型的深度神经网络,训练好之后才能实际应用,对模型的训练过程,也称为模型的学习过程,就是在训练集的支持下,通过一定的学习方法得到各个连接的合适权重值,要想获得好的连接权重值,学习方法发挥着重要作用。深度学习方法就是训练深度学习模型所用的学习方法(BP 算法不适合深度神经网络的训练),现在说的深度学习泛指深度神经网络模型和深度学习算法(方法)。

8.5.1　深度学习方法

一个多层的神经网络如图 8.8 所示,这是一个非常简单的多层神经网络,目前的多层神经网络可超过百层,每层的结点数可达百万以上,需要训练的连接权重个数以亿计。2020年 6 月,美国人工智能实验室 OpenAI 推出自然语言处理模型 GPT-3,该模型的参数多达1750 亿个,训练数据量达到 45TB(1 万亿单词量),在语义搜索、文本生成、内容理解、机器翻译等方面取得重大突破。2022 年 11 月推出的 ChatGPT 就是在 GPT-3 的基础上开发的。训练深度学习模型是一项十分复杂的工作,需要有运算速度足够快的高性能计算机、样本数量足够多的训练集(大数据)和高质量的学习算法(学习方法)。

一直到 2006 年,在高性能计算机和大数据条件已经具备的基础上,辛顿与合作者发表了论文《一种深度置信网络的快速学习算法》("A Fast Learning Algorithm for Deep Belief

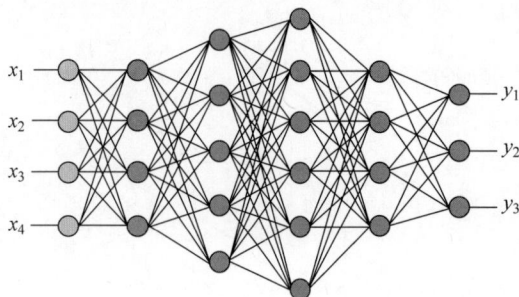

图 8.8　多层神经网络

Nets")及其他几篇论文,提出了有效训练多层神经网络的有效方法。

早在 1986 年,辛顿就和特伦斯·谢诺夫斯基(Terrence Sejnowski)共同发明了玻尔兹曼机(Boltzmann machine,BM),这是一种由二值随机神经元构成的两层对称连接神经网络,其中的神经元只有两种状态(激活、未激活),分别用二进制 1、0 表示,状态的取值根据概率统计法则决定。由于这种概率统计法则的表达形式与奥地利物理学家、热力学和统计力学奠基人之一的路德维希·爱德华·玻尔兹曼(Ludwig Eduard Boltzmann,1844—1906)提出的玻尔兹曼分布类似,故将这种网络取名为玻尔兹曼机。

辛顿提出的训练多层神经网络的方法,用到了多层受限玻尔兹曼机,受限玻尔兹曼机(restricted Boltzmann machine,RBM)是对玻尔兹曼机的简化,能够大幅度降低计算量和计算难度。使用受限玻尔兹曼机,改变对所有各层权重一起训练的方式,而是一层一层地逐层预训练权重,先训练第一层受限玻尔兹曼机,然后将第一层的输出作为第二层的输入,再训练第二层受限玻尔兹曼机,以此类推,逐一训练各层,最后再用 BP 方法进行适当地优化微调。辛顿等提出的深度神经网络训练方法使神经网络研究再一次取得重大突破,也是机器学习、人工智能领域标志性的技术进步。

2012 年,辛顿教授和他的两位学生组成多伦多大学队参加国际上著名的 ImageNet 挑战赛,他们设计的深度卷积神经网络模型——AlexNet,把深度学习与卷积神经网络相结合,以大幅度领先的优势夺得 ImageNet 挑战赛冠军,这一结果让研究者看到了深度学习方法的巨大威力,带动了深度学习的深入研究和在各领域的广泛应用。卷积神经网络模型的主要设计者是杨立昆(Yann LeCun,1960—),该模型曾用于美国的银行支票、邮政信件上的手写数字识别,性能良好。

2003 年,约书亚·本吉奥(Yoshua Bengio,1964—)与合作者发表了论文《一种神经概率语言模型》("A Neural Probabilistic Language Model"),将神经网络与序列概率建模方法(隐马尔可夫模型)相结合用于建立语言模型,引入词嵌入作为词义的表征方法,提高了处理效率。论文提出的语言模型及相关方法在机器翻译、智能问答、视觉问答等自然语言处理领域产生了重要影响。

2015 年,约书亚·本吉奥等发表了论文《通过联合学习对齐和翻译的神经机器翻译》("Neural Machine Translation by Jointly Learning to Align and Translate"),论文第一次提出了注意力机制,把注意力机制与用于翻译的编码器-解码器相结合,改变了将整个句子编码成一个固定大小向量的方式,让神经网络将注意力集中在它正在翻译的源语言的句子上。注意力机制的应用,提高了长句子的翻译质量。斯坦福大学的克里斯·曼宁实验室采用融入了注意力机制的翻译方法参加国际机器翻译大赛（WMT）并赢得了比赛，使注意力机制成为翻译领域普遍采用的方法，开发出多种改进的注意力机制。本吉奥的贡献还包括提出了生成对抗网络（generative adversarial network，GAN）模型等。

8.5.2　深度神经网络的发展

经过后续学者们的不断研究，在基础的深度神经网络模型的基础上已经衍生出了很多不同用途的深度神经网络模型，如残差神经网络、循环神经网络、生成对抗网络等。这些深度神经网络都分别在其合适的应用场景发挥了重要作用。

1. 残差神经网络

人们曾认为，深度神经网络的隐含层数越多，模型的性能越好。但通过实验发现的实际情况却是，当神经网络的隐含层数增加到一定数量时，模型的性能达到峰值，再继续增加隐含层数，性能不再提高，反而会下降甚至于大幅度下降，称为"网络退化"。

为解决"网络退化"问题，微软亚洲研究院研究员何恺明等提出了残差神经网络（ResNet），并在 2015 年的 ImageNet 挑战赛中获得冠军。残差网络可以看作对卷积神经网络的改进，使用"捷径连接"（shortcut connection）的方式，使神经网络的深度首次突破了 100 层。在传统神经网络模型中，第 $n-1$ 层的结点只能和第 n 层的结点连接，残差网络中的"捷径连接"改变了这种限制，第 $n-1$ 层的结点可以跨过几层和后面的某一层（如第 $n+2$ 层）直接连接。

2. 循环神经网络

在传统的神经网络中，从输入层到隐含层再到输出层，前后层之间的结点是全连接的，同一层的结点之间没有连接。在循环神经网络（recurrent neural network，RNN）中，不仅前后层之间的结点有连接，同一层的结点之间也有连接。RNN 可以用来处理序列数据，如把一句中文"小张同学喜欢吃苹果"翻译为英文，中文句子经分词处理后得到词序列"小张""同学""喜欢""吃""苹果"，在翻译过程中，词和词之间并不是完全独立的，前面的词对后面的词是有影响的，这就是序列数据。RNN 可以把这种词与词次之间的影响表示出来，得到更好的翻译结果。

3. 生成对抗网络

本吉奥和他的学生伊恩·古德费罗（Ian Goodfellow）等在 2014 年发表的《生成对抗网络》论文中提出了生成对抗网络模型。

在 GAN 模型中，包含一对相互对抗的模型：生成模型（生成网络）和判别模型（判别网络）。生成网络的功能是尽可能生成和真实数据一样的数据，判别网络的功能是判断一个数据样本是真实数据，还是生成的数据。

通过对生成网络和判别网络的交替训练来完成整个生成对抗网络的训练，先固定生成网络的参数，训练调整判别网络的参数；再固定判别网络的参数，训练调整生成网络的参数。两个训练阶段交替进行，不断提高生成网络和判别网络的性能。一般来讲，训练的目标是得到一个最好的生成网络来生成能够以假乱真的数据，用于自动生成更多的训练样本。

我们都听过矛和盾的故事，不妨作这样的理解：一个人既做矛也做盾，为了做出最好的矛和盾，一段时间内只研究如何做出更坚固的盾，做完后就用现有的矛去刺，直至做出现有的矛刺不穿的盾；然后再去集中一段时间和精力去研究如何改进矛，直至做出能刺穿现有盾的矛。这样的过程交替进行，就能做出一段时间内最好的矛。

生成对抗网络具有很好的实用价值,很多研究人员在 GAN 的基本结构的基础上进行了改进和完善,提出了多种解决实际问题的改进模型。生成对抗网络的具体应用包括提高分辨率、图像修复、文本生成等,提高分辨率是指把低分辨率图像重建为高分辨率的高清图像,图像修复是指把有部分残缺的图像修复为无残缺的完整图像,文本生成是指自动生成新闻报道稿、合同书、协议书等。

2019 年 3 月 27 日,美国计算机学会(ACM)宣布把 2018 年度图灵奖授予有"深度学习三巨头"之称的约书亚·本吉奥、杰弗里·辛顿、杨立昆,三位科学家在概念和工程方面的突破性工作使深度神经网络成为计算的一个关键组成部分,近几年人工智能的快速发展和广泛应用很大程度上得益于深度学习技术的重大突破。获奖时,本吉奥是加拿大蒙特利尔大学教授和魁北克人工智能研究所 Mila 的科学主任,辛顿是谷歌公司副总裁和工程研究员、加拿大多伦多大学荣誉退休教授,杨立昆是纽约大学教授、Facebook 公司副总裁兼首席人工智能科学家。

三位获奖科学家长期持之以恒地致力于神经网络的研究(即使处于低谷时期),对神经网络能够大幅度提高图像识别和语音识别的效率深信不疑。在长期的研究工作中,既有各自坚持不懈的努力,也有良好的积极合作。1987 年 6 月,杨立昆进行博士学位论文答辩时,辛顿是答辩委员会委员之一,7 月杨立昆应辛顿之邀到加拿大多伦多大学任客座研究员。20 世纪 90 年代,杨立昆和本吉奥曾经是贝尔实验室的同事,1998 年合作提出了著名的卷积神经网络模型 LeNet-5。2004 年,依靠来自加拿大高等研究院(CIFAR)的经费支持,设立了以辛顿为负责人、为期 5 年的"神经计算与自适应感知"(NCAP)项目,目标是组建一个世界一流的团队,致力于生物智能的模拟。辛顿邀请了来自计算机科学、生物学、电子工程、神经科学、物理学和心理学等领域的专家参与 NCAP 项目,杨立昆和本吉奥都是项目组主要成员。2015 年,三人在《自然》杂志上合作发表了题为《深度学习》("Deep Learning")的综述文章,介绍了深度学习为传统机器学习带来的变革。

8.6 小结

人工智能的实现方法主要包括逻辑推理方法、搜索求解方法和机器学习/深度学习方法。

逻辑推理方法的基础是知识的合理表示,目前常用的知识表示方法有命题逻辑、谓词逻辑、知识图谱等。基于知识表示,把推理过程符号化、形式化,才能被计算机有效处理。

搜索求解就是在可能的解空间找到真正的解或最优解。搜索求解方法一个重要的应用领域是下棋程序。国际象棋、中国象棋、围棋等都属于双人完备博弈。对于任何一种双人完备博弈,都可以用一个博弈树来描述,并通过博弈树搜索策略寻找最佳解。虽然计算机的速度很快,但相对于棋局巨大的搜索空间,简单的穷举搜索是难以满足实际需要的,需要有高效的搜索算法。高效的 α-β 剪枝算法在下棋程序中得到广泛应用。

机器学习方法是近几十年来人工智能领域的主流方法,机器学习致力于研究如何通过计算的手段,利用经验来改善系统自身的性能。模拟生物神经网络的人工神经网络方法也是一种机器学习方法,人工神经网络经历了 M-P 模型、感知机模型、霍普菲尔德神经网络、BP 神经网络到深度学习网络的不断创新发展过程。具有很多层的人工神经网络——深度神经网络在近十几年得到快速发展,广泛应用于各种场景的人脸识别、语音识别、机器翻译、人工智能大模型等都是基于深度神经网络实现的。

拓展阅读：吴文俊和定理自动证明

吴文俊(1919—2017)(见图 8.9)，祖籍浙江嘉兴，出生于上海市，1940 年毕业于上海交通大学数学系，1946 年赴法国 Strassbourg 大学留学，获博士学位，曾任中国科学院系统科学研究所研究员，中国科学院院士。

吴文俊教授的科学研究工作，可分为前、后两个时期，研究工作涉及拓扑学、自动推理、机器证明、代数几何、中国数学史、对策论等多个领域，在代数拓扑和机器证明两个领域有重大的原创性贡献，影响深远。

前期(1947—1975 年)以代数拓扑为主，为拓扑学做了奠基性的工作。他的贡献主要有两方面：示性类研究和示嵌类研究，研究成果 1956 年获国家自然科学一等奖，被国际数学界称为"吴公式""吴示性类""吴示嵌类"。

后期始于 1976 年，从事机器证明与数学机械化的研究，与计算机和人工智能密切相关。

图 8.9　吴文俊

我们在中学学习时，都体会过证明几何定理的巧妙与困难。要证明一条几何定理，往往需要清晰的推理，巧妙的思路，有时还需要添加一些奇特的辅助线，经过冥思苦想才能获得定理的证明，这使几何定理的证明似乎更多地依赖于天才般的"灵机一动"。吴文俊教授在 1977 年提出了一种全新的几何定理证明方法。首先引进坐标，使待证定理的假设与结论都转换成多项式方程，这对于通常的情形都是成立的。然后依照某种确定的方式对代表假设的多项式方程进行处理，使其在有限步骤内到达代表结论的那一个多项式方程，或与之相反。这就给出了一个以机械方式进行的证明或否定一个几何定理的过程。这一方法还具有普遍适用的性质。即不论所考虑的定理出自何种初等几何，不论是欧氏的，还是非欧氏的，只要像通常出现的那样，假设与结论都可用多项式方程来表示，就可应用这同样的方法与过程进行证明。

他提出的用计算机证明几何定理的方法，在国际上称为"吴方法"，与常用的基于数理逻辑的方法根本不同，具有根本的创新性，被称为自动推论领域的先驱性工作，并因此获得 Herbrand 自动推理杰出成就奖。第 14 届国际自动推论大会对吴文俊的工作给予了高度评价："几何定理自动证明首先由 Herbert Gerlenter 于 20 世纪 50 年代开始研究。虽然得到了一些有意义的结果，但在'吴方法'出现之前的 20 年里这一领域进展甚微。在自动推理领域中，这种被动局面是由一个人完全扭转的。吴文俊很明显是这样一个人。""吴的工作将几何定理证明自动推理这一本不太成功的领域变为最成功的领域之一。在几何定理证明领域中，我们可以将机器证明归于吴文俊一个人的工作。"

吴文俊引入的求解非线性代数方程组的"吴方法"是求解代数方程组精确解最完整的方法之一，已经被成功地用于解决很多问题，并实现在当前流行的符号计算软件中。欧共体资助的 POSSO(POlynomial System SOlving)计划中也有"吴方法"的专用软件包。"吴方法"还被用于多个高科技领域，得到一系列国际领先的成果，包括曲面造型、机器人机构的位置分析、智能 CAD 系统和图像压缩等。20 世纪 80 年代末，他提出了偏微分代数方程组的整序方法，是目前处理偏微分代数方程组的完整的构造性方法。该方法已被应用于微分几何定理机器证明和偏微分方程组求解。

吴文俊教授是我国首届(2000 年)国家最高科学技术奖获得者,2019 年 9 月被授予"人民科学家"国家荣誉称号。

中国人工智能学会自 2011 年设立"吴文俊人工智能科学技术奖",被誉为"中国智能科学技术最高奖",每年评选一次,包括吴文俊人工智能最高成就奖(2018—2023,2024 年起改称吴文俊人工智能科技成就奖)、吴文俊人工智能杰出贡献奖、吴文俊人工智能自然科学奖、吴文俊人工智能技术发明奖、吴文俊人工智能科技进步奖和吴文俊人工智能优秀青年奖等奖项。其中,吴文俊人工智能科技成就奖每年授奖人数不超过 2 名,奖金为 100 万元人民币。2018 年以来,陆汝钤、张钹、李德毅、潘云鹤、郑南宁、高文、徐宗本等 7 位在人工智能领域做出卓越贡献的著名科学家先后获得吴文俊人工智能科技成就奖。

习题 8

一、填空题

1. 写出 3 类实现人工智能的方法:_____、_____、_____。
2. 写出 3 种目前常用的知识表示方法_____、_____、_____。
3. 谓词逻辑中引入的两个量词分别是_____和_____。
4. 知识图谱的存储和表示的常用形式是三元组,三元组的主要形式是_____和_____。
5. 机器学习方法分为_____学习和_____学习。
6. 逻辑推理主要包括_____、_____和_____。

二、名词解释

命题逻辑、谓词逻辑、知识图谱、演绎推理、归纳推理、因果推理、学习、机器学习、深度学习、残差神经网络、循环神经网络、生成对抗网络。

三、证明题

基于谓词逻辑表示和证明:小明要学习"数据结构"课程,前提条件是所有计算机专业学生都要学习"数据结构"课程,小明是计算机专业学生。

四、简答题

1. 画出简要的关于大学生的知识图谱,并说明知识图谱是如何表示知识的。
2. 对比说明分类方法与聚类方法的异同。
3. 简要说明决策树方法的分类过程。
4. 简要说明 k 均值方法的聚类过程。
5. 简要说明深度神经网络模型的训练过程。

思考题 8

人工智能也称为机器智能,本质上是计算智能,即只有把问题描述为数学模型,才是可计算的,才能实现智能处理。分析决策树方法的分类过程、k 均值方法的聚类过程、深度神经网络模型的训练过程,从中体会如何把要解决的问题变为可计算的问题。

第 9 章　人工智能应用

人工智能应用可以看作一种高级形式的计算机应用,是在计算机单机应用、计算机联网应用基础上的自然升级。随着人工智能研究的不断深入,人工智能技术的应用范围快速拓展,很多领域都有了人工智能应用系统和产品,机场、车站、单位门禁有人脸识别系统,智慧停车场、高速收费站有车牌自动识别系统,会场、网站、手机上有语音识别系统和机器翻译系统,智能物流领域有拣货机器人、自动分拣机器人,医疗领域有手术机器人、辅助诊疗系统,日常工作学习有人工智能大模型辅助,等等。本章介绍计算机视觉、自然语言处理、智能机器人、生成式人工智能与人工智能大模型应用等几个主要应用领域。

9.1　计算机视觉

感知环境信息并给予适当的反应,是人类智能的重要体现。据说,人一生中约70%的信息是通过"看"获得的,"一幅图胜过千言万语"也表达了视觉对人类获取信息的重要性。任何人工智能系统,只要它需要人机交互或需要根据周边环境信息进行决策,"看"的功能都非常重要。随着相关技术的不断发展和成熟,越来越多的计算机视觉系统走进人们的日常工作与生活中,如指纹识别、人脸识别、汽车牌照识别、视频监控、无人机、消防机器人、巡检机器人等。

9.1.1　计算机视觉的任务

计算机视觉(computer vision)也称为机器视觉(machine vision),是指在环境表达和理解中,对视觉信息进行组织、识别和解释的过程。通俗地讲,计算机视觉就是研究和实现如何让计算机具有人类"看"的功能,主要包括两个层次:识别和理解,识别出环境中的"物",理解"物"是什么及其特征。例如,一个人站在马路边,准备过没有红绿灯的马路,先要识别出(看到)周围环境中的"物",再认识(理解)到"物"有汽车、电动自行车、行人、饭店、住宅等,再进一步认识(理解)到汽车和电动自行车开往哪个方向、离自己有多远、大致速度有多快,以此来判断自己是否可以安全步行过马路。这大致就是一般人所具有的视觉能力。计算机视觉的目标就是实现类似的功能,能让一个站在马路边的机器人自主决定何时安全穿过马路。

计算机视觉是使用计算机及相关设备对人类视觉的一种模拟,其主要任务就是通过对采集的图像或视频进行处理以获得相应场景的三维信息,就像人每天所做的那样。形象地说,计算机视觉就是给计算机装上眼睛(摄像头)和大脑(算法),让计算机能够像人一样感知环境信息。

对于一幅图像(视频可以先分割为一幅一幅的图像),计算机视觉的任务就是分类和特征描述。分类包括场景分类与物体分类,前者如区分城市道路、农村田野、室内会场等场景,后者如识别出每一个场景中的马路、汽车、行人、电动自行车等物体。计算机视觉还可以进行人脸识别、花卉识别、动物识别、车牌识别等精细分类。特征描述包括汽车是停车状态还是行驶状态、行驶速度是多少、行驶方向为何、和另外一个物体的距离等。

人脸识别是一个常见的计算机视觉实例。人脸识别的核心工作就是计算两张人脸图片的相似度(一张为身份证上的照片或预先采集的照片,一张为通过门禁或安检时摄像头即时拍摄的照片),并以此来判断是否为同一个人。主要包括如下步骤:

(1)人脸检测:从给定的图片中判定是否有人脸,如果有人脸,给出人脸的位置和大小数据(包括一个人脸和多个人脸的情形),可以用矩形框标记。

(2)特征点定位:在标记出人脸矩形框的基础上,进一步定位眼睛中心、鼻尖和嘴角等关键特征点。

(3)面部子图预处理:即人脸子图的归一化,一是把关键特征点进行对齐,消除人脸大小、旋转带来的影响;二是对人脸核心区域子图进行光亮方面的处理,消除光的强弱、偏光等带来的影响。

(4)特征提取:从人脸子图中提取出可以区分不同人脸的特征。

(5)特征比对:对从两幅图片中提取的特征进行距离或相似度计算。

(6)决策:根据计算出的距离或相似度,确定两张图片上的人脸是否为同一人。根据应用场景,设定一个合适的阈值,安全级别高的应用场景可以把阈值设得高一些,相似度超过阈值,则判定为是同一个人,否则判定为不是同一个人。

上述步骤中的人脸检测、特征点定位、特征提取等工作都可以通过深度学习模型实现。

人脸识别有一对一方式和一对多方式,如火车站的身份验证,比对当时拍摄的人脸与身份证上的人脸是否为同一个人,就属于一对一方式;如门禁系统,把门禁摄像头拍的照片和数据库中预先采集的多幅照片进行比对,能和其中一幅比对上则可打开门禁,否则门禁不开,这属于一对多方式。

在计算机视觉领域,最常用的模型是卷积神经网络以及和深度学习的融合——深度卷积神经网络,卷积神经网络是理解图像内容的经典算法之一。

9.1.2 卷积神经网络概述

卷积神经网络(convolutional neural networks,CNN)是仿照动物的视觉机制构建的。

1958年,同为神经生物教授的大卫·休伯尔(David H. Hubel)和托斯坦·威泽尔(Torsten N. Wiesel)研究瞳孔区域和大脑皮层神经元的对应关系。经过对小猫的反复实验,验证了一个猜测:位于后脑皮层的不同视觉神经元,与瞳孔所受刺激之间,存在某种对应关系。一旦瞳孔受到某一种刺激,后脑皮层的某一部分神经元就会被激活。发现了一种被称为"方向选择性细胞"的神经元。当瞳孔发现了眼前物体的边缘,而且这个边缘指向某个方向时,这种神经元细胞就会活跃。这个发现使人们认为,神经元—神经中枢—大脑的工作过程,或许是一个不断迭代、不断抽象的过程。功能相同的神经元细胞体汇集在一起,调节人体的某一项相应的生理活动,神经中枢是指调节某一特定生理功能的神经元群。

由休伯尔和威泽尔的研究可知,大脑对于一个可见物体(如液晶显示器)的认知过程大致是这样的:感知到原始信号(由瞳孔摄入)、初步处理(大脑皮层某些神经元发现物体的边缘和方向)、抽象处理(由大脑判定物体的形状是长方形)、进一步抽象处理(大脑进一步判定该物体是一台液晶显示器)。

　　总的来说,人的视觉系统对所感知信息的处理是分级的,包括从低级的边缘特征提取,到较高级的形状或者部分目标的确认,再到高级的全部目标及目标行为的确认等。高层特征是低层特征的组合,从低层到高层的特征表示越来越抽象,越来越能表现语义认知。抽象层级越高,就越容易正确分类及识别。

　　大卫·休伯尔和托斯坦·威泽尔由于对视觉系统信息处理的研究成果,和研究左右脑功能的心理生物学教授罗杰·斯佩里共同获得 1981 年度诺贝尔生理学或医学奖。

　　受休伯尔和威泽尔研究发现的启发,研究人员设计了卷积神经网络。

　　最早开展卷积神经网络研究的是日本学者福岛邦彦(Kunihiko Fukushima),他在 1979 年至 1980 年期间仿照生物的视觉皮层设计了以 neocognitron(神经认知机)命名的神经网络,其隐含层由 S 层(simple-layer)和 C 层(complex-layer)交替构成。其中 S 层单元在感受野(receptive field)内对图像特征进行提取,C 层单元接收和响应不同感受野返回的相同特征,S 层-C 层组合能够进行特征提取和筛选,部分实现了卷积神经网络中卷积层和池化层的功能。由于在早期卷积神经网络结构上的贡献,福岛邦彦获得 2021 年度鲍尔科学成就奖。鲍尔科学成就奖设立于 1826 年,是美国历史最悠久的综合性科学和技术奖励计划。

　　对于处理图像信息的卷积神经网络,当前层某个神经元的值只受输入层(图像)某个区域的影响,输入层的这个区域就称为当前层那个神经元的感受野。

　　影响比较大的卷积神经网络模型是杨立昆(Yann LeCun)、约书亚·本吉奥(Yoshua Bengio)等人在 1998 年发表的《基于梯度学习的文档识别》("Gradient-Based Learning Applied to Document Recognition")论文中提出的 LeNet-5。LeNet-5 是一个最早得到实际应用的卷积神经网络模型,曾用于美国银行支票、邮政信件上手写数字的识别。在 20 世纪 90 年代末期,该系统曾经处理了美国 10%～20% 的支票识别。

　　其实,杨立昆早在 1989 年发表的《反向传播应用于手写邮政编码识别》("Backpropagation Applied to Handwritten Zip Code Recognition")的论文中就设计了卷积神经网络 LeNet,这个名字是杨立昆 1988 年在贝尔实验室工作时,其所在部门的主管给命名的,Le 取自作者的名字 LeCun。LeNet 的最初版本包含两个卷积层和 2 个全连接层,共 6.4 万个连接。LeNet-5 是对 LeNet 的改进和完善,增加了具有特征筛选作用的池化层,包含 2 个卷积层、2 个池化层和 2 个全连接层。LeNet-5 及其之后的改进版确立了现代卷积神经网络的基本结构,证明了卷积神经网络在图像识别任务中的有效性。卷积神经网络及其改进版广泛应用于字符识别、人脸识别、手势识别等计算机视觉领域。

9.1.3　卷积神经网络的基本结构

　　一个卷积神经网络可以包含多个卷积层和池化层,卷积的作用可以看作对某种特征的提取。例如,第一个卷积层从图片的原始像素数据中提取到一些边缘特征或轮廓,第二个卷积层可以从这些边缘特征中进一步提取到简单的形状特征,第三个卷积层可以从这些简单的形状特征中再进一步提取到更高级的特征。池化层的作用是减少模型参数的个数,提高模型训练速度。卷积与池化合起来的作用就是高质量、高效率地完成模型训练工作。

1. 卷积神经网络的总体结构

　　卷积神经网络模型一般由输入层、卷积层、池化层、全连接层和输出层构成,其中卷积层

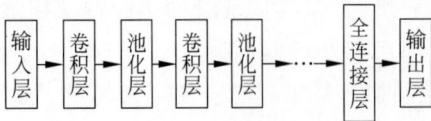

图 9.1　卷积神经网络模型结构

和池化层多次交替出现,如图 9.1 所示。

输入层(input layer)用于接收原始数据。对于图像数据,输入层通常是图像的像素值。例如,对于一幅彩色 RGB 图像,其每个像素点有 RGB 三个通道(红、绿、蓝)的值,若图像大小为 $M*N$,那么输入层的神经元个数就是 $3*M*N$。

卷积层(convolutional layer)是卷积神经网络的核心部分,它通过应用一组可学习的卷积核来提取输入数据的局部特征。每个卷积核都会在输入数据上滑动,计算与局部区域的点积,生成一个特征图。多个卷积核可以并行工作,生成多张特征图,每张图捕捉不同的特征。不同的卷积层可提取不同的特征,如边缘、纹理、形状、具体物品等由低级到高级的特征。

池化层(pooling layer)用于降低特征图的空间维度(即高度和宽度),减少计算量和内存需求,同时保持有用的特征信息。

卷积神经网络的最后几层通常是全连接层(fully connected layer),这些层将前面各层提取的特征组合起来,完成分类或其他任务。全连接层中的每个神经元都与前一层的所有神经元相连。

输出层(output layer)是卷积神经网络的最后一层,它负责产生最终的预测结果。对于分类任务,输出层通常使用 SoftMax 激活函数,输出每个类别的概率分布。在回归任务中,输出层直接输出一个连续值。

2. 卷积层

卷积是一种积分变换方法,在卷积神经网络中卷积计算的目的是提取图像的局部区域特征。卷积操作通过卷积核在原图像上滑动,计算图像与卷积核的局部乘积和,生成特征图。卷积核中的每个元素都是一个可学习的参数。在训练过程中,网络通过反向传播算法不断调整这些参数,使卷积核能够提取出对任务有用的特征。不同的卷积核可以提取不同类型的特征,例如,有的卷积核擅长提取纹理特征,有的则更侧重于边缘特征。卷积过程实现了卷积核的参数共享,有效减少了模型的参数个数,降低了计算复杂度。

以二维数据为例,卷积计算过程如图 9.2 所示。

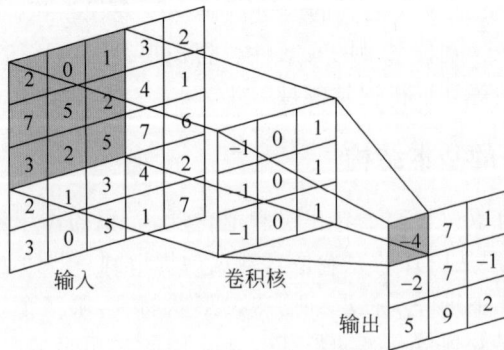

图 9.2　二维卷积操作

首先让输入矩阵的 9 个数字(2,0,1,7,5,2,3,2,5,图中输入层的灰色部分)分别和卷积核矩阵中对应的数字($-1,0,1,-1,0,1,-1,0,1$)进行相乘再相加,最后得到输出矩阵的一

个值－4(输出层灰色部分)。具体计算过程如下:

$$2 \times (-1) + 0 \times 0 + 1 \times 1 + 7 \times (-1) + 5 \times 0 + 2 \times 1 + 3 \times (-1) + 2 \times 0 + 5 \times 1 = -4$$

假如滑动窗口步长为1(输入层的灰色部分向右移动,然后向下移动,每次移动一列或一行),则其余的输出值的计算过程如下:

$$0 \times (-1) + 1 \times 0 + 3 \times 1 + 5 \times (-1) + 2 \times 0 + 4 \times 1 + 2 \times (-1) + 5 \times 0 + 7 \times 1 = 7$$

$$1 \times (-1) + 3 \times 0 + 2 \times 1 + 2 \times (-1) + 4 \times 0 + 1 \times 1 + 5 \times (-1) + 7 \times 0 + 6 \times 1 = 1$$

$$7 \times (-1) + 5 \times 0 + 2 \times 1 + 3 \times (-1) + 2 \times 0 + 5 \times 1 + 2 \times (-1) + 1 \times 0 + 3 \times 1 = -2$$

$$5 \times (-1) + 2 \times 0 + 4 \times 1 + 2 \times (-1) + 5 \times 0 + 7 \times 1 + 1 \times (-1) + 3 \times 0 + 4 \times 1 = 7$$

$$2 \times (-1) + 4 \times 0 + 1 \times 1 + 5 \times (-1) + 7 \times 0 + 6 \times 1 + 3 \times (-1) + 4 \times 0 + 2 \times 1 = -1$$

$$3 \times (-1) + 2 \times 0 + 5 \times 1 + 2 \times (-1) + 1 \times 0 + 3 \times 1 + 3 \times (-1) + 0 \times 0 + 5 \times 1 = 5$$

$$2 \times (-1) + 5 \times 0 + 7 \times 1 + 1 \times (-1) + 3 \times 0 + 4 \times 1 + 0 \times (-1) + 5 \times 0 + 1 \times 1 = 9$$

$$5 \times (-1) + 7 \times 0 + 6 \times 1 + 3 \times (-1) + 4 \times 0 + 2 \times 1 + 5 \times (-1) + 1 \times 0 + 7 \times 1 = 2$$

滑动窗口步长是每次计算卷积核在图像数据上向后或向下滑动 s 格(如在上面示例中 s=1),步长越小,提取特征的粒度越小,得到的特征越丰富,输出层的数据量就越大。

3. 池化层

池化的主要目的是降低特征图的维度,在保留重要特征的同时减少数据量和计算量,即精炼特征图中具有代表性的特征,是提高学习效率与泛化能力的策略之一。常见的池化操作有最大池化和平均池化。

最大池化是用池化区域内的最大值作为池化区域值的代表,平均池化是用池化区域内的平均值作为池化区域值的代表,分别如图 9.3 和图 9.4 所示。从图中可以看出,经过池化操作后,可以用 4 个值代表原来的 16 个值。

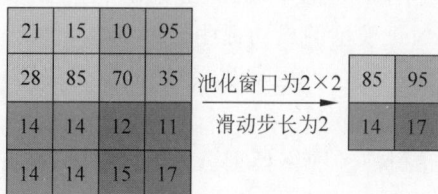

图 9.3 最大池化

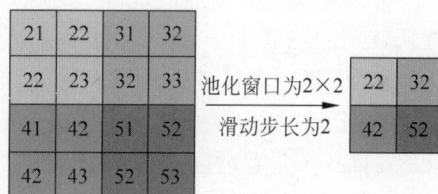

图 9.4 平均池化

4. 全连接层

全连接层通常位于卷积神经网络的最后几层,用于将卷积层和池化层提取的特征映射到输出空间。全连接层的每个神经元与上一层的所有神经元相连接,通过权重和偏置进行线性变换,然后通过激活函数进行非线性变换,生成最终的输出。全连接层的结构如图 9.5 所示。

卷积神经网络在计算机视觉的多个领域得到应用,典型的应用场景包括图像分类、图像分割、图像风格迁移、目标检测与定位等。

9.1.4 典型的卷积神经网络模型

在计算机视觉领域,一些卷积神经网络模型取得了良好的应用效果,除了早期版本 LeNet-5 外,还有一些改进版取得了良好的处理效果。

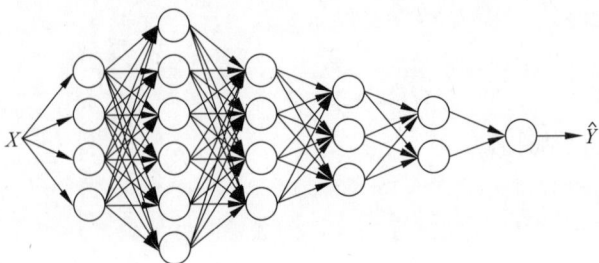

图 9.5　卷积神经网络全连接层的结构

1. AlexNet

AlexNet 是由辛顿和他的两个学生在 2012 年提出的第一个深度卷积神经网络模型 (deep convolutional neural network, DCNN), 把辛顿提出的深度学习方法与卷积神经网络融合, 他们参加了 2012 年的 ImageNet 挑战赛并以绝对优势获得冠军。模型的名字来自主要设计者 Alex Krizhevsky 的名字。AlexNet 有 6 亿个参数和 650 000 个神经元。他们利用 ImageNet 大赛主办方提供的大规模训练数据, 采用两块 GPU 进行训练, 将 ImageNet 挑战赛的图片分类任务的 Top-5 错误率降低到了 15.3%, 而传统方法的错误率高达 26.2% 以上, 这一结果让研究者看到了深度学习方法的巨大威力, 以致到 2013 年的比赛时, 成绩靠前的几个代表队几乎全部采用了深度学习方法, 其中分类任务的冠军来自纽约大学的 Fergus 研究小组, 他们采用进一步改进、优化后的 AlexNet 模型, 将 Top-5 错误率进一步降低到了 11.7%。

AlexNet 模型的主要特点: ①模型包含 5 个卷积层和 3 个全连接层; ②使用更简单的 ReLU 激活函数来提升计算效率和避免反向传播无法持续更新部分模型参数; ③采用随机丢弃(dropout)技术防止过拟合, 来控制全连接层的模型复杂度; ④使用数据增强(如随机裁剪、翻转和颜色变化)来进一步缓解过拟合。AlexNet 模型的成功证明了深度卷积神经网络在大规模图像分类任务中的强大能力, 推动了深度学习在计算机视觉领域的广泛应用。

2. GoogLeNet

GoogLeNet 是谷歌公司在 2014 年提出的深度卷积神经网络模型。GoogLeNet 的主要特点是: 引入了 inception(多尺度特征提取)模块, 该模块在同一层中使用不同大小的卷积核(如 1×1、3×3、5×5)和池化操作, 然后将结果拼接或相加。这种结构可以有效地捕捉不同尺度的特征, 并显著降低了参数个数和计算量, 虽然 GoogLeNet 有 22 层, 但其参数个数比 AlexNet 还少。GoogLeNet 在 2014 年的 ImageNet 挑战赛中夺得第一名, Top-5 错误率为 6.7%。

3. VGGNet

VGGNet 是由牛津大学的学者在 2014 年提出的深度卷积神经网络模型。这个模型的主要特点是通过减少参数个数、使用小卷积核(3×3)堆叠多层卷积层, 构建了更深的网络结构(层数更多的神经网络), 通过增加网络深度来提升性能。主要有 VGG16 和 VGG19 两个版本, 分别包含 16 层和 19 层。VGGNet 证明了增加网络深度(层数)对于学习更复杂特征的重要性, 但也需要采取有效方法降低由此导致的参数个数和计算量的显著增加。VGG19 在 2014 年的 ImageNet 挑战赛中获得第二名, Top-5 错误率为 7.3%。

4. ResNet

ResNet(residual network,残差网络)是微软亚洲研究院的何凯明等人在 2015 年提出的深度卷积神经网络模型,其主要特点是:通过引入残差学习解决了深度神经网络训练中的梯度消失问题,使用残差块将输入直接与输出相加,形成残差连接;首次构建了超过 100 层、达到 152 层的神经网络,在 2015 年的 ImageNet 挑战赛上取得第一名的好成绩,Top-5 错误率为 3.57%,首次达到了错误率低于人的水平,人的平均错误率大约为 5%。

ImageNet 是一个用于物体对象识别检索的大型视觉数据库。截至 2016 年,ImageNet 已经对超过 1000 万幅图片进行手工注释,标注出图片的类别。在至少 100 万张图片中还提供了边界框。自 2010 年之后,ImageNet 举办了一年一度的分类软件竞赛,称为 ImageNet 大尺度视觉识别挑战赛(ImageNet Large Scale Visual Recognition Challenge,ILSRVC)。主要内容是通过程序实现正确分类和探测识别物体与场景,评价标准就是 Top-5 错误率。

对于 ILSRVRC 挑战赛(人们更习惯称为 ImageNet 挑战赛),ImageNet 提供给参赛队的数据集有:包含 120 万张图片的训练集、包含 5 万张图片的验证集和包含 15 万张图片的测试集,这些图片分为 1000 类。训练集用于参赛队训练自己设计的模型,验证集(公布标注类别)用于参赛队验证自己的模型,测试集(不公布标注类别)用于提交分类结果,由大赛主办方评判分类结果。

Top-5 错误率是指对一张图片预测 5 个类别,只要有一个和人工标注类别相同就算分类正确,否则算分类错误。

9.1.5　基于卷积神经网络的手写数字识别

近几年,随着深度学习研究开发的不断深入,出现了许多便于人们应用解决实际问题的深度学习框架。常用的开源框架有谷歌大脑团队开发的 TensorFlow、伯克利人工智能研究实验室开发的 Caffe、蒙特利尔理工学院开发的 Theano、Facebook 公司开发的 PyTorch、微软研究院开发的 CNTK、亚马逊公司维护的 MXNet 和百度公司开发的飞桨(PaddlePaddle)等。由于 PyTorch 在众多大学和研究机构的教学与研究工作中得到广泛应用,且其语法风格与 Python 编程习惯高度一致,对于已熟悉 Python 语言的开发者而言,使用 PyTorch 是很容易的。因此本节选用 PyTorch 作为深度学习的框架,基于 LeNet-5 实现手写数字识别。

1. 手写数字识别

MNIST 数据集是一个经典的手写数字识别数据集,被广泛用于机器学习和深度学习领域的教学和研究。MNIST 数据集是由杨立昆等人在 20 世纪 90 年代末开发的,它来源于美国国家标准与技术研究院(NIST)的手写数字邮政编码数据集。MNIST 数据集包含了 60 000 个训练样本和 10 000 个测试样本。每个样本是一个 28×28 像素的灰度图像,代表一个手写的数字(0~9)。每个像素的值范围在 0 到 255 之间。数据集的结构是每个图像都被展平成一个 784 维的向量(28×28),标签是每个图像对应的数字(0~9)。数据的格式为 IDX 格式,这是一种特殊的二进制文件格式。具体包括如下 4 个文件。

```
train-images-idx3-ubyte.gz:存储的是训练集图像数据。
train-labels-idx1-ubyte.gz:存储的是训练集标签数据。
t10k-images-idx3-ubyte.gz:存储的是测试集图像数据。
t10k-labels-idx1-ubyte.gz:存储的是测试集标签数据。
```

2. LeNet-5 的基本结构

LeNet-5 的基本结构如图 9.6 所示。

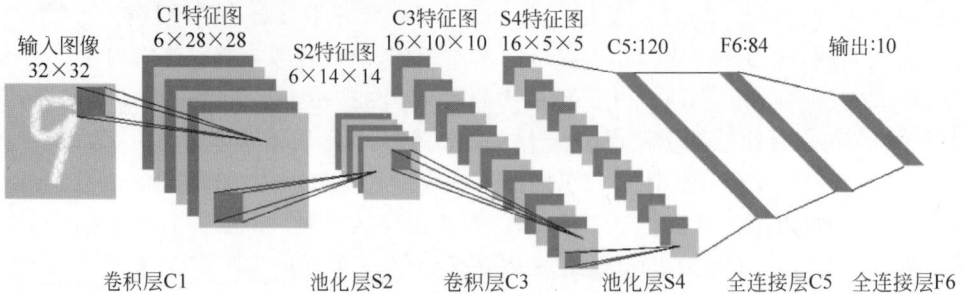

图 9.6 卷积神经网络 LeNet-5 的基本结构

其中,输入层:接收 32×32 的灰度图像。

卷积层 C1:使用 6 个 5×5 的卷积核,步长为 1。输出特征图尺寸为 28×28。

池化层 S2:采用 2×2 的平均池化,步长为 2。输出特征图尺寸为 14×14。

卷积层 C3:使用 16 个 5×5 的卷积核,步长为 1。输出特征图尺寸为 10×10。

池化层 S4:同样使用 2×2 的平均池化,步长为 2。输出特征图尺寸为 5×5。

全连接层 C5:将 S4 的输出展平为 400 维向量,并通过 120 个神经元的全连接层处理。

全连接层 F6:包含 84 个神经元,进一步提取特征。

输出层:由 10 个神经元组成,对应 0~9 的数字类别,使用 Softmax 函数输出概率分布。

LeNet-5 通过卷积、池化和全连接层的组合,成功实现了手写数字灰度图像的有效识别。

3. 使用 LeNet-5 对手写数字灰度图像进行分类

步骤一:导入相关的库。

```python
# 导入 PyTorch 库,它是构建和训练神经网络的基础库
import torch
# 导入 torch.nn 模块并规定别名为 nn,该模块包含了构建神经网络所需的各种组件
import torch.nn as nn
# 导入 torch.nn.functional 模块并规定别名为 F,它提供了许多常用的神经网络函数
import torch.nn.functional as F
# 导入 torch.optim 模块,该模块包含了各种优化算法
import torch.optim as optim
# 从 torchvision 库中导入 datasets 和 transforms 模块
# datasets 模块提供了常见的图像数据集,如 MNIST、CIFAR-10 等
# transforms 模块提供了一系列图像变换操作,以满足模型的输入要求
from torchvision import datasets, transforms
# 导入 time 模块,该模块提供了与时间相关的函数
import time
# 从 matplotlib 库中导入 pyplot 模块并规定别名为 plt
from matplotlib import pyplot as plt
```

步骤二:由于 MNIST 数据集中图像的大小是 28×28,而 LeNet-5 网络要求输入图像的大小是 32×32,因此使用函数 transforms.Resize()将输入图像的大小调整为 32×32。

```
# 对训练集的图像进行处理
pipline_train = transforms.Compose([
# 随机旋转图像
    transforms.RandomHorizontalFlip(),
    # 将图像大小调整为 32×32
    transforms.Resize((32,32)),
    # 将图像转换为 Tensor 格式
    transforms.ToTensor(),
    # 正则化处理,当模型出现过拟合情形时用来降低模型的复杂度
    transforms.Normalize((0.1307,),(0.3081,))
    ])
# 对测试集的图像进行处理
pipline_test = transforms.Compose([
    transforms.Resize((32,32)),
    transforms.ToTensor(),
    transforms.Normalize((0.1307,),(0.3081,))
    ])
```

步骤三：下载和加载数据集。

```
train_set = datasets.MNIST(root="./data", train=True, download=True, \
                        transform=pipline_train)
test_set = datasets.MNIST(root="./data", train=False, download=True, \
                        transform=pipline_test)
trainloader = torch.utils.data.DataLoader(train_set, batch_size=64, shuffle=True)
testloader = torch.utils.data.DataLoader(test_set, batch_size=32, shuffle=False)
```

步骤四：搭建 LeNet-5 神经网络结构,并定义前向传播的过程。

```
class LeNet(nn.Module):
    def __init__(self):                            # LeNet-5 卷积神经网络模型初始化函数
        super(LeNet, self).__init__()              # 继承父类初始化方法
        self.conv1 = nn.Conv2d(1, 6, 5)            # 定义第一个卷积层
        self.relu = nn.ReLU()                      # 定义 ReLU 激活函数
        self.maxpool1 = nn.MaxPool2d(2, 2)         # 第一池化层
        self.conv2 = nn.Conv2d(6, 16, 5)           # 第二卷积层
        self.maxpool2 = nn.MaxPool2d(2, 2)         # 第二池化层
        self.fc1 = nn.Linear(16*5*5, 120)          # 第一全连接层
        self.fc2 = nn.Linear(120, 84)
        self.fc3 = nn.Linear(84, 10)

    def forward(self, x):
        x = self.conv1(x)
        x = self.relu(x)
        x = self.maxpool1(x)
        x = self.conv2(x)
        x = self.maxpool2(x)
        x = x.view(-1, 16*5*5)
        x = F.relu(self.fc1(x))
        x = F.relu(self.fc2(x))
        x = self.fc3(x)
        output = F.log_softmax(x, dim=1)
        return output
```

步骤五：将定义好的网络结构搭载到 GPU/CPU,并定义优化器。

```
# 创建模型,判断是用 GPU 还是 CPU
```

```
device = torch.device("cuda" if torch.cuda.is_available() else "cpu")
model = LeNet().to(device)
# 定义优化器
optimizer = optim.Adam(model.parameters(), lr=0.001)
```

步骤六：定义训练过程。

```
def training_process(model, device, trainloader, optimizer, epoch):
    # 训练模型，启用 BatchNormalization 和 Dropout 并均置为 True
    model.train()
    total = 0
    correct = 0.0
    # 迭代已加载的数据集，同时获取数据和数据下标
    for i, data in enumerate(trainloader, 0):
        inputs, labels = data
        # 把模型部署到设备上
        inputs, labels = inputs.to(device), labels.to(device)
        # 初始化梯度
        optimizer.zero_grad()
        # 保存训练结果
        outputs = model(inputs)
        # 计算损失和，多分类情况通常使用交叉熵损失函数
        loss = F.cross_entropy(outputs, labels)
        # 获取最大概率的预测结果，dim=1 表示返回每一行的最大值对应的列下标
        predict = outputs.argmax(dim=1)
        total += labels.size(0)
        correct += (predict == labels).sum().item()
        # 反向传播
        loss.backward()
        # 更新参数
        optimizer.step()
        if i % 1000 == 0:
            # loss.item() 表示当前 loss 的数值
            print("Train Epoch{} \t Loss: {:.6f}, accuracy: {:.6f}%". \
                format(epoch, loss.item(), 100*(correct/total)))
            Loss.append(loss.item())
            Accuracy.append(correct/total)
    return loss.item(), correct/total
```

步骤七：定义测试过程。

```
def testing_process(model, device, testloader):
# 模型验证，必须要写，否则只要有输入数据，即使不训练，它也会改变权值
# 因为调用 eval() 将不启用 BatchNormalization 和 Dropout 并均置为 False
    model.eval()
    # 统计模型正确率，设置初始值
    correct = 0.0
    test_loss = 0.0
    total = 0
    # torch.no_grad 将不会计算梯度，也不会进行反向传播
    with torch.no_grad():
        for data, label in testloader:
            data, label = data.to(device), label.to(device)
            output = model(data)
```

```
        test_loss += F.cross_entropy(output, label).item()
        predict = output.argmax(dim=1)
        # 计算正确数量
        total += label.size(0)
        correct += (predict == label).sum().item()
    # 计算损失值
    print("test_avarage_loss: {:.6f}, accuracy: {:.6f}%". \
            format(test_loss/total, 100*(correct/total)))
```

步骤八：运行程序，程序运行结果如图 9.7 所示。

```
epoch = 5
Loss = []
Accuracy = []
for epoch in range(1, epoch+1):
    print("start_time",time.strftime('%Y-%m-%d %H:%M:%S', \
            time.localtime(time.time())))
    loss, acc = training_process(model, device, trainloader, optimizer, epoch)
    Loss.append(loss)
    Accuracy.append(acc)
    testing_process(model, device, testloader)
    print("end_time: ",time.strftime('%Y-%m-%d %H:%M:%S', \
            time.localtime(time.time())),'\n')
plt.subplot(2,1,1)
plt.plot(Loss)
plt.title("Loss")
plt.show()
plt.subplot(2,1,2)
plt.plot(Accuracy)
plt.title('Accuracy')
plt.show()
```

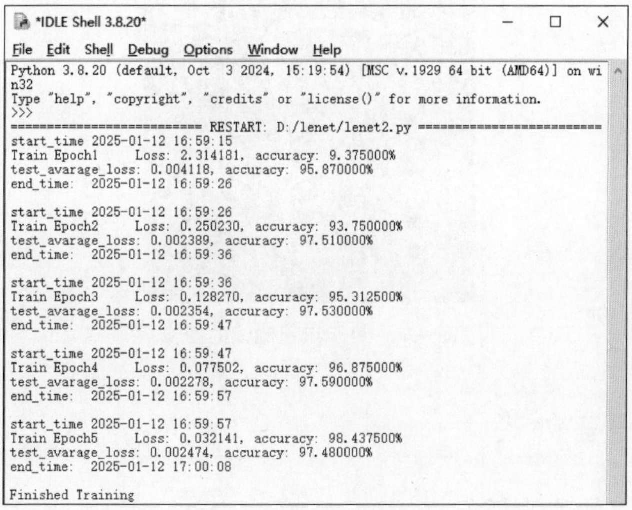

图 9.7　程序运行结果

步骤九：保存模型。

```
print(model)
torch.save(model, "./model-mnist.pth")
```

步骤十：用训练好的模型进行手写数字图像的识别测试。

```python
import cv2
if __name__ == "__main__":
    device = torch.device('cuda' if torch.cuda.is_available() else "cpu")
    model = torch.load("./model-mnist.pth")          # 加载模型
    model = model.to(device)
    model.eval()                                      # 把模型转换为测试模式
    # 读取要识别测试的图像,参见图 9.8
    img = cv2.imread("./image/test_mnist.jpg")
    img=cv2.resize(img,dsize=(32,32),interpolation=cv2.INTER_NEAREST)
    plt.imshow(img,cmap="gray")                       # 显示图像
    plt.axis('off')                                   # 不显示坐标轴
    plt.show()
    # 导入图像
    trans = transforms.Compose([
        transforms.ToTensor(),
        transforms.Normalize((0.1307,), (0.3081,))
    ])
    # 图像转换为灰度图,因为 MNIST 数据集都是灰度图
    img = cv2.cvtColor(img, cv2.COLOR_BGR2GRAY)
    img = trans(img)
    img = img.to(device)
    img = img.unsqueeze(0)
    # 预测
    output = model(img)
    predict = output.argmax(dim=1)
    print(predict.item())
    # 预测结果 7 和原始图像类别一样
```

图 9.8　用于识别测试的图像

9.2　自然语言处理

9.2.1　自然语言处理的任务

自然语言处理(natural language processing,NLP)就是让计算机"读懂"自然语言,从而实现人与计算机通过自然语言进行通信和交流的技术。因为处理自然语言的关键是要让计算机"理解"自然语言,所以自然语言处理又称为自然语言理解,也称为计算语言学。一方面它是自然语言信息处理的一个分支,另一方面它是人工智能的重要应用领域之一。

语言翻译、文本生成、文本理解、智能问答等都属于自然语言处理的研究范畴。语言翻译是指把一种自然语言自动翻译成另一种自然语言,常称为机器翻译。文本生成是指自动生成新闻稿、命题作文、合同书等文本。文本理解是指自动抽取出一段文字或一篇文章的摘要内容等。智能问答是指在"理解"用文字所提问题的基础上给出合适的回答。

自然语言处理可以追溯到美国数学家瓦伦·韦弗(Warren Weaver,1894—1978)在1949 年提出的机器翻译设计方案。自然语言处理大体可以分为基于语法规则的自然语言处理、基于统计的自然语言处理、基于深度学习的自然语言处理 3 个主要阶段。

9.2.2　基于语法规则的自然语言处理

从 20 世纪 40 年代到 80 年代末,这一时期可以看作自然语言处理的早期阶段,主要是基于关键词匹配、语法分析、句法分析、文法分析、词典等,即主要是基于关键字匹配和语言本身的语法规则(语言学知识)和词典来完成相关工作,代表性的系统有 ELIZA、PARRY、SHEDLU、SYSTRAN 等。

1966 年,约瑟夫·魏泽鲍姆(Jaseph Weizenbaum,1923—2008)设计了第一个对话程序(聊天机器人)ELIZA,能够模拟一位心理医生和患者聊天。

1972 年,心理医生肯尼斯·科尔比(Kenneth Colby)在斯坦福大学开发了对话程序PARRY。和 ELIZA 相反,PARRY 模拟一个病人和心理医生聊天。有意思的是,通过当时的网络 ARPAnet(互联网的前身)、PARRY(作为病人)和 ELIZA(作为医生)聊了一次,聊天记录保存在位于美国硅谷的计算机历史博物馆中。

还是在 1972 年,特里·维诺格拉德(Terry Winograd)在美国麻省理工学院设计了一个用自然语言指挥机器人动作的 SHEDLU 系统,该系统把句法分析、语义分析、逻辑推理结合起来,模拟了一个能够操纵桌子上积木的机器人手臂,通过人机对话方式,机器人能够根据操作人员的命令完成搭积木的动作。

彼得·托马(Peter Toma)在美国乔治敦大学开发了机器翻译系统 SYSTRAN,主要是把俄语科技文档翻译成英语,并在此基础上于 1968 年创立机器翻译公司。1976 年,欧共体翻译局购买了英法版的 SYSTRAN,并由欧共体组织自己的技术力量开发用于欧共体成员国所用语言间的翻译系统。经过 8 年的改进与完善,到 1983 年,SYSTRAN 已是一个具有相当高水平的多语言互译系统。SYSTRAN 是目前应用最广泛、所开发的语种最丰富的翻译软件,可进行汉语、英语、法语、德语、俄罗斯语等 50 种语言的互译。

大家或许对谷歌翻译、百度翻译比较熟悉,也可以去试试 SYSTRAN 翻译(SYSTRAN Translate),体验一下其翻译效果到底如何。现在 SYSTRAN 已升级为基于深度神经网络的翻译系统,它主页目前的宣传语是:基于一流的神经机器翻译技术以及在企业和政府机构数十年的经验,即时安全地翻译成 50 种语言。

9.2.3　基于统计的自然语言处理

由于自然语言的复杂性,依据语言学知识总结的语法规则并不能覆盖所有的语言应用,基于语法规则、语言学知识、词典的自然语言处理具有很大的局限性。从 20 世纪 90 年代开始,自然语言处理进入第二阶段,此时基于统计的机器学习方法开始流行,很多自然语言处理任务开始用基于统计的方法来完成。主要思路是:基于人工定义的特征建立统计模型,利用带标注的数据(平行语料)训练模型并确定模型参数,然后利用训练好的模型(参数)进行实际的翻译工作。更通俗一点讲,就是基于统计来完成翻译工作,利用平行语料(如中英文对照文本)统计源语言词与目标语言词的对应概率,然后根据概率和其他必要的评估进行翻译。例如,计算机虽然不知道"智能"对应的英文是什么,但是在对大量的语料进行统计后发现只要中文句子中有"智能"出现,对应的英文句子就会出现 intelligence 这个词(或出现的概率很大),那么就可以把"智能"翻译为 intelligence。很显然,语料越多越丰富,基于统计的翻译效果就越好。

基于统计的自然语言处理也有其局限性,需要大规模的、高质量的双语平行语料;无法捕捉长距离依赖和复杂的句法结构;对于语序差异较大的语言,翻译效果不理想;词与词之间的语义关系表示不准确。

9.2.4　基于深度学习的自然语言处理

2006 年,辛顿等发表关于深度学习的论文。2008 年之后,基于多层神经网络的深度学习方法逐步应用于语音识别和图像处理,并取得良好效果。自然语言处理进入第三个阶段,先是把深度学习用于特征计算或者建立一个新的特征,然后在原有的统计学习框架下进行后续处理。2012 年,辛顿和他的两位学生提出的深度卷积神经网络模型 AlexNet 在图片分类上取得重大突破,引起了研究应用深度学习模型的热潮。2014 年以来,人们尝试直接通过深度学习建模,进行端对端的训练。在机器翻译、智能问答、文本理解等领域取得了重大进展。

对于机器翻译来说,基于深度学习方法的机器翻译也称为神经机器翻译,其翻译过程是模拟人的翻译过程。人做翻译工作的思路是这样的:先理解要翻译的句子,然后形成句子的语义(句子所要表达的内在含义,不只是表面意思),最后按语义把句子翻译成目标语言的句子。基于深度学习的自然语言处理经历了循环神经网络(RNN)、长短期记忆网络(long short-term memory, LSTM)、门控循环单元(gated recurrent unit, GRU)、Seq2Seq、Transformer 等模型的递进发展,并逐步融入了词嵌入方法和注意力机制、自注意力机制,使自然语言处理越来越接近人的处理方式,处理性能越来越好。

深度学习方法的应用,使机器翻译、智能问答、聊天机器人、文本理解等领域取得了突破性进展,在科技翻译、智能客服等任务上达到了实用化水平。

9.2.5　词嵌入

在传统的自然语言处理方法中,计算机处理词语的方式通常是基于词的,把每个词当作一个独立的符号来处理。然而,语言中的词语并非孤立存在的,它们之间有着复杂的语义联系。因此,需要一种方法,将词语之间的相似性(或关联度)和语义信息更好地表达出来,这就是引入词嵌入技术的目的。

词嵌入(word embedding)技术是将词语映射到连续向量空间的一种技术,每个词都被表示为一个实数向量,这些向量间的相对距离反映了词与词之间的语义关系。例如,"计算机"和"电脑"这两个词的向量的距离就很近,因为它们是同义词;"橘子"和"苹果"这两个词的向量的距离比较近,因为它们有较强的关联性,都是水果;"电脑"和"苹果"的向量的距离也比较近,因为有一种"苹果"牌的电脑;而"电脑"与"橘子"的向量的距离就比较远,因为它们在语义上没有什么关系。词嵌入比传统方式更准确地反映了词与词之间的语义关系,所以基于词嵌入的自然语言处理的效果就会更好。

假设有一组词["猫","狗","跑","飞"],通过词嵌入模型可以将这些词转换为如下向量:

"猫":[0.2,0.3,-0.1,0.4]
"狗":[0.25,0.35,-0.2,0.45]
"飞":[-0.3,-0.4,0.2,0.6]

在这些词向量中,语义相近的词(如"猫"和"狗")其向量间的距离较近(其值为 0.13),而语义差异较大的词(如"猫"和"飞")的向量间的距离较远(其值为 0.93)。

向量 $x(x_1,x_2,x_3,\cdots,x_n)$ 和向量 $y(y_1,y_2,y_3,\cdots,y_n)$ 的距离计算公式如下:

$$\sqrt{(x_1-y_1)^2+(x_2-y_2)^2+\cdots+(x_n-y_n)^2}$$

依据距离公式,"猫"和"狗"的距离为

$$\sqrt{(0.2-0.25)^2+(0.3-0.35)^2+(-0.1+0.2)^2+(0.4-0.45)^2}=0.13$$

"猫"和"飞"的距离为:

$$\sqrt{(0.2+0.3)^2+(0.3+0.4)^2+(-0.1-0.2)^2+(0.4-0.6)^2}=0.93$$

目前,由词到词向量的映射过程通常是通过神经网络模型来实现的,最常用的两种方法是 Word2Vec 和 GloVe。

Word2Vec(word to vector,词到向量)通过语料库上下文中的词预测目标词,并且能学习到词与词之间的语义关系。例如,给定句子"我喜欢足球",Word2Vec 会学习到"足球"与"喜欢"这两个词之间的语义相关性,从而将它们映射到比较近的向量空间中。

GloVe(global vectors for word representation,全局词向量表示)则是基于全局词共现信息,通过统计学习方法来生成词向量。它通过计算词与词之间在整个语料库中的共现概率,来学习到一个更为全局的词向量。GloVe 方法的核心优势在于其能够利用全局共现信息,通过对整个语料库的统计特征进行建模,捕捉到更多层次的语义关系。虽然训练过程相对较慢,但能够生成语义丰富的词向量。

Word2Vec 和 GloVe 都是词嵌入方式生成高质量词向量的经典方法。Word2Vec 更注重局部上下文的信息,适合处理较小的语料库;而 GloVe 则通过全局统计信息进行建模,能在更大的语料库上取得更好的效果。词向量不仅是字面上的表达,还是捕捉到了词的语义、用法以及与其他词的关系,这种特性使得词向量成为了目前自然语言处理的基础。

9.2.6　注意力机制

1. Transformer 模型

在理解或翻译一个词时,RNN 能够考虑前面的词对当前词的影响,当文本较长时,捕捉前面的词对当前词影响的能力变弱,LSTM 和 GRU 对于长文本的处理能力有所改进,但仍有局限性,Seq2Seq 和 Transformer 具有更强的长文本处理能力,目前主流的自然语言处理模型是 Transformer。

Seq2Seq(sequence to sequence,序列到序列)模型将输入序列(如英文句子)转换为输出序列(如翻译后的中文句子)。Seq2Seq 模型由编码器和解码器两个主要部分组成。

编码器(encoder)的任务是将输入序列转换为一个固定大小的上下文向量,基于 RNN

或 LSTM、GRU,编码器逐步处理输入的每个词,最后生成一个表示整个句子语义的向量,该向量包含输入句子中所有词的语义信息。例如,英文句子"The application of artificial intelligence promotes economic and social development."会被转换为一个包含句子中所有词的语义的向量。

解码器(decoder)根据编码器生成的源语句的向量生成目标语言的输出。它逐一生成翻译后的词,直到得到完整的翻译句子。例如,解码器根据编码器生成的向量生成"人工智能的应用促进了经济和社会发展。"来表示源语句的中文翻译。

谷歌公司在 2017 年提出的 Transformer 模型,旨在解决之前的模型处理长序列数据时的难以并行化和长距离依赖捕捉困难等问题。Transformer 架构是一种基于自注意力机制(self-attention mechanism)的深度学习模型,它舍弃了传统循环神经网络中依赖顺序处理的方式,通过自注意力机制直接对输入序列中的每个位置进行全局建模,能够并行计算,高效地捕捉长序列数据中的语义依赖关系。

Transformer 也是由编码器和解码器两部分组成。在机器翻译任务中,Transformer 可以将源语言句子中的每个单词与目标语言句子中的每个单词进行对齐和关联分析。就像一个能够理解文本深层含义的翻译家,在翻译时会通览整个句子,考虑每个单词在上下文中的最佳翻译,而不是逐词机械地翻译。

2. 注意力机制

Seq2Seq 模型把句子看作词的序列,理解或翻译当前词要考虑上下文词的影响,更符合语言表达的实际,所以表现出了较好的性能。但也有其不足之处,当输入的句子较长时,由于编码器是将整个句子的含义压缩成一个固定长度的上下文向量,所以模型无法很好地保留句子中的每个细节。2015 年,本吉奥等人提出的注意力机制有效地解决了这个问题,提高了长句子的翻译质量。

注意力机制(attention mechanism)的基本思路是,在处理输入序列时能够动态地关注与当前任务最相关的部分,而不是简单地依赖固定的上下文信息。根据当前任务的需要,动态地为输入序列中的不同部分分配不同的权重。例如,当翻译句子"Xiaoming didn't come to class this morning because he was sick."中的词 he 时,注意力机制会使翻译模型更多地关注前面的词 Xiaoming,即词 Xiaoming 起的作用更大一些,其他上下文词的作用都会小一些。引入注意力机制,当处理某个词时,模型根据上下文词与当前词的语义关系动态地为输入序列中的上下文词分配不同的权重,能够更加准确地对当前词进行理解和相应的处理。

注意力机制关注两个不同序列之间的关系(如编码器与解码器之间),在机器翻译、文本摘要等任务中,解码器动态关注编码器的不同部分。自注意力机制关注同一序列内部各元素之间的关系(序列内任意位置的交互影响)。在 Transformer 等模型中,直接建模序列的全局依赖,序列中的每个元素通过权重与序列内所有其他元素交互。

9.3 智能机器人

近年来,机器人得到快速发展和广泛应用,机器人(特别是人形机器人)的一大特点是能够形象、直观地展示智能特性。机器人既是先进制造业的关键支撑装备,也是改善人类生活方式的重要工具。机器人的研发及产业化应用是衡量一个国家科技创新、高端制造发展水平的重要标志。

智能机器人(intelligent robot)是一种能够半自主或全自主工作的智能机器,具有感知、决策、执行等基本特征,可以辅助甚至替代人类完成危险、繁重、复杂的工作,提高工作效率与质量,服务人类生活,扩大或延伸人的活动及能力范围。

9.3.1 机器人的发展

自 1954 年世界上第一台机器人诞生以来,机器人经历了由一般机器人向智能机器人的逐步发展过程。一般机器人是指只具有一般编程能力和操作功能的机器人。多数专家认为,智能机器人至少要具备以下几个功能特征:一是具备对不确定作业条件的适应能力;二是具备复杂对象的灵活操作能力;三是具备与人紧密协调合作的能力;四是具备与人自然交互的能力;五是具备人机合作安全特征。目前所说机器人一般是指智能机器人。

在 70 多年的机器人发展历史中,科学家、工程师研发了多种样式、多种功能的机器人,在很多领域都有机器人的身影出现。

1988 年,日本东京电力公司研制出具有自动跨越障碍能力的巡检机器人。1994 年中国科学院沈阳自动化所研制出中国第一台无缆水下机器人"探索者"。1997 年,美国研制的"探路者"空间移动机器人,完成了对火星表面的实地探测,取得了大量有价值的火星资料。

1999 年,美国直觉外科公司研制出达芬奇机器人手术系统,现在已迭代更新至第五代产品,在多个国家的多家医院得到应用。2000 年,日本本田技研公司推出第一代人形机器人阿莫西;国防科技大学研制出我国第一个人形机器人"先行者",具有与人类似的躯体、头部、眼睛、双臂和双足,可以步行,也有一定的语言功能。

2005 年,美国波士顿动力公司研制出四腿机器人"大狗"(Bigdog);日本研制出"村田男孩"机器人,能够骑行普通的双轮自行车。2008 年,深圳大疆创新科技公司研制出无人机;日本研制出一款名为"村田女孩"的机器人,该机器人可以骑独轮车,相当于一个杂技演员;北京奥运会期间,由中国民航大学研制的 5 个奥运福娃机器人亮相北京首都国际机场,迎送奥运大家庭成员和国内外宾客。

2013 年 12 月 2 日,伴随"嫦娥三号"探测器发射入轨,并于 15 日与着陆器成功分离的"玉兔"号月球车也是一个高智能的机器人。2015 年日本软银集团和法国 Aldebaran Robotics 公司联合研发出能够识别人的情绪的人形机器人 Pepper,通过对"观察"到的面部表情和"听"到的语音语调的分析,Pepper 能够知晓人当时的情绪状态并给予相应的语言或动作应对。

2018 年美国波士顿动力公司研制出能轻松完成奔跑、跨越障碍、旋转、跳跃、后空翻等一连串高难度动作的仿人机器人。2020 年 12 月 29 日,美国波士顿动力公司发布了旗下大狗机器人 Spot、人形机器人 Atlas 和搬运机器人 Handle 辞旧迎新的"集体舞"。

2020 年 7 月 23 日随我国第一个火星探测器"天问一号"发射升空的我国首辆火星车"祝融"号,于 2021 年 5 月 15 日登陆火星并开始对火星的巡视探测工作,有人称之为中国机器人成功登陆火星。

2022 年 2 月 4 日开幕的北京冬奥会期间有消杀机器人、烹饪机器人、送餐机器人和清废机器人等 100 多个智能机器人为媒体记者提供消杀、烹饪、送餐、清废等工作。

2025 年 1 月 28 日,杭州宇树科技有限公司(以下简称为宇树科技)研发的 Unitree H1

型人形机器人亮相蛇年中央广播电视总台春节联欢晚会舞台,如图 9.9 所示。一群穿着花棉袄的机器人在现场扭起了秧歌,这群机器人还会变换队形、舞动身体,多角度双手转手绢、飞手绢,娴熟、流畅的舞蹈动作给观众留下了深刻印象。惊艳的表演动作背后是人工智能驱动的全身运动控制技术,如图 9.10 所示,强大的关节驱动力和 360° 全景深度感知技术,使机器人对周围环境的一举一动都能精准掌握。通过先进的人工智能算法,机器人能"听懂"音乐并能跟上音乐的节奏。春节后,宇树科技还发布了包括功夫机器人 Unitree G1 在内的多款人形机器人。

图 9.9　春晚上表演节目的 Unitree H1 型机器人

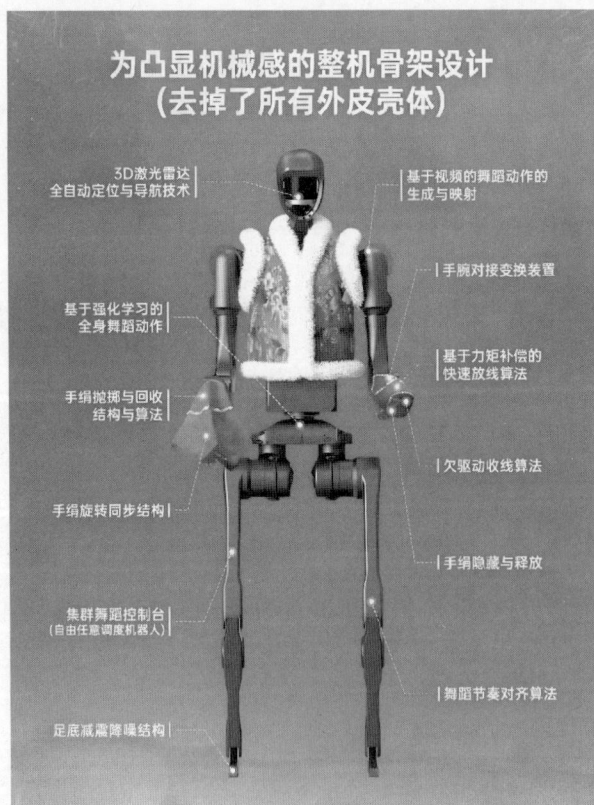

图 9.10　Unitree H1 型机器人的结构及技术

9.3.2　机器人的分类

机器人通常分为三大类:工业机器人、服务机器人和特种机器人。

工业机器人是面向工业生产领域的多关节机械手或多自由度机器人,主要包括面向汽车、航空航天、轨道交通等领域的高精度、高可靠性的焊接机器人,面向半导体行业的自动搬运、智能移动与存储等真空(洁净)机器人,具备防爆功能的民爆物品生产机器人,AGV(无人搬运车)、无人叉车,分拣、包装等物流机器人,面向 3C(计算机、通信、消费电子产品)、汽车零部件等领域的大负载、轻型、柔性、双臂、移动等协作机器人,可在转运、打磨、装配等工作区域内任意位置移动、实现空间任意位置和姿态可达、具有灵活抓取和操作能力的移动操作机器人。

服务机器人是一类能够协助人类完成各种服务任务的机器人,通常应用于家庭、商业、医疗、教育等领域。服务机器人包括果园除草、精准植保、果蔬剪枝、采摘收获、分选,以及用于畜禽养殖的喂料、巡检、清淤泥、清网衣附着物、消毒处理等农业机器人,采掘、支护、钻孔、巡检、重载辅助运输等矿业机器人,建筑部品部件智能化生产、测量、材料配送、钢筋加工、混凝土浇筑、楼面墙面装饰装修、构部件安装、焊接等建筑机器人,手术、护理、检查、康复、咨询、配送等医疗康复机器人,助行、助浴、物品递送、情感陪护、智能假肢等养老助残机器人,家务、教育、娱乐和安监等家用服务机器人,讲解导引、餐饮、配送、代步等公共服务机器人。

特种机器人是一类专为特定任务或特殊环境设计的机器人,通常用于人类难以进入或危险的场景,具备高度专业化的功能,能够在极端条件下执行复杂任务。特种机器人包括水下探测、监测、作业、深海矿产资源开发等水下机器人,安保巡逻、缉私安检、反恐防暴、勘查取证、交通管理、边防管理、治安管控等安防机器人,消防、应急救援、安全巡检、核工业操作、海洋捕捞等危险环境作业机器人,检验采样、消毒清洁、室内配送、辅助移位、辅助巡诊查房、重症护理辅助操作等卫生防疫机器人。

9.3.3　我国的机器人产业规划

各国都高度重视机器人的研发、产业发展与应用推广。美国、德国、日本、韩国等国政府近几年来陆续发布规划、政策等,旨在支持本国智能机器人的研发与产业化。

2021 年 12 月,我国的工业和信息化部、国家发展和改革委员会、科学技术部等部门联合印发了《"十四五"机器人产业发展规划》,提出了到 2025 年和 2035 年分别要达到的主要发展目标如下:

到 2025 年,我国成为全球机器人技术创新策源地、高端制造集聚地和集成应用新高地。一批机器人核心技术和高端产品取得突破,整机综合指标达到国际先进水平,关键零部件性能和可靠性达到国际同类产品水平。机器人产业营业收入年均增速超过 20%。形成一批具有国际竞争力的领军企业及一大批创新能力强、成长性好的专精特新"小巨人"企业,建成 3~5 个有国际影响力的产业集群。制造业机器人密度实现翻番。

到 2035 年,我国机器人产业综合实力达到国际领先水平,机器人成为经济发展、人民生活、社会治理的重要组成。

我国已初步形成较为完整的机器人产业体系。2024 年 9 月,国际机器人联合会发布《2024 年世界机器人报告》。报告中数据显示,2023 年我国工业机器人新装机量为 27.6 万台,占全球工业机器人新装机量的 51%;我国工业机器人保有量达 175.5 万台,排名世界第一(全球工业机器人保有量为 428.2 万台);我国制造业机器人密度达到 470 台,是全球平均水平(162 台)的近 3 倍。

9.4 生成式人工智能与大模型应用

9.4.1 生成式人工智能

生成式人工智能(generative artificial intelligence,GAI)是指具有文本、图片、音频、视频、程序代码等内容生成能力的模型及相关技术。生成式人工智能是一类非常重要的人工智能,将会在各行各业、各个领域得到广泛应用,深刻改变人们的工作方式、学习方式和生活方式。构建和训练通用或专用人工智能大模型是生成文本、图片、音频、视频、程序代码等内容的基础。

2022 年 11 月,美国 OpenAI 研究公司发布了聊天机器人程序 ChatGPT。ChatGPT 的全称为"聊天生成式预训练模型"(chat generative pre-trained transformer),就是一个基于(预训练好的)人工智能大模型的聊天程序。ChatGPT 是在 GPT-3 模型基础上的升级和优化,GPT-3 模型是一个 96 层的深度神经网络,参数约为 1750 亿个。2023 年 3 月,OpenAI 又发布了 GPT-4 模型。GPT-4 相对于 ChatGPT,性能又有了大幅度提高,例如,可以处理更长的文本、可以接收图片作为提问时的输入数据、具有更好的推理与判断能力等。

2024 年 2 月,OpenAI 发布了文生视频大模型 Sora。Sora 可以深入理解用户的文本提示,并根据提示创建最长 60s 的逼真视频,可以深度模拟真实物理世界,能够生成具有多个角色、包含特定运动的复杂场景。

我国也有多个人工智能大模型发布,如百度公司的"文心一言"、字节跳动公司的"豆包"、阿里巴巴公司的"通义千问"、奇虎 360 公司的"360 智脑"、腾讯公司的"腾讯元宝"等。2024 年 12 月 26 日,杭州深度求索人工智能基础技术研究有限公司宣布,大模型 DeepSeek-V3 上线并同步开源。DeepSeek-V3 大幅度降低了训练成本,降低到国外同水平大模型成本的十分之一以下,受到国内外的广泛关注。

人工智能大模型是一类预先训练好的大型语言模型(large language model,LLM),是一种使用深度神经网络构建的语言模型,能够"理解"人类语言。大模型的"大"主要体现在如下几方面:

(1) 参数量大:ChatGPT 有 1750 亿个参数,DeepSeek-V3 有 6710 亿个参数,GPT-4 有 1.8 万亿个参数。

(2) 所需训练数据量大:GPT-4 用了 13 万亿个 token,DeepSeek-V3 用了 14.8 万亿个 token,一个 token 相当于一个英文单词或对句子分词后的一个中文字、词。例如,中文句子"人工智能工具的应用给人们的工作与生活带来了方便"可以分解为/人工智能/工具/的/应用/给/人们/的/工作/与/生活/带来/了/方便/。两个斜杠中间的每一个词或字就是一个 token。

(3) 所需算力大:GPT-4 用了 2.5 万块 GPU,DeepSeek-V3 用了 2048 块 GPU。

(4) 训练成本大:GPT-4 的训练成本有人估计是 6300 万美元,也有人估计是 1 亿至 2

亿美元,DeepSeek-V3 的训练成本是 557.6 万美元。

人工智能大模型(大语言模型)简称 AI 大模型或大模型。大模型不仅能够根据聊天的上下文进行互动,实现类似于人与人的聊天交流,还能完成撰写文稿、写诗、画画、编写程序代码、智能搜索、自动生成 PPT、视频编辑、图像识别、语言翻译、法律咨询、学习辅导、辅助医疗、智能问答等任务。ChatGPT、DeepSeek 等多个人工智能大模型的发布与应用,掀起了人工智能发展的又一波热潮。

9.4.2　人工智能大模型应用

目前,已有多个大模型可以使用。而且,很多软件在嵌入大模型功能,2023 年 3 月,微软公司推出了嵌入有大模型功能的微软办公软件 Microsoft 365 Copilot,能够自动生成文档、电子邮件、PPT,能够在 Excel 中自动选择数据与执行公式,让用户的电子办公变得更加简单、方便、智能。微信、百度搜索、WPS Office 也都接入了 DeepSeek 大模型。浏览器、搜索引擎、PDF 文档处理、在线营销、在线学习、旅行预定、超市配送、客户关系管理等很多软件都在嵌入人工智能功能。逐渐地,人们将工作在一个个智能化的软件平台上。工作、学习、生活中直接使用大模型或内嵌有大模型的软件将会越来越普遍。

从目前的实际使用来看,大模型回答问题大致可以分为 3 类:一类问题的回答是正确的;一类问题的回答基本正确,但不够严谨、规范;还有一类问题的回答是错误的,出现所谓的"幻觉"。

本节所有应用示例是基于国内 2 个大模型完成的,时间是 2023 年 5 月至 2025 年 3 月。为了节省篇幅,对大模型所给答案内容进行了摘要和简化,保留其本质内容和基本观点。

1. 回答较好的几个示例问题

问题 1:小亮有 5 个羽毛球,今天打球时用了 3 个,打完球新买了 2 桶,每桶 6 个,小亮现在有几个羽毛球?(A-202405)

回答:我们要计算小亮现在手上一共有多少个羽毛球。假设小亮最初有 a 个羽毛球,用去了 b 个,然后买了 c 桶羽毛球,每桶有 d 个。

根据题目,我们可以建立以下数学模型:

最初的羽毛球数量是 $a=5$,打球时用去了 $b=3$ 个,新买了 $c=2$ 桶羽毛球,每桶羽毛球有 $d=6$ 个。所以,小亮现在的羽毛球数量是 $a-b+c\times d$。

计算结果为:现在的羽毛球数量=14 个。

这个题目的回答是正确的,答案中的分析和所列计算公式(数学模型)是合理的,回答好这个题目的基础是给出正确的计算公式,而这需要一定的逻辑分析与推理能力。

问题 2:请给出 $1+2+3+\cdots+100$ 的计算结果及计算方法。(B-202505)

回答:首先,我想到的是逐个相加。但是,从 1 加到 100,共有 100 个数,如果一个个相加,不仅耗时,而且容易出错。于是,我开始寻找更高效的方法。

配对法:将数列的首尾配对。具体如下:

将 1 和 100 配对,2 和 99 配对,3 和 98 配对……直到 50 和 51 配对。

这样,我们有:

第一对:$1+100=101$

第二对:$2+99=101$

第三对：$3+98=101$

⋮

第五十对：$50+51=101$

每一对的和都是101。那么，总共有多少对呢？从1到100共有100个数，所以有50对。因此，总和S可以表示为$S=50\times101=5050$。

数学公式：这种方法实际上对应了数学中的等差数列求和公式。对于一个等差数列：

$$a_1,a_2,a_3,\cdots,a_n$$

其中，相邻两项的差（公差）相同。对于$1,2,3,\cdots,100$，首项$a_1=1$，公差$d=1$，项数$n=100$。等差数列的和S可以表示为

$$S=\frac{n}{2}\times(a_1+a_n)$$

代入数值：

$$S=\frac{100}{2}\times(1+100)=50\times101=5050$$

这与之前的配对法得到的结果一致。

最终答案：$1+2+3+\cdots+100=5050$。

这个题目的回答是正确的，配对法和数学公式法得到的答案都是正确的，而且方法简单，易于理解。

问题3：PA和PB是圆O的两条切线，切点分别为A、B。PO与AB交于点C。

求证：① $PA=PB$；② $PC\perp AB$，且$AC=BC$。（B-202504）

回答：

第一步，证明$PA=PB$。

切线性质：圆的切线垂直于过切点的半径，因此，$OA\perp PA$，$OB\perp PB$。

在直角三角形$\triangle OAP$和$\triangle OBP$中：

$OA=OB$（圆的半径相等），$OP=OP$（公共边）。

根据HL（斜边-直角边）全等判定$\triangle OAP\cong\triangle OBP$。

因此，对应边相等，即$PA=PB$。

第二步，证明$PC\perp AB$，且$AC=BC$。

由于$\triangle OAP\cong\triangle OBP$，对应角相等，所以$\angle APO=\angle BPO$，即PO是$\angle APB$的角平分线。

在$\triangle PAB$中，$PA=PB$（已证），所以$\triangle PAB$是等腰三角形，AB是底边。PO是顶角$\angle APB$的角平分线。

在等腰三角形中，顶角的角平分线、底边的高、底边的中线三线合一，因此，$PC\perp AB$（PC是底边AB的高），$AC=BC$（PC是底边AB的中线）。

此题所给证明步骤正确、思路清晰。为便于理解所给证明步骤，这里给出了图9.11，此图并不是大模型所给。

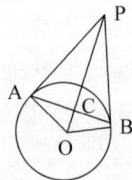

图9.11 问题3示意图

问题4：有若干只鸡和兔在同一个笼子里，从上面数，有35个头，从下面数，有94只脚。问笼子中各有多少只鸡和兔？（B-202503）

回答：为了方便计算，可以设定变量：设鸡的数量为C，设兔的数量为R。

根据题目,有以下两个方程:

头的总数:$C+R=35$

脚的总数:$2C+4R=94$

使用消元法求解方程组,得到:$C=23,R=12$

最终答案:笼中有 23 只鸡和 12 只兔。

这个题目回答得也很好,根据题目要求正确地列出方程并用消元法得到了正确的解。

问题 5:从键盘输入一个年份值,判断输入的年份值是否为闰年,不要定义函数,直接写实现功能的 **Python 代码**。(B-202503)

Python 代码如下:

```python
year = int(input("请输入一个年份: "))
if (year % 4 == 0 and year % 100 != 0) or (year % 400 == 0):
    print(f"{year} 是闰年")
else:
    print(f"{year} 不是闰年")
```

这个题目给出了正确且简洁的判断闰年的 Python 程序代码。

问题 6:把一个列表中的负数删除,编写程序代码如下:

```python
data_list=[78,81,-27,-56,-19,61,-76,-25]
for i in range(len(data_list)):
    if data_list[i]<0:
        data_list.remove(data_list[i])
print(data_list)
```

这段代码能实现预期功能码?(A-202406)

回答:这段代码不能正确实现预期的功能。原因是在 for 循环中直接对列表进行删除操作会导致列表的大小发生变化,而循环的索引是基于原始列表长度生成的。因此,当删除一个元素后,后面的元素会前移,但索引还在递增,这可能会导致某些元素被跳过并且不会被检查。

为了解决这个问题,可以采用之前提到的几种方法,如使用列表推导式、filter() 函数或者倒序遍历列表并删除元素。

如果想使用原始的 for 循环逻辑,并且希望在遍历过程中删除元素,一个常见的解决方案是倒序遍历列表,这样即使删除了当前索引的元素,也不会影响到前面还未检查的元素索引。

这里是倒序遍历并删除负数的示例代码:

```python
data_list = [78, 81, -27, -56, -19, 61, -76, -25]
for i in range(len(data_list) - 1, -1, -1):
    if data_list[i] < 0:
        data_list.pop(i)
print(data_list)
```

在这个修改后的代码中,range(len(data_list) − 1, −1, −1) 生成了一个从列表最后一个索引开始递减到 0 的序列。pop(i) 用于删除指定索引的元素。这样,即使删除了当前元素,也不会影响前面元素的索引。

请注意,虽然这种方法可以工作,但在处理大量数据时可能不是最高效的。更高效的方法通常包括列表推导式或者 filter() 函数,因为它们避免了在列表中删除元素的开销。

例如,使用列表推导式的代码会是这样的:

```
data_list = [78, 81, -27, -56, -19, 61, -76, -25]
data_list = [x for x in data_list if x >= 0]
print(data_list)
```

这种方法不仅代码简洁,而且执行效率更高。

这个问题回答得很好,不仅明确指出提问者给出的代码不能实现预期功能,而且原因分析清晰、简洁、正确,还给出了两段能正确实现预期功能的程序代码,一段代码沿用了用户偏好的编程模式:用 for 循环遍历访问列表;另一段代码更为简洁、高效,能够更好地满足用户需求。

问题 7:杜牧的诗句"江流石不转"是什么意思?(A-202406)

回答:杜牧并没有写过"江流石不转"这句诗,它是唐代大诗人杜甫《八阵图》中的诗句。该句的意思是任凭江流冲击,石头却依然如故,千年遗恨,在于刘备失策想吞吴。这句诗表达了诗人对历史变迁的感慨和对刘备失策的遗憾。其中,"石不转"形象地描绘了八阵图的石块在江流冲击下依然稳固的景象,寓意着历史的永恒和不可改变。

此外,杜甫的这首诗《八阵图》是他初到夔州时咏怀诸葛亮的作品。诗的前两句"功盖三分国,名成八阵图"赞颂了诸葛亮的丰功伟绩和军事才能,而后两句"江流石不转,遗恨失吞吴"则表达了对刘备吞吴失策的遗憾之情。整首诗在怀古的同时,也抒发了诗人自己的情怀。

这个题目的提问者故意把诗句的作者写错,看大模型什么反应。大模型指出了错误,并给出了正确的作者名字、解释了诗句以及全诗的含义。这是一个知识记忆型的题目,能回答正确说明大模型具备了比较丰富的知识。

大模型对问题 1~7 的回答都很好,回答正确、回答质量较高。分析下来,这几个问题有共同的特征:问题本身包含了回答该问题所需的全部信息,不需要再额外补充信息。

2. 回答不太好的几个示例问题

问题 8:蒸熟一个馒头需要 10 分钟,蒸熟 1000 个馒头需要多长时间?(A-202305)

回答:如果蒸熟一个馒头需要 10 分钟,那么蒸熟 1000 个馒头也需要 10 分钟。因为在同一个蒸锅中,可以同时蒸熟多个馒头,所以时间并不会增加。

这个回答是有问题的,因为一次蒸 1000 个馒头是不符合常识的,这么大的蒸锅即使不能说没有,至少也是很少见。

问题 9:蒸熟一个馒头需要 10 分钟,蒸熟 1000 个馒头需要多长时间?(A-202405)

回答:这个问题涉及烹饪时间与烹饪数量的关系,答案取决于蒸馒头的方式。若每次仅蒸一个馒头,蒸一个馒头需要 10 分钟,那么蒸 1000 个馒头需要的时间是:$10 \times 1000 = 10\,000$ 分钟;如果可以一次性蒸 1000 个馒头,那么无论蒸多少个,都只需要 10 分钟。

因此,蒸 1000 个馒头可能需要 10 000 分钟或 10 分钟,这取决于蒸馒头的方法和设备容量。如果设备容量足够大,可以一次性蒸 1000 个馒头,那么只需要 10 分钟;如果每次只能蒸一个馒头,那么需要 10 000 分钟。

这个回答虽然考虑了一次蒸一个馒头和一次蒸 1000 个馒头的两种情况,但仍然是不合适的,因为从常识来看,一次蒸一个馒头和一次蒸 1000 个馒头的情况都很少见。

问题 10：如果蒸熟一个馒头需要 10 分钟，蒸熟 1000 个馒头需要多长时间？（A-202503）

回答：可分 3 种情况考虑。

（1）若每次仅蒸一个馒头，根据题目描述，蒸一个馒头需 10 分钟，所以，蒸 1000 个馒头的时间是：$10 \times 1000 = 10\,000$（分钟）。

（2）若可以同时蒸 1000 个馒头，因为蒸 1 个馒头只需 10 分钟，所以，蒸 1000 个馒头也是 10 分钟。

（3）若介于 1 和 1000，假设一次可以蒸 n 个馒头，那么需要蒸 $1000/n$ 次，总时间是：$10 \times 1000/n = 10\,000/n$（分钟），其中，$n$ 的取值范围是 $1 < n \leq 1000$。

因此，蒸熟 1000 个馒头可能需要 10 000 分钟或 10 分钟或 $10\,000/n$ 分钟，这完全取决于蒸馒头的方法。

这个回答就比较好了，给出了一般情形：如果一次蒸 n 个馒头，则需要 $10\,000/n$ 分钟。

问题 11：树上有 3 只鸟，啪，一枪打下一只，树上还剩几只鸟？（A-202305）

回答：树上原本有 3 只鸟，啪一声枪响后，打下了一只鸟。所以树上还剩下 2 只鸟。

这个回答不好，没有考虑到这样一个常识：枪响后会吓跑没被打中的鸟。

问题 12：树上有 3 只鸟，一枪打下一只，树上还剩几只鸟？（A-202405）

回答：这是一道典型的脑筋急转弯问题，需要结合题干中的条件并考虑实际情况，即鸟听到枪声后的反应来回答这个问题。

根据题意：树上一开始有 3 只鸟，一枪打下一只鸟，现在问树上还剩几只鸟，考虑如下两种情况。

（1）如果其他鸟没有被吓走，那么还剩下 $3-1=2$ 只鸟。

（2）然而这在实际情况中是不可能的，枪响后，其余的鸟可能会受到惊吓飞走。因此，考虑实际情况，不管树上原本有多少只鸟，开枪后树上大概率已经没有鸟了（0 只）。

这个回答是正确的，回答时考虑了常识性的认知：枪响会把鸟吓跑，所以打下一只鸟后，树上就没有鸟了。

问题 13：小明是夏天生的，为什么在冬天过生日？（B-202502）

小明在冬天过生日的原因可能有以下几种解释：

（1）农历与阳历的差异：小明的生日可能是按照农历计算的……

（2）时区或地域差异：如果小明出生在南半球……

（3）个人偏好或家庭传统：小明或他的家人可能选择在冬天……

（4）闰月或特殊年份：如果小明出生在农历的闰月……

（5）文化习俗：某些文化可能有特定的……

总结：小明在冬天过生日的原因可能与农历和阳历的差异……

这个问题回答的也不好，虽然分析了 5 种不同的情形，但没有指出一种最大的可能性：小明的妈妈叫夏天。

大模型对问题 6～11 的初始回答都不太好，过了一定的时间后，回答就正确了。问题 6～11 也有其共性，光靠问题本身提供的信息是回答不好问题的，需要额外补充相关的常识性信息，如蒸馒头用的蒸锅的常见大小、枪响会吓跑鸟、夏天不仅代表季节也可能是人名。这说明，对于一些需要融合相关常识知识才能回答的问题，大模型至少在开始时回答不好。

随着大模型水平的不断提高(也可能包括人们对答案的反馈评价),一段时间后会给出正确的答案。

问题 14：世界上第一台电子计算机的名字？（B-202502）

回答：世界上第一台电子计算机的名字是 ENIAC(Electronic Numerical Integrator and Computer)。它于 1945 年诞生于美国宾夕法尼亚大学,主要用于计算弹道和氢弹的研制。ENIAC 的出现标志着计算机时代的到来,对人类社会产生了深远的影响。

追问：ABC 算是世界上第一台电子计算机吗？（B-202502）

ABC(Atanasoff-Berry Computer)确实被认为是世界上第一台电子计算机。它由约翰·阿塔纳索夫(John Atanasoff)和克利福德·贝里(Clifford Berry)在 1937 年至 1942 年间开发。ABC 使用二进制系统和电子元件进行计算,奠定了现代计算机的基础。

尽管 ENIAC(1945 年)更为知名且在实际应用中更为广泛,但 ABC 的发明在计算机历史上具有重要地位。1973 年,美国联邦法院裁定 ABC 的发明优先于 ENIAC,因此 ABC 被正式认定为世界上第一台电子计算机。

对于这个问题,一开始的回答是不正确的,经过追问、提示后才给出了正确的答案。

问题 15：有一部京剧戏曲作品,名字是"关公战秦琼",请你简单介绍一下这部作品的主要情节。（D-202502）

回答：600 多字的分析……

综合以上分析,我总结出"关公战秦琼"这部京剧作品的主要情节：

"关公战秦琼"是一部虚构的京剧武戏,讲述了三国时期的关羽与隋末唐初的秦琼在虚构的时空中展开一场精彩的比武。剧中通过激烈的武打场面,展现两位英雄的高超武艺和英勇精神,最终他们互相敬佩,化解了误会,成为了朋友。

最终答案："关公战秦琼"是一部虚构的京剧武戏,讲述了三国时期的关羽与隋末唐初的秦琼在虚构的时空中展开一场精彩的比武。剧中通过激烈的武打场面,展现两位英雄的高超武艺和英勇精神,最终他们互相敬佩,化解了误会,成为了朋友。

这个题目的回答是错误的。实际上,并没有"关公战秦琼"这样一部京剧作品,是提问者故意问的,答案应该否认有这部作品的存在,而不是顺着题目编写其故事情节。

以上 15 题,前 7 个题回答正确,第 8～13 题开始回答不准确,后来回答准确,第 14 题开始回答不准确,经提示引导后回答正确,第 15 题像是编造答案。从中可以看出,大模型确实对某些问题回答的挺好,也确实对某些问题回答不准确、甚至是错误的。作为使用者,对于大模型给出的答案不能简单接受和相信,特别是自己不能直接判断其正确性时,要通过查阅文献、上网搜索、使用另外的大模型提问求证等方式进一步辨别和检查核实,以确认大模型所给答案的真伪。

9.5　小结

随着人工智能研究的不断深入,特别是近十几年深度学习方法的突破,使得人工智能在各行业各领域得到广泛应用。本章介绍了计算机视觉、自然语言处理、智能机器人、人工智能大模型应用等几个主要的应用领域。

计算机视觉是指在环境表达和理解中,对视觉信息进行组织、识别和解释的过程。通俗地讲,计算机视觉就是研究和实现如何让计算机具有人类"看"的功能,主要包括两个层次:识别和理解。人脸识别是一个常见的计算机视觉实例,人脸识别主要包括人脸检测、特征点定位、面部子图预处理、特征提取、特征比对、决策等步骤。卷积神经网络是计算机视觉领域常用的神经网络模型,其一般结构包括输入层、卷积层、池化层、全连接层和输出层,其中卷积层和池化层多次交替出现。卷积层用来提取不同层次的特征,池化层用于减少数据量和计算量。

自然语言处理就是让计算机"读懂"自然语言,从而实现人与计算机通过自然语言进行通信和交流的技术。语言翻译、文本生成、文本理解、智能问答等都属于自然语言处理的研究范畴。深度学习模型的应用,特别是融入了词嵌入技术和注意力机制的循环神经网络使自然语言处理达到实用化水平。

智能机器人是一种能够半自主或全自主工作的智能机器,具有感知、决策、执行等基本特征,可以辅助甚至替代人类完成危险、繁重、复杂的工作,提高工作效率与质量,服务人类生活,扩大或延伸人的活动及能力范围。机器人通常分为三大类:工业机器人、服务机器人和特种机器人。

2022 年以来,具有强大功能的 ChatGPT、Sora、DeepSeek 等人工智能大模型的发布,极大地促进了人工智能的广泛应用。逐渐地,人们将工作在一个个智能化的软件平台上。工作、学习、生活中直接使用大模型或内嵌有大模型的软件将会越来越普遍。需要注意的是,大模型所给答案并不总是正确的,有些问题的答案是错误的、"幻觉"的、前后不一致的,盲目相信大模型所给结果是不可取的。对于使用者来讲,具备良好的专业能力素质和创新思维是用好大模型的基础,会提问、会引导、会鉴别答案的对错与优劣是用好大模型的保证。

拓展阅读:金怡濂与高性能计算机

金怡濂(见图 9.12),原籍江苏常州,出生于天津市,1951 年毕业于清华大学电机系,1956—1958 年在苏联科学院精密机械与计算技术研究所进修电子计算机技术,中国工程院院士,国家并行计算机工程技术研究中心研究员,2002 年国家最高科学技术奖获得者。

半个多世纪以来,金怡濂院士致力于计算机体系结构、高速信号传输和计算机技术等方面的研究与实践。20 世纪 50—60 年代末,作为技术骨干、运控部分技术负责人,相继参加了我国第一台大型通用电子计算机——104 机和多种通用机、专用机的研制。70 年代初,他敏锐地认识到双机并行在性能、可靠性、可用性和可维护性上比单机将有较大提高,提

图 9.12 金怡濂

出了双机并行计算设计思想和实现方案。70 年代后期,他与其他科学家一起,主持完成了多机并行计算机系统的研制,取得了我国计算机技术的新突破。他运用马尔可夫(Markov)链随机过程方法,提出了混合互连网络方案,解决了多机系统中拓扑结构的难题;运用叠堆原理,分析、解决了小信号高速传输问题;提出系统重新组合、运行、维护两个系统并行互不干扰的思路,提高了机器的可用性。

20 世纪 80 年代中期,微处理器芯片发展迅速,金怡濂预见到大规模并行处理计算机将

成为巨型机发展的主流，提出了基于通用微处理器芯片的大规模并行计算机设计思想、实现方案和多种技术相结合的混合网络结构，解决了 240 个微处理器互连的难题，研制出运算速度达到当时国内领先水平的并行计算机系统，实现了我国巨型计算机向大规模并行处理方向的发展，使我国巨型计算机研制进入与国际同步发展的时代。

20 世纪 90 年代，他撰写了《大规模并行计算机的发展和我们的对策》等专论，倡议抓住机遇，发展大规模并行计算机，使我国赶上巨型机技术的国际先进水平。在西方强国对我国实行高性能计算机禁运的背景下，金怡濂受命主持研制国家重点工程——"神威"巨型计算机系统，担任总设计师。他提出了以平面格栅网为基础的"分布共享存储器大规模并行结构"的总体方案，提出了网上多种集合操作以及无匹配高速信号传送等技术构想和解决方案，均获得成功，使我国高性能计算机峰值运算速度从 10 亿次/秒跨越到 3000 亿次/秒以上。国家气象中心利用"神威"计算机精确完成极为复杂的中尺度数值天气预报，在国庆 50 周年和澳门回归等重大活动的气象保障中发挥了关键作用，"神威"计算机还为石油物探、生命科学、航空航天、材料工程、环境科学和基础科学等领域提供了不可缺少的高端计算工具，取得了显著效益，为我国经济建设和科学研究发挥了重要作用。

随后，金怡濂继续担任新一代超级计算机系统的总设计师。他提出以三维格栅网为基础的可扩展共享存储体系结构和消息传送机制相结合的总体方案，为系统关键技术指标进入国际领先行列奠定了基础；率先将消息传递、全局共享、规模可变的结点共享三种工作模式集于一体，能够适合不同用户、不同课题的需要，有利于不同模式的国内外已有程序的移植，扩展了使用范围；提出具有双端口异构访问的大规模共享磁盘阵列群的构想，提高了系统效率；针对巨型计算机规模庞大、功耗过高等难题，提出循环水冷却、分布式盘阵、透明的保留恢复和高密度组装等创新构想。在研制人员的共同努力下，攻克了相关的技术、工艺难关，有效地提高了系统的可靠性，缩小了系统的体积并降低了功耗。

金怡濂由于主持研制了系列巨型计算机，为我国在世界高性能计算机领域中占有一席之地做出了重大贡献。

习题 9

一、填空题

1. 计算机视觉主要包括两个层次，分别是_____和_____。
2. 自然语言处理的 3 个阶段分别是_____、_____和_____。
3. 人脸识别包括的 6 个主要步骤是_____、_____、_____、_____、_____、_____。
4. 列出 4 个国内的人工智能大模型：_____、_____、_____、_____。

二、名词解释

计算机视觉、自然语言理解、词嵌入、注意力机制、智能机器人、生成式人工智能、人工智能大模型。

三、简答题

1. 简要说明卷积神经网络中卷积层和池化层各自的作用。
2. 简要说明词嵌入和注意力机制的作用。

3. 举例说明人工智能大模型的优势与不足。

思考题 9

1. 结合自然语言处理发展的 3 个阶段,体会其中蕴含的不断创新、不断趋近的模拟人类理解语言的过程。

2. 在学习阶段,如何正确使用大模型以保证自己包括专业能力素养、创新思维在内的综合素质的不断提升。

第 10 章　人工智能的未来发展

　　近十几年新一代人工智能发展的最大特点是出现了一大批实用化的人工智能系统和产品,机器翻译、语音识别、人脸识别、智能机器人都已经应用于实际工作与生活,人工智能技术将会不断更广泛深入地融入经济社会发展的各个领域。但人工智能的发展具有双面性,要在法律、伦理、技术等层面采取有效措施,确保人工智能研究与应用安全、可靠、可控,推动经济、社会及生态可持续发展。

10.1　人工智能与经济社会发展

　　人工智能的发展与应用,已经显现出其对经济社会发展的重要促进作用。随着人工智能研究的不断深入和应用的进一步拓展,其对经济社会高质量发展的强大推动作用还会进一步显现。

　　世界主要发达国家把发展人工智能作为提升国家竞争力、维护国家安全的重大战略,加紧出台规划和政策,围绕核心技术、顶尖人才、标准规范等强化部署,力图在新一轮国际科技竞争中掌握主导权。在原有发展规划的基础上不断提出新的发展战略和规划计划,并投入大量资金支持人工智能研发与应用。

　　2019 年 2 月,美国政府正式启动"人工智能计划",该计划包含 5 个重点领域,分别是投资人工智能研发、释放人工智能资源、制定人工智能治理标准、培养人工智能劳动力、国际参与及保护美国的人工智能优势。2019 年 6 月,美国政府又发布了落实"人工智计划"的具体计划,提出了 8 项具体任务。

　　2025 年 1 月 22 日,美国政府宣布了美国历史上规模最大的科技投资计划——"星际之门"人工智能基础设施投资计划,预计投资 5000 亿美元。该计划旨在建设"为下一代人工智能提供动力的物理和虚拟基础设施",包括在美国各地的数据中心,以确保美国在人工智能领域的领导地位。

　　2018 年 7 月,德国政府制定了《人工智能战略》,提出的急需采取的措施包括:为人工智能相关重点领域的研发和创新转化提供资助;优先为德国人工智能领域专家提高经济收益;同法国合作建设的人工智能竞争力中心要尽快完成并实现互联互通;设置专业门类的竞争力中心;加强人工智能基础设施建设等。

　　2020 年 12 月,德国政府对 2018 年版的《人工智能战略》做出修订,旨在凭借强大的计划和在人工智能领域投入更多的资金,使德国成为世界上最有吸引力的人工智能研究中心,确保德国明天的创新实力和今天的竞争力;使德国成为欧洲未来人工智能技术的主要创新驱动力,确保欧盟能够在激烈的国际竞争中保持自己的地位。

　　2023 年 11 月 7 日,德国政府发布了《人智能行动计划》,旨在为人工智能生态系统,特别是教育、科研和商业结合领域的生态系统注入新的动力,将本国的卓越研究转化为看得见、可衡量的经济成果,带来具体、显著的社会效益。

2018 年 3 月,法国政府公布《人工智能发展战略》,旨在推动法国成为人工智能领域的全球领先国家之一。在新战略的框架下,法国将致力于成为人工智能研发水平最高的国家之一,并力求通过相关技术研发孕育未来的龙头企业。

2025 年 2 月 9 日,法国政府宣布将在未来几年内投入高达 1090 亿欧元的资金,用于推动人工智能技术的发展和应用。一是加强基础研究,为人工智能的发展提供源源不断的创新动力;二是培养专业人才,确保法国在未来的人工智能领域拥有足够的人才储备;三是推动产业升级,促进人工智能技术在各个行业的广泛应用。

2021 年 9 月,英国政府发布《国家人工智能战略》,英国政府认为:未来十年,人工智能发展的关键驱动力是人才、数据、算力和财力,且面临巨大的全球竞争;人工智能将成为许多经济领域的支柱,需要采取行动确保英国可以从中受益。

2025 年 1 月 13 日,英国政府公布了“人工智能行动计划”。关键举措包括:建立新的人工智能发展区、加快规划并建设更多人工智能基础设施、创建新的国家数据库、建立人工智能能源委员会、大幅度提升计算能力等。其目标是使英国成为该领域的世界领先者。目前已有多家大型科技公司承诺在英国投资共计 140 亿英镑。

2019 年 6 月,日本政府出台《人工智能战略 2019》,旨在建成人工智能强国,并引领人工智能技术研发和产业发展。该战略设有三大任务目标:一是奠定未来发展基础;二是构建社会应用和产业化基础;三是制定并应用人工智能伦理规范。

2024 年 11 月 11 日,日本政府宣布将设立规模超过 10 万亿日元的投资基金,在未来十年支持发展芯片和人工智能等前沿科技产业。2025 年还将推出“人工智能计划”,旨在建设日本的人工智能基础设施,包括建设面向人工智能的数据中心和发电厂。

我国也高度重视人工智能的发展。2017 年 7 月国务院印发了《新一代人工智能发展规划》(以下简称为《发展规划》),《发展规划》提出了我国新一代人工智能分三步走的战略目标:

第一步,到 2020 年人工智能总体技术和应用与世界先进水平同步,人工智能产业成为新的重要经济增长点,人工智能技术应用成为改善民生的新途径,有力支撑进入创新型国家行列和实现全面建成小康社会的奋斗目标。

第二步,到 2025 年人工智能基础理论实现重大突破,部分技术与应用达到世界领先水平,人工智能成为带动我国产业升级和经济转型的主要动力,智能社会建设取得积极进展。

第三步,到 2030 年人工智能理论、技术与应用总体达到世界领先水平,成为世界主要人工智能创新中心,智能经济、智能社会取得明显成效,为跻身创新型国家前列和经济强国奠定重要基础。

为深入落实《发展规划》,国务院有关部门采取了多项具体措施:

工业和信息化部制定了《促进新一代人工智能产业发展三年行动计划(2018—2020年)》。该计划以市场需求为牵引,以促进人工智能技术的产业化为目标,积极培育智能网联汽车、智能服务机器人、智能无人机、医疗影像辅助诊断系统、视频图像身份识别系统、智能语音交互系统、智能翻译系统、智能家居产品等人工智能创新产品和服务。近几年,已经有国产无人驾驶汽车、手术机器人、无人机、医疗辅助诊断系统、人脸识别系统、语音识别系统、机器翻译系统、扫地机器人等产品投入实际应用,很多人都已经用过其中的部分产品。

科技部依托企业建设国家新一代人工智能开放创新平台,2017 年以来,依托百度、阿里云、腾讯、科大讯飞、商汤等 15 家企业建设了自动驾驶、城市大脑、医疗影像、智能语音、智能视觉等 15 个创新平台;依托市(县)设立国家新一代人工智能创新发展试验区,试验区承担着先行先试、发挥促进人工智能与经济社会发展深度融合的引领带动作用的任务,2019 年以来先后有北京市、上海市、天津市、深圳市、德清县等 18 个市(县)入选。

教育部 2018 年 4 月印发《高等学校人工智能创新行动计划》,列出了发展智慧教育的主要任务和路径:开展智慧教育创新示范、构建智慧学习支持环境、加快面向下一代网络的高校智能学习体系建设、加强教育信息化学术共同体和学科建设。

2021 年以来,工业和信息化部联合相关部门印发了《"十四五"智能制造发展规划》《"十四五"机器人产业发展规划》《"十四五"大数据产业发展规划》《"十四五"软件和信息技术服务业发展规划》等和人工智能发展相关的规划。

人工智能与实体经济深度融合,正催生大量新产业、新业态、新模式。人工智能赋能传统产业转型升级,让"中国制造"迈向"中国智造",使制造业在生产效率、产品质量、创新能力等方面实现质的飞跃。人工智能促进新兴产业蓬勃发展,如智能机器人、无人驾驶、智能家居等,创造出大量新的经济增长点和就业岗位,为经济增长注入源源不断的新动能。以人工智能为重要引擎的数字经济,正成为推动全球经济复苏和可持续发展的重要力量,为我国在新时代新征程上实现经济社会高质量发展开辟了广阔空间。

人工智能深入医疗、教育、交通、养老等社会生活的方方面面,为解决民生难题提供了创新方案。在医疗领域,人工智能辅助诊断系统能够快速准确地识别疾病,助力医生作出更科学的治疗决策,提高医疗服务的可及性和质量,让更多患者受益;在教育领域,个性化学习平台借助人工智能技术,因材施教,满足不同学生的学习需求,促进教育公平,培养出更多适应时代发展的创新型人才;在交通领域,智能交通系统优化交通流量,缓解拥堵,提升出行效率,让人们的出行更加便捷、安全。人工智能的广泛应用,正不断提升人民群众的生活品质和幸福感,让发展成果更多更公平惠及全体人民。

10.2 人工智能发展带来的挑战

人工智能在给经济社会发展带来重大机遇的同时,也会带来新挑战。《新一代人工智能发展规划》指出,人工智能是影响面广的颠覆性技术,可能带来改变就业结构、冲击法律与社会伦理、侵犯个人隐私、挑战国际关系准则等问题,将对政府管理、经济安全和社会稳定乃至全球治理产生深远影响。在大力发展人工智能的同时,必须高度重视可能带来的安全风险挑战,加强前瞻预防与约束引导,最大限度降低风险,确保人工智能安全、可靠、可控发展。

改变就业结构、冲击法律与社会伦理、侵犯个人隐私与广大社会大众的生活直接相关,应该给予高度重视并采取有效措施尽量消除负面影响。

1. 重视人工智能发展给就业结构带来的影响

早期的计算机是以计算工具的身份出现的,这也是计算机名称的由来。作为一种会计算的机器,计算机早期的应用主要是科学计算,把人从繁重的计算工作中解放出来,计算员的工作被计算机代替了。随着计算机技术的不断发展,特别是个人计算机和互联网的出现,极大地拓展了计算机的应用范围,计算机广泛应用于激光照排印刷、网络新闻、网上购物、网上银行、网上支付、信息检索、电子邮件、在线学习等与人们工作生活密切相关的各个领域，印刷厂排字员、报纸编辑与记者、商场与书店售货员、银行柜员、邮局邮递员与电报员、公交车售票员等一批传统工作岗位受到影响。近几年，随着人工智能系统和产品的不断出现，已经并将继续影响收银员、会计、新闻记者、播音员、检票员、安检员、汽车驾驶员、快递分拣员、客服人员等一大批工作岗位，当然也会催生出个性化设计师、建筑艺术设计师、工程艺术设计师、数据分析师、人工智能训练师、智能产品设计师、智能制造工程技术人员、工业互联网工程技术人员、虚拟现实工程技术人员、连锁经营管理师、供应链管理师、全媒体运营师等一批新的需要更多信息技术知识与创新能力的工作岗位。

随着人工智能产品的不断增加与应用的不断拓展，要加强人工智能对就业结构影响的前瞻性研究，及时预见到对就业结构带来的实际影响，在教育培训、就业指导等方面采取有效应对措施。开设相关课程、开展科普教育，吸引更多的中小学生学习了解人工智能，激发其对人工智能的兴趣；调整专业结构、优化人才培养方案，培养一大批从事人工智能研发、应用的复合型创新型应用型高素质人才；强化人工智能知识能力培训，更新知识能力结构，助力在职人员更好地适应人与人工智能系统合作（人机合作）的工作模式，帮助变动工作岗位的人员尽快适应新的工作岗位。

2. 重视人工智能发展给法律与社会伦理带来的影响

相对于以往的技术和产品，人工智能技术和产品有着更为广泛和深入的应用，会更深入地融入人们的日常工作和生活中，不仅会影响和改变人类生产生活方式，还会影响和改变人类的思维模式，会更多地引发法律问题和社会伦理问题。如果自动驾驶汽车发生交通事故，如何界定和划分其责任？如果智能机器人在工作时出现失职行为，其责任如何界定？如果自动收费系统出现收费错误，责任该如何确定？遇到突发情况，自动驾驶汽车避让算法依据什么原则设计？如何保证图片生成、语音生成技术不被滥用？个性化服务中的智能决策算法如何保证公平合理、公开透明？诸如此类的问题需要深入研究，逐步建成完善的人工智能法律法规、伦理规范和政策体系。

3. 重视人工智能发展给个人隐私保护带来的影响

自从进入互联网时代，人们在享受互联网带来的便利的同时，也面临着泄露隐私数据的风险。随着智慧医疗、智慧旅游、智能交通、刷脸门禁、网络购物、网络购票、宾馆预订、网上支付等数字生活方式的不断普及，人们在享受到便捷和周到服务的同时，大量的个人隐私数据被收集存储。而且，由于系统安全漏洞、黑客攻击、管理不严、不法人员谋求个人私利等因素，无意或有意泄露个人隐私数据的事情时有发生，给人们的财产安全以及人身安全带来了不同程度的风险。

随着人工智能应用的不断深入和普及，基于互联网的各种服务会越来越多、越来越智能化，也会收集使用者更多的个人隐私数据。此时，更需要重视个人隐私数据的保护，可以从3个层面强化个人隐私数据的保护，一是制定相应的法律法规，自 2021 年 11 月 1 日开始施行的《中华人民共和国个人信息保护法》对个人信息的收集、存储、使用、加工、传输、提供、公开、删除等都进行了严格规定，对保护个人隐私数据具有重要作用；二是制定保护个人隐私数据的伦理规范，在人工智能系统的管理、研发、供应、使用等环节都要严格遵守伦理规范，注意保护个人隐私数据；三是研发新的信息安全技术，从技术层面保护个人隐私数据不被非法窃取和滥用。通过多种手段保护好个人隐私数据，让人们在更加安全的环境下放心使用人工智能产品和服务。

10.3　人工智能伦理

人工智能的发展具有双面性,要在法律、伦理、技术等层面采取有效措施,确保人工智能研究与应用安全可靠可控,推动经济、社会及生态可持续发展。

伦理是指在处理人与人、人与社会相互关系时应遵循的道理和准则。科技伦理是指科技创新活动中人与社会、人与自然和人与人关系的思想与行为准则,它规定了科技工作者及其共同体应恪守的价值观念、社会责任和行为规范。对于人工智能研究、开发、管理、应用等各个环节,要及时制定相应的伦理规范,从事人工智能相关工作,要严格遵守相应的伦理规则。

2019 年 4 月,欧盟发布了《人工智能伦理准则》,确立了 3 项基本原则:人工智能应当符合法律规定;人工智能应当满足伦理原则;人工智能应当具有可靠性。

欧盟的《人工智能伦理准则》列出了"可信任的人工智能"应当满足的 7 项关键要求:人的能动性和监督能力;可靠性和安全性;隐私和数据治理;透明度;多样性、非歧视性和公平性;社会和环境福祉;可追责性。

根据这些准则,(人工智能)算法做出的任何决定都必须经过验证和解释,并要确保公平。

2021 年 11 月,联合国教科文组织第 41 届大会审议通过《人工智能伦理问题建议书》,建议在发展人工智能时应遵循如下基本原则:

尊重、保护和促进人权和基本自由以及人的尊严,环境和生态系统蓬勃发展,确保多样性和包容性,生活在和平、公正与互联的社会中,相称性和不损害,安全和安保,公平和非歧视,可持续性,隐私权和数据保护,人类的监督和决定,透明度和可解释性,责任和问责,认识和素养。

为促进新一代人工智能健康发展,更好地协调发展与治理的关系,确保人工智能安全可靠可控,推动经济、社会及生态可持续发展,共建人类命运共同体,我国国家新一代人工智能治理专业委员会于 2019 年 6 月发布了《新一代人工智能治理原则——发展负责任的人工智能》(以下简称为《治理原则》),提出了和谐友好、公平公正、包容共享、尊重隐私、安全可控、共担责任、开放协作、敏捷治理 8 项人工智能发展相关各方应遵循的原则。

为细化落实《治理原则》,增强全社会的人工智能伦理意识与行为自觉,积极引导负责任的人工智能研发与应用活动,促进人工智能健康发展,国家新一代人工智能治理专业委员会于 2021 年 9 月又发布了《新一代人工智能伦理规范》(以下简称为《伦理规范》),旨在将伦理道德融入人工智能全生命周期,为从事人工智能相关活动的自然人、法人和其他相关机构等提供伦理指引。

《伦理规范》提出了人工智能各类活动都应遵循增进人类福祉、促进公平公正、保护隐私安全、确保可控可信、强化责任担当、提升伦理素养 6 项基本伦理要求。

《伦理规范》还提出了管理、研发、供应、使用等人工智能特定活动应遵循的 18 项具体伦理规范。

管理规范:推动敏捷治理、积极实践示范、正确行权用权、加强风险防范、促进包容开放。

研发规范：强化自律意识、提升数据质量、增强安全透明、避免偏见歧视。

供应规范：尊重市场规则、加强质量管控、保障用户权益、强化应急保障。

使用规范：提倡善意使用、避免误用滥用、禁止违规恶用、及时主动反馈、提高使用能力。

从事人工智能相关的管理、研发、供应、使用等环节的工作，都要认真遵守规范，严格按规范要求开展工作、履行职责，努力发挥人工智能的正面作用、抑制其负面作用，确保人工智能系统安全、可靠、可控运行。

2023 年 10 月 18 日，我国发布《全球人工智能治理倡议》，围绕人工智能发展、安全、治理 3 方面系统阐述了人工智能治理中国方案，核心内容包括：坚持以人为本、智能向善，引导人工智能朝着有利于人类文明进步的方向发展；坚持相互尊重、平等互利，反对以意识形态划线或构建排他性集团，恶意阻挠他国人工智能发展；主张建立人工智能风险等级测试评估体系，不断提升人工智能技术的安全性、可靠性、可控性、公平性；支持在充分尊重各国政策和实践基础上，形成具有广泛共识的全球人工智能治理框架和标准规范，支持在联合国框架下讨论成立国际人工智能治理机构；加强面向发展中国家的国际合作与援助，弥合智能鸿沟和治理差距等。

2023 年 11 月 1 日至 2 日，人工智能安全峰会在英国的布莱切利庄园举行，就人工智能技术快速发展带来的风险与机遇展开讨论。中国、美国、英国、法国、德国等 28 个国家和欧洲联盟参加会议并签署了首个全球性人工智能声明——《布莱切利宣言》。《布莱切利宣言》强调：人工智能应以安全的方式设计、开发、部署，做到以人为本、值得信赖和负责任；现在应采取行动，以在全球范围内安全发展人工智能；解决人工智能带来的重大风险是必要且紧迫的；在人工智能技术快速发展的背景下，需要加深对潜在风险及应对行动的理解。

2025 年 2 月 10 日至 11 日，人工智能行动峰会在法国巴黎召开，来自全球 100 多个国家和地区的领导人、国际组织负责人、学术界权威、企业高管以及非政府组织代表，共同探讨人工智能的应用与全球治理问题。峰会以行动为核心，深入讨论了人工智能在应对气候变化、环境危机以及推动数字化转型中的关键作用。峰会的三大核心目标是：为广大用户提供独立、安全、可靠的人工智能服务；开发更加环境友好的人工智能技术；确保人工智能全球治理的有效性和包容性。

包括中国、法国、德国、印度、欧洲联盟、非盟委员会在内的 60 个国家和国际组织共同签署了《关于发展包容、可持续的人工智能造福人类与地球的声明》，强调推动人工智能的可及性以减少数字鸿沟；确保人工智能开放、包容、透明、符合伦理、安全、可靠且值得信赖，同时考虑所有国际框架；通过创造有利于其发展的条件并避免市场集中化，推动人工智能创新蓬勃发展，推动工业复苏和发展；鼓励人工智能的部署，积极塑造工作和劳动力市场的未来，并为可持续增长提供机会；利用人工智能支持人类和地球可持续发展；加强国际合作，以促进国际治理的协调。

2023 年 7 月 10 日，国家互联网信息办公室、国家发展和改革委员会、教育部等部门联合公布了《生成式人工智能服务管理暂行办法》，明确了提供和使用生成式人工智能服务应当遵守的规定：应当坚持社会主义核心价值观，不得生成煽动颠覆国家政权、推翻社会主义制度，危害国家安全和利益、损害国家形象，煽动分裂国家、破坏国家统一和社会稳定，宣扬恐怖主义、极端主义,宣扬民族仇恨、民族歧视,暴力、淫秽色情,以及虚假有害信息等法律、行政法规禁止的内容;在算法设计、训练数据选择、模型生成和优化、提供服务等过程中,采取有效措施防止产生民族、信仰、国别、地域、性别、年龄、职业、健康等歧视;尊重知识产权、商业道德,保守商业秘密,不得利用算法、数据、平台等优势,实施垄断和不正当竞争行为;尊重他人合法权益,不得危害他人身心健康,不得侵害他人肖像权、名誉权、荣誉权、隐私权和个人信息权益;基于服务类型特点,采取有效措施,提升生成式人工智能服务的透明度,提高生成内容的准确性和可靠性。

科学技术部 2023 年 12 月发布了《负责任研究行为规范指引》,规范使用人工智能的相关要求如下:

使用生成式人工智能生成的内容,特别是涉及事实和观点等关键内容的,应明确标注并说明其生成过程,确保真实准确和尊重他人知识产权。对其他作者已标注为人工智能生成内容的,一般不应作为原始文献引用,确需引用的应加以说明。

生成式人工智能不得列为成果共同完成人。应在研究方法或附录等相关位置披露使用生成式人工智能的主要方式和细节。

2024 年 11 月 28 日,复旦大学发布《复旦大学关于在本科毕业论文(设计)中使用人工智能工具的规定(试行)》,在允许使用人工智能进行文献检索整理、数据处理等的同时,也明确了"六个禁止":

(1)禁止使用人工智能工具进行研究方案设计、创新性方法设计、算法(模型)框架搭建、毕业论文(设计)结构设计、研究(设计)选题、研究(设计)意义及创新性总结、研究假设提出、数据分析、结果分析与讨论和结论总结等;

(2)禁止使用人工智能工具生成或改动本科毕业论文(设计)中的原始数据、原创性或实验性的结果图片、图像和插图;

(3)禁止直接使用人工智能工具生成本科毕业论文(设计)的正文文本、致谢或其他组成部分;

(4)禁止使用人工智能工具进行语言润色和翻译;

(5)禁止答辩委员、评审专家使用任何人工智能工具对学生的本科毕业论文(设计)进行评审;

(6)本科毕业论文(设计)涉及保密内容的,禁止使用任何人工智能工具,禁止上传任何数据和图片到人工智能平台。

10.4 人工智能的未来发展

高文院士 2025 年 2 月 24 日在《人民日报》发表的《抢抓人工智能发展的历史性机遇》一文中指出了人工智能促进我国经济社会高质量发展的主要趋势。

1. 人工智能与新一代网络通信技术融合创新是培育新质生产力的关键路径

人工智能的创新应用赋予新一代网络通信技术"智慧大脑",能够实现网络的智能优化与高效管理,极大提升网络通信的稳定性和可靠性,智能化和个性化用户服务还能提升用户体验。新一代网络通信技术则为人工智能发展提供超高速率、超低时延和超大容量的数据传输支撑,加速了远程医疗、智能驾驶、无人机编组等产业的创新发展。因此,人工智能与新一代网络通信技术的深度融合有助于催生新兴应用场景和商业模式,助推新质生产力发展,引领经济社会迈向智能化的美好未来。

2. 先进人工智能算力是经济社会高质量发展的重要基石

在数字经济时代,算力作为人工智能发展的三大核心要素之一,是人工智能模型训练推理以及进行复杂计算的基础支撑,是解锁数据要素价值的钥匙,其作用贯穿人工智能技术突破、智能化产业升级与社会治理的全链条。作为资源型要素,先进算力的获取需要依靠新型算力基础设施。随着国家"东数西算"工程启动,我国算力资源形成八大国家算力枢纽结点、十大数据中心集群的核心布局。除此之外,各地算力建设如火如荼,国产算力渗透率逐步提高。未来先进的人工智能算力将越来越成为赢得全球科技竞争主动权的关键支撑和重要基石。

3. 大模型在可预见的未来仍是通用人工智能发展的主要方向

近年来,大模型作为新一代人工智能发展范式,逐渐成为推动人工智能技术创新的主要力量。众多科研机构、科技企业纷纷投身大模型研发赛道,不断探索创新的模型架构、训练算法与优化策略,呈现"百模竞争"的火热局面。随着技术快速迭代,大模型在模型架构稀疏化、并行框架自研等方面取得一系列突破,有效提升了模型训练效率与性能表现,降低了训练和运营成本,同时也降低了企业应用门槛,加速了大模型向更高效、更智能、更便捷方向发展。未来,文字、图像、音频、视频等多元数据处理需求不断涌现,大语言模型以及多模态大模型技术将不断创新,完成更复杂的任务,推动各行业智能化升级,在通用人工智能发展进程中发挥愈发关键的作用。

4. 人工智能开源共享是加速技术创新并助推产业升级的强力推手

DeepSeek 大模型在全球爆火的原因除了其优化算法架构大幅降低训练成本外,还在于它打破了人工智能大模型发展的传统范式,对模型进行开源,为开发者提供了广泛的二次开发可能性,推动了人工智能应用大众化。长远来看,人工智能的开源开放能够真正打破技术和行业间的重重壁垒,激发开发者的创新活力。大量应用接入开源大模型能够降低应用门槛,拓展业务需求边界,实现降本增效,从而创造更多发展机遇。同时,为传统企业注入新的生机,催生更多高新技术企业。此外,人工智能开源共享能够提高技术透明度与可解释性,有利于推动技术标准化,形成公平健康可持续的人工智能发展生态。

10.5　小结

人工智能的发展与应用,已经显现出其对经济社会发展的重要促进作用。随着人工智能研究的不断深入和应用的进一步拓展,其对经济社会高质量发展的强大推动作用还会进一步显现。

世界主要发达国家把发展人工智能作为提升国家竞争力、维护国家安全的重大战略,加紧出台规划和政策,围绕核心技术、顶尖人才、标准规范等强化部署,力图在新一轮国际科技竞争中掌握主导权。在原有发展规划的基础上不断提出新的发展战略和规划计划,并投入大量资金支持人工智能研发与应用。

我国也高度重视人工智能的发展。2017 年 7 月国务院印发了《新一代人工智能发展规划》,提出了我国新一代人工智能分三步走的战略目标,到 2030 年人工智能理论、技术与应用总体达到世界领先水平,成为世界主要人工智能创新中心,智能经济、智能社会取得明显成效,为跻身创新型国家前列和经济强国奠定重要基础。为深入落实《新一代人工智能发展规划》,国务院有关部门采取了多项具体措施,科学技术部依托百度、阿里云、腾讯、科大讯飞、商汤等15家企业建设了自动驾驶、城市大脑、医疗影像、智能语音、智能视觉等15个创新平台;依托市(县)设立国家新一代人工智能创新发展试验区。教育部2018年4月印发《高等学校人工智能创新行动计划》,列出了发展智慧教育的主要任务和路径。工业和信息化部联合相关部门制定了《"十四五"智能制造发展规划》《"十四五"机器人产业发展规划》《"十四五"大数据产业发展规划》《"十四五"软件和信息技术服务业发展规划》等和人工智能发展相关的规划。

人工智能在给经济社会发展带来重大机遇的同时,也会带来新挑战。改变就业结构、冲击法律与社会伦理、侵犯个人隐私与广大社会大众的生活直接相关,应该给予高度重视并采取有效措施尽量消除负面影响。

人工智能的发展具有双面性,要在法律、伦理、技术等层面采取有效措施,确保人工智能研究与应用安全可靠可控,推动经济、社会及生态可持续发展。

我国在2019年6月发布了《新一代人工智能治理原则——发展负责任的人工智能》,提出了和谐友好、公平公正、包容共享、尊重隐私、安全可控、共担责任、开放协作、敏捷治理等8项人工智能发展相关各方应遵循的原则。为细化落实《新一代人工智能治理原则》,2021年9月又发布了《新一代人工智能伦理规范》,提出了管理、研发、供应、使用等人工智能特定活动应遵循的18项具体伦理规范。2023年10月,我国发布《全球人工智能治理倡议》,围绕人工智能发展、安全、治理3方面系统阐述了人工智能治理的中国方案。

人工智能与网络通信技术的深度融合、人工智能算力基础设施、人工智能大模型、人工智能开源共享是未来的发挥趋势,人工智能的发展必将带动、促进经济社会的数字化、智能化。

拓展阅读:全球人工智能治理倡议

人工智能是人类发展新领域。当前,全球人工智能技术快速发展,对经济社会发展和人类文明进步产生深远影响,给世界带来巨大机遇。与此同时,人工智能技术也带来难以预知的各种风险和复杂挑战。人工智能治理攸关全人类命运,是世界各国面临的共同课题。

在世界和平与发展面临多元挑战的背景下,各国应秉持共同、综合、合作、可持续的安全观,坚持发展和安全并重的原则,通过对话与合作凝聚共识,构建开放、公正、有效的治理机制,促进人工智能技术造福于人类,推动构建人类命运共同体。

我们重申,各国应在人工智能治理中加强信息交流和技术合作,共同做好风险防范,形成具有广泛共识的人工智能治理框架和标准规范,不断提升人工智能技术的安全性、可靠性、可控性、公平性。我们欢迎各国政府、国际组织、企业、科研院校、民间机构和公民个人等各主体秉持共商共建共享的理念,协力共同促进人工智能治理。

为此,我们倡议:

——发展人工智能应坚持"以人为本"理念,以增进人类共同福祉为目标,以保障社会安全、尊重人类权益为前提,确保人工智能始终朝着有利于人类文明进步的方向发展。积极支持以人工智能助力可持续发展,应对气候变化、生物多样性保护等全球性挑战。

——面向他国提供人工智能产品和服务时，应尊重他国主权，严格遵守他国法律，接受他国法律管辖。反对利用人工智能技术优势操纵舆论、传播虚假信息，干涉他国内政、社会制度及社会秩序，危害他国主权。

——发展人工智能应坚持"智能向善"的宗旨，遵守适用的国际法，符合和平、发展、公平、正义、民主、自由的全人类共同价值，共同防范和打击恐怖主义、极端势力和跨国有组织犯罪集团对人工智能技术的恶用滥用。各国尤其是大国对在军事领域研发和使用人工智能技术应该采取慎重负责的态度。

——发展人工智能应坚持相互尊重、平等互利的原则，各国无论大小、强弱，无论社会制度如何，都有平等发展和利用人工智能的权利。鼓励全球共同推动人工智能健康发展，共享人工智能知识成果，开源人工智能技术。反对以意识形态划线或构建排他性集团，恶意阻挠他国人工智能发展。反对利用技术垄断和单边强制措施制造发展壁垒，恶意阻断全球人工智能供应链。

——推动建立风险等级测试评估体系，实施敏捷治理，分类分级管理，快速有效响应。研发主体不断提高人工智能可解释性和可预测性，提升数据真实性和准确性，确保人工智能始终处于人类控制之下，打造可审核、可监督、可追溯、可信赖的人工智能技术。

——逐步建立健全法律和规章制度，保障人工智能研发和应用中的个人隐私与数据安全，反对窃取、篡改、泄露和其他非法收集利用个人信息的行为。

——坚持公平性和非歧视性原则，避免在数据获取、算法设计、技术开发、产品研发与应用过程中，产生针对不同或特定民族、信仰、国别、性别等偏见和歧视。

——坚持伦理先行，建立并完善人工智能伦理准则、规范及问责机制，形成人工智能伦理指南，建立科技伦理审查和监管制度，明确人工智能相关主体的责任和权力边界，充分尊重并保障各群体合法权益，及时回应国内和国际相关伦理关切。

——坚持广泛参与、协商一致、循序渐进的原则，密切跟踪技术发展形势，开展风险评估和政策沟通，分享最佳操作实践。在此基础上，通过对话与合作，在充分尊重各国政策和实践差异性基础上，推动多利益攸关方积极参与，在国际人工智能治理领域形成广泛共识。

——积极发展用于人工智能治理的相关技术开发与应用，支持以人工智能技术防范人工智能风险，提高人工智能治理的技术能力。

——增强发展中国家在人工智能全球治理中的代表性和发言权，确保各国人工智能发展与治理的权利平等、机会平等、规则平等，开展面向发展中国家的国际合作与援助，不断弥合智能鸿沟和治理能力差距。积极支持在联合国框架下讨论成立国际人工智能治理机构，协调国际人工智能发展、安全与治理重大问题。

习题 10

一、填空题

1. 人工智能发展带来的挑战主要有＿＿＿＿＿＿、＿＿＿＿＿＿、＿＿＿＿＿＿。

2. 我国国家新一代人工智能治理专业委员会于 2019 年 6 月发布了《新一代人工智能治理原则——发展负责任的人工智能》，提出了＿＿＿＿＿＿、＿＿＿＿＿＿、＿＿＿＿＿＿、＿＿＿＿＿＿、＿＿＿＿＿＿、＿＿＿＿＿＿、＿＿＿＿＿＿、＿＿＿＿＿＿ 8 项人工智能发展相关各方应遵循的原则。

3. 国家新一代人工智能治理专业委员会于 2021 年 9 月发布了《新一代人工智能伦理规范》提出了人工智能各类活动都应遵循_____、_____、_____、_____、_____、_____6 项基本伦理要求。

4.《新一代人工智能伦理规范》提出的研发规范是_____、_____、_____、_____。

5.《新一代人工智能伦理规范》提出的使用规范是_____、_____、_____、_____、_____。

二、简答题

1. 为什么要重视人工智能治理？

2. 如何理解人工智能发展带来的机遇与挑战？

思考题 10

1. 在学习和科研工作中,如何正确使用人工智能大模型？

2. 从事人工智能领域的相关工作,为什么要严格遵守相应的伦理规范？

参 考 文 献

[1] 马丁·坎贝尔-凯利,威廉·阿斯普雷,内森·恩斯门格,等.计算机简史[M].蒋楠,译.3 版.北京:人民邮电出版社,2020.

[2] 琼·詹姆里奇帕森斯.计算机文化[M].吕云翔,高俊逸,霍晓亮,等译.北京:机械工业出版社,2018.

[3] 袁方.大学计算机[M].3 版.北京:高等教育出版社,2024.

[4] 陈意云,王行刚.计算机发展简史[M].北京:科学出版社,1985.

[5] 赵夒辉.激动人心:电脑史话[M].杭州:浙江文艺出版社,1999.

[6] 刘瑞挺.计算机系统导论[M].北京:高等教育出版社,1993.

[7] 教育部高等学校教学指导委员会.普通高等学校本科专业类教学质量国家标准(上)[M].北京:高等教育出版社,2018.

[8] 纪禄平,罗克露,刘辉,等.计算机组成原理[M].北京:高等教育出版社,2020.

[9] 约翰·L.亨尼西,大卫·A.帕特森.计算机体系结构[M].贾洪峰,译.6 版.北京:人民邮电出版社,2022.

[10] 张晨曦,王志英.计算机系统结构教程[M].3 版.北京:清华大学出版社,2021.

[11] 袁方,肖胜刚,齐鸿志.Python 语言程序设计[M].2 版.北京:清华大学出版社,2023.

[12] 吴鹤龄,崔林.ACM 图灵奖:计算机发展史的缩影[M].4 版.北京:高等教育出版社,2012.

[13] 张海藩,牟永敏.软件工程导论[M].6 版.北京:清华大学出版社,2013.

[14] 白晶.方正人生:王选传[M].南京:江苏人民出版社,2010.

[15] 谢希仁.计算机网络[M].8 版.北京:电子工业出版社,2021.

[16] 蔡开裕,朱培栋,徐明.计算机网络[M].2 版.北京:机械工业出版社,2008.

[17] 桂小林.物联网技术导论[M].2 版.北京:清华大学出版社,2018.

[18] 王万良.物联网控制技术[M].2 版.北京:高等教育出版社,2020.

[19] 林子雨.大数据技术原理与应用[M].3 版.北京:人民邮电出版社,2021.

[20] 张尧学,胡春明.大数据导论[M].2 版.北京:机械工业出版社,2021.

[21] 尼克.人工智能简史[M].2 版.北京:人民邮电出版社,2021.

[22] 吴飞.人工智能导论:模型与算法[M].北京:高等教育出版社,2020.

[23] 焦李成,刘旭,赵嘉璇,等.ChatGPT 简明教程[M].西安:西安电子科技大学出版社,2023.

[24] 王万良.人工智能通识教程[M].北京:清华大学出版社,2020.

[25] 李德毅,于剑.人工智能导论[M].北京:中国科学技术出版社,2018.

[26] 周志华.机器学习[M].北京:清华大学出版社,2016.

[27] 南开大学哲学院逻辑学教研室.逻辑学基础教程[M].4 版.天津:南开大学出版社,2021.

[28] 莫宏伟,徐立芳.人工智能伦理导论[M].西安:西安电子科技大学出版社,2022.

[29] 高文.抢抓人工智能发展的历史性机遇[N].人民日报,2025-02-24(9).

图书资源支持

感谢您一直以来对清华版图书的支持和爱护。为了配合本书的使用,本书提供配套的资源,有需求的读者请扫描下方的"书圈"微信公众号二维码,在图书专区下载,也可以拨打电话或发送电子邮件咨询。

如果您在使用本书的过程中遇到了什么问题,或者有相关图书出版计划,也请您发邮件告诉我们,以便我们更好地为您服务。

我们的联系方式:

清华大学出版社计算机与信息分社网站:https://www.shuimushuhui.com/

地　　址:北京市海淀区双清路学研大厦 A 座 714

邮　　编:100084

电　　话:010-83470236　010-83470237

客服邮箱:2301891038@qq.com

QQ:2301891038（请写明您的单位和姓名）

资源下载:关注公众号"书圈"下载配套资源。

资源下载、样书申请

图书案例

书圈

清华计算机学堂

观看课程直播